DIGITAL SERIES

未来へつなぐ
デジタルシリーズ

コンピュータネットワーク概論

水野忠則　監修

水野忠則　清原良三
奥田隆史　石原　進
中村嘉隆　久保田真一郎
井手口哲夫　勅使河原可海
田　学軍　岡崎直宣　著

27

共立出版

Connection to the Future with Digital Series
未来へつなぐ デジタルシリーズ

編集委員長： 白鳥則郎（東北大学）

編集委員： 水野忠則（愛知工業大学）
高橋　修（公立はこだて未来大学）
岡田謙一（慶應義塾大学）

編集協力委員：片岡信弘（東海大学）
松平和也（株式会社 システムフロンティア）
宗森　純（和歌山大学）
村山優子（岩手県立大学）
山田囿裕（東海大学）
吉田幸二（湘南工科大学）

（50音順）

未来へつなぐ デジタルシリーズ 刊行にあたって

　デジタルという響きも，皆さんの生活の中で当たり前のように使われる世の中となりました．20世紀後半からの科学・技術の進歩は，急速に進んでおりまだまだ収束を迎えることなく，日々加速しています．そのようなこれからの21世紀の科学・技術は，ますます少子高齢化へ向かう社会の変化と地球環境の変化にどう向き合うかが問われています．このような新世紀をより良く生きるためには，20世紀までの読み書き（国語），そろばん（算数）に加えて「デジタル」（情報）に関する基礎と教養が本質的に大切となります．さらには，いかにして人と自然が「共生」するかにむけた，新しい科学・技術のパラダイムを創生することも重要な鍵の1つとなることでしょう．そのために，これからますますデジタル化していく社会を支える未来の人材である若い読者に向けて，その基本となるデジタル社会に関連する新たな教科書の創設を目指して本シリーズを企画しました．

　本シリーズでは，デジタル社会において必要となるテーマが幅広く用意されています．読者はこのシリーズを通して，現代における科学・技術・社会の構造が見えてくるでしょう．また，実際に講義を担当している複数の大学教員による豊富な経験と深い討論に基づいた，いわば"みんなの知恵"を随所に散りばめた「日本一の教科書」の創生を目指しています．読者はそうした深い洞察と経験が盛り込まれたこの「新しい教科書」を読み進めるうちに，自然とこれから社会で自分が何をすればよいのかが身に付くことでしょう．さらに，そういった現場を熟知している複数の大学教員の知識と経験に触れることで，読者の皆さんの視野が広がり，応用への高い展開力もきっと身に付くことでしょう．

　本シリーズを教員の皆さまが，高専，学部や大学院の講義を行う際に活用して頂くことを期待し，祈念しております．また読者諸賢が，本シリーズの想いや得られた知識を後輩へとつなぎ，元気な日本へ向けそれを自らの課題に活かして頂ければ，関係者一同にとって望外の喜びです．最後に，本シリーズ刊行にあたっては，編集委員・編集協力委員，監修者の想いや様々な注文に応えてくださり，素晴らしい原稿を短期間にまとめていただいた執筆者の皆さま方に，この場をお借りし篤くお礼を申し上げます．また，本シリーズの出版に際しては，遅筆な著者を励まし辛抱強く支援していただいた共立出版のご協力に深く感謝いたします．

　　　　　　　　　「未来を共に創っていきましょう．」

　　　　　　　　　　　　　　　　　　　　　　　　　　　　　　　編集委員会
　　　　　　　　　　　　　　　　　　　　　　　　　　　　　　　白鳥則郎
　　　　　　　　　　　　　　　　　　　　　　　　　　　　　　　水野忠則
　　　　　　　　　　　　　　　　　　　　　　　　　　　　　　　高橋　修
　　　　　　　　　　　　　　　　　　　　　　　　　　　　　　　岡田謙一

はじめに

　人は自分1人で生きていくのではなく，お互いに協力して生きている．このためには，コミュニケーションをどのように行うことができるかが重要なポイントとなる．辞典（新英和大辞典，研究社）によれば，英語のcommunicateは，「伝える，（病気を）感染させる，（思想等を）伝達する，知らせる，聖ざんにあずかる，（……と）通信する，通ずる，（手紙・電話等で）連絡する」となっている．この名詞形であるcommunicationという語は日本語に置き換えにくい場合が多く，カタカナでそのまま「コミュニケーション」と表し，コミュニケーションを具体的に実現する技術においては「通信」という用語を用いている．

　より便利な通信環境でより良いコミュニケーションを図るために，その昔から我々人類はいろいろ工夫を凝らしてきた．戦においては，敵の情報を遠く離れた味方へ伝達するために，のろしを使用してきた．しかしながら，のろしは敵が来たかどうかを知らせる程度であり，また，相互にコミュニケーションすることもできなかった．

　そして技術が発展し，現在では電話網により世界中のあらゆる場所ともほとんどリアルタイムで会話をすることができ，また携帯電話の発展により，いつでもどこでも会話ができるようになってきた．

　さらに，電話による人と人とのコミュニケーションは音声による会話のみによって行われてきたが，文字データ，静止画像，画像等を利用したマルチメディア技術の発展によって，より高度で便利なコミュニケーションが可能となってきた．

　現在，我々が当たり前のものとして使用しているインターネットは，コンピュータ技術と通信技術の融合によって生まれたコンピュータネットワークから発展したものである．そして，電話機能，データ通信機能等，従来個別に提供されていたサービスを統合して利用できるようになってきている．まさにインターネットによって，新しい情報化社会が実現されようとしている．

　このような発展により，日々の生活も激変してきている．すなわち，少し前までは村や町で生活する人々のコミュニケーションの場として町内会があり，そこで頻繁な意見交換の場が存在していた．また工場においても，新製品開発，品質向上，製品の開発力向上等を図るために小集団活動等の組織が作られ，その限られた範囲の中で討議がなされたりしていた．

　しかし，分散コンピューティング，モバイルコンピューティング，インターネット等の発展により，地域社会において，また会社組織等においても根本から揺さぶりがかけられてきている．

すなわち，人がどこにいるかという物理的な制約がなくなり，また，企業におけるポジション，年齢等を意識せずに行うコミュニケーション構造になってきている．

このような社会変化に示されるように，コンピュータネットワークはすでに日常生活の営みにおいてすべての基盤となっており，その技術はますます重要となっている．そして，当然ながら，大学教育では誰もが学習しなければならない必須の科目となってきている．

本書は，上記の背景を踏まえて次の点を留意してまとめている．

(1) 理系だけでなく，文系の大学学部学生もコンピュータネットワークの基礎および応用技術を理解できる．
(2)「基本情報技術者試験」におけるコンピュータネットワークの出題内容を網羅する．
(3) 上級用図書である『コンピュータネットワーク 第5版，日経BP社』の導入書とする．

まず，(1) に関しては「各章のはじめに本書のポイントとキーワードを入れ」，「各章に演習問題を付ける」，「1ページに必ず図もしくは表を1点は入れる」ことを原則とし，理解しやすくしている．

(2) に関しては，「基本情報技術者試験」におけるコンピュータネットワークの問題をサーベイし，出題内容をすべて満足するようにしている．

さらに，(3) に関しては『コンピュータネットワーク 第5版』(A. S. タネンバウム，D.J. ウエザロール著，水野忠則，相田仁，東野輝夫，太田賢，西垣正勝，渡辺尚 訳 (2013)) がすでに発刊されており，コンピュータネットワークのすべての技術が網羅的かつ詳細に説明されている．しかしながら，初心者にとってはボリューム（全体で900ページ）が多大であることもあり，最後まで読み通すことは容易ではない．したがって，まず本書でコンピュータネットワークの大まかなところを知り，さらに同書（第5版）を熟読されることをお薦めする．

本書は，次の構成となっている．この中で，第7章は2週分の内容を含んでおり，また，1週は中間試験，あるいはまとめとして利用する15週講義用の教科書として使用することを想定している．

第1章では人と人がいかにコミュニケーションしてきたかを述べ，単体のコンピュータがどのようにネットワーク化されたかを紹介する．また，コンピュータネットワークの基本となる分散システムの概念について紹介する．

続いて第2章では，コンピュータネットワークがどのように利用されているかについて，身近な応用例やインターネット上で利用されているネットワークサービスの例を紹介する．

第3章ではコンピュータネットワークとその基本機能について，ネットワークの形態，コンピュータネットワークの基本的な考え方，発展経緯，OSI・TCP/IPの参照モデルと基本機能等について述べる．

第4章では物理層の機能について，ケーブル等の伝送媒体の種類，通信方式，伝送方式等，実際にデータを送るために必要となる伝送技術，および回線交換方式について述べる．

第5章ではデータリンク層について，誤り検出，誤り制御，フロー制御，プロトコルの考え

方，そしてデータリンクに関係するプロトコルの実例を説明する．

第6章ではLAN技術について，広く用いられているイーサネットについて，クラシックイーサネットとスイッチ式イーサネットの観点から述べ，さらに，ブリッジやルータなどネットワーク相互接続デバイスについて述べる．

第7章ではネットワーク層について，ネットワーク層の基本機能を紹介後，ルーティングアルゴリズム，輻輳制御アルゴリズム，QoS，予備ネットワーク相互接続方法について述べ，さらに，インターネットで利用されているインターネットプロトコルについて述べる．第8章では，トランスポート層の基本機能とインターネットで利用されているトランスポート層プロトコルUDPとTCPについて述べる．

第9章〜第11章では，アプリケーション層について述べる．まず，第9章ではインターネットワーク上での名前の管理方法について，ドメイン名システム，ドメイン名，名前サーバについて述べる．第10章では，インターネット上で最もよく利用されるメールおよびWebについて，サービス内容とその仕組みを述べる．第11章ではデータ通信に加え，音声，動画像，ライブメディアなどのマルチメディア通信について紹介する．また，マルチメディア情報を含んだコンテンツをネットワーク上で配信するコンテンツ配信方法を述べる．

第12章では無線メディアアクセス制御法について，ALOHAを中心に多重アクセス制御方法を紹介し，続いて，衛星ネットワーク，無線WAN，無線LAN，PANおよび短距離無線について述べる．その後，ワイヤレスアプリケーションとして，モバイルコンピューティング，ユビキタスネットワーク等について述べる．

最終章である第13章では，ネットワークセキュリティについて，まず暗号の方法を紹介後，ネットワークを利用する上で必要なセキュリティに関して，認証，悪意のあるソフトウェア，攻撃方法，そして最後にネットワーク対する安全対策について述べる．

以上の各章では，最初にその章のポイントやキーワードを示し，各章の内容を確認できるようにしている．また，各章の終わりには演習問題を付け，読者の理解度を確認できるようにしている．さらに，推薦図書と参考文献という形で理解を一層深めることに適した関連の図書を推薦している．

本書をまとめるにあたって大変なご協力をいただきました，未来へつなぐデジタルシリーズの編集委員長の白鳥則郎先生，編集委員の高橋修先生，岡田謙一先生，および編集協力委員の片岡信弘先生，松平和也先生，宗森純先生，村山優子先生，山田囦裕先生，吉田幸二先生，ならびに共立出版編集制作部の島田誠氏，他の方々に深くお礼を申し上げます．

2014年8月

著者代表　水野忠則

目 次

刊行にあたって　i
はじめに　iii

第1章 序論　1

1.1 コミュニケーション　1

1.2 コンピュータシステムの発展　6

1.3 コンピュータネットワークの発展　7

1.4 分散処理システム　9

1.5 システムの信頼性　12

第2章 コンピュータネットワークアプリケーション　16

2.1 コンピュータネットワークと私たちの暮らし　17

2.2 インターネットアプリケーションの事例　23

第3章 ネットワーク基本技術　35

3.1 コンピュータネットワークの発展経緯　35

3.2 コンピュータネットワークの基本的な考え方　38

3.3 OSI参照モデルと基本機能　43

3.4 TCP/IP参照モデルと基本機能　47

3.5 ネットワークアーキテクチャ基本技術　52

第4章
物理層と交換方式　62

- 4.1 通信伝送路　62
- 4.2 データ伝送　65
- 4.3 通信ネットワークの基本構成　73
- 4.4 インターネット接続サービス　78

第5章
データリンク層　82

- 5.1 データリンクとは　82
- 5.2 誤り制御　83
- 5.3 データリンクプロトコル　90
- 5.4 データリンクプロトコルの事例　92
- 5.5 フレーム化　94

第6章
LAN技術　99

- 6.1 LANの概要　100
- 6.2 LAN参照モデル　102
- 6.3 メディアアクセス制御プロトコル　104
- 6.4 LANの高速化　107

6.5	トラフィックの分割と VLAN	109
6.6	情報家電ネットワーク	111
6.7	ネットワーク相互接続	111

第7章 ネットワーク層　117

7.1	ネットワーク制御	117
7.2	インターネットプロトコル (IP)	119
7.3	IP パケットの構成	123
7.4	IP の補助プロトコル	124
7.5	経路選択	131
7.6	インターネットにおける経路制御	136
7.7	輻輳制御	139
7.8	QoS (Quality of Service)	142
7.9	ネットワーク間の接続と NAT（および NAPT）	143
7.10	IPv6	144

第8章 トランスポート層　150

- 8.1 トランスポート層の役割　150
- 8.2 UDP　153
- 8.3 TCP　154

第9章 アプリケーション層—ドメイン管理　169

- 9.1 IPアドレスとドメイン名　169
- 9.2 ドメイン名の構成　171
- 9.3 ドメイン名の階層構造と種類　172
- 9.4 DNSの仕組み　175
- 9.5 DNSサーバの動作確認　177
- 9.6 DNSのセキュリティ上の脅威　179

第10章 アプリケーション層—Webと電子メール　184

- 10.1 Webサービス　184
- 10.2 電子メール　192

第11章 アプリケーション層—メディア通信とコンテンツ配信　202

- 11.1 マルチメディアデータ　202
- 11.2 データ圧縮　203

11.3 ストリーミング	205
11.4 コンテンツ配信	208

第12章 ワイヤレスネットワーク 212

12.1 ワイヤレス通信の発展	213
12.2 無線チャネル割当方式	216
12.3 多重アクセス方式	218
12.4 モバイルコンピューティングと移動通信ネットワーク	223
12.5 ユビキタスネットワーク	232

第13章 ネットワークセキュリティ 240

13.1 暗号	241
13.2 認証	244
13.3 悪意のあるソフトウェア	247
13.4 攻撃方法	250
13.5 ネットワークにおける安全対策	253

索　引　261

第 1 章

序論

── □ 学習のポイント ──────────────────────

　通信の方法には人手による搬送方法に加え，目視的な方法と電子的な方法がある．人手による方法としては，飛脚，郵便，宅配便等があり，目視的な方法としては，のろし，トーチ，セマフォ，シャッタ通信等がある．電子的な方法としては，モールス信号，電話，FAX，テレックス，パソコン通信等がある．
　コンピュータネットワークは，通信回線を介して複数のコンピュータを相互に利用できるよう開発される．コンピュータ自身も 1 台で動作するのではなく，システム全体を複数のコンピュータで処理する分散システムとして，クライアントサーバモデル，リアルタイム型システムなどがある．また，ネットワークにおいては高い信頼性を持って動く必要がある．信頼性を表す用語として，RASIS，フォールトトレラント性，稼働率，デュアルシステム，デュプレックスシステムなどが存在する．

- コミュニケーションの方法として，目視による方法を学ぶ．
- 電子的な通信方法の歴史を学ぶ．
- コンピュータネットワークの歴史的な発展経過を学ぶ．
- ネットワークの典型的なクライアントサーバモデル，リアルタイム型モデルを学ぶ．
- ネットワークの信頼度について学ぶ．

── □ キーワード ──────────────────────

　コミュニケーション，目視的コミュニケーション，のろし，手旗信号，セマフォ，シャッタ通信，電子的コミュニケーション，モールス信号，コンピュータネットワーク，クライアントサーバモデル，トランザクション，リアルタイム型システムモデル，信頼性，MTBF

1.1　コミュニケーション

　人から人へ情報を伝達し，お互いに考えていることを理解し合うためには，コミュニケーションをどのように行ったらよいかが課題となる．
　コミュニケーションを図る方法としては，昔から各種の方法が考えられてきた．最も基本的な方法としては人手による搬送方法があり，次に目視的な方法や電子的な方法が挙げられる．
　人手による搬送方法としては，飛脚，郵便，宅配便等がある．目視的な方法としては，のろ

し，トーチ，セマフォ，シャッタ通信等がある．電子的な方法としては，モールス信号，電話，FAX，テレックス，パソコン通信等がある．

1.1.1 目視的コミュニケーション

人は自分の意思を伝えるために言葉を発明し，次には文字を発明してきた．また，遠く離れた人にも何らかの方法でお互いの意思を伝達するための工夫がなされてきた．

たとえば，昔から用いられてきた信号の伝達方法としてのろしがある．戦においては，いかに相手の動きを察知してそれに対処するかが重要となる．図1.1は，和漢三才図会において紹介されているのろしの絵である．このようなのろしを用いて，武田信玄は情報を伝達したと伝えられている．

しかしながら，のろしは晴れた日であれば複数の地点を経由して遠くに離れたところまで情報を素早く伝えることができるが，その仕掛けは単純であり，のろしが上がっているかいないかという情報しか伝えることができない．

のろしの考えをより発展させたものとして，トーチによる伝送や，手旗信号をはじめとするいくつかの目視的コミュニケーションを利用した情報送信方法がある．

図1.2に示すトーチ伝送では，5個のトーチを2組用いている．各組の1〜5本のトーチを幕より上に持ち上げたり，下げて隠すことによって，離れた受信者に見えるようにする．この方法で，図1.3に示す24個のギリシャ文字を用いて情報を伝達することができる．たとえば，次の手順でギリシャ文字からなるメッセージを送ることができる．

(1) 送信側は，2組（AとB）の5個のトーチをすべて掲げる．
(2) 受信側は，受け入れ可能を示すために，同様に2組の5個のトーチを掲げる．
(3) 次にA組のトーチ群の中から1〜5個のトーチを掲げる．1個ならX1の行（$\alpha, \beta, \gamma, \delta, \varepsilon$)，2個ならX2の行（$\zeta, \eta, \theta, \iota, \kappa$)，3個ならX3の行（$\lambda, \mu, \nu, \xi, o$)，4個ならX4の行（$\pi, \rho, \sigma, \tau, \upsilon$)，そして5個ならX5の行（$\phi, \chi, \psi, \omega$)であることを示す．

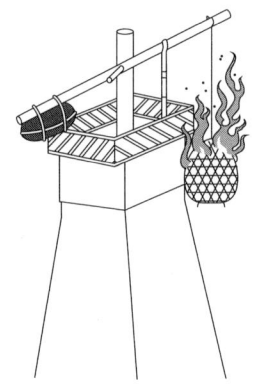

図 **1.1** のろし（和漢三才図会より）

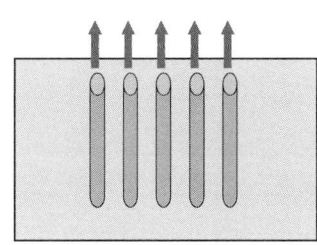

図 1.2 トーチ伝送

	X1	X2	X3	X4	X5
Y1	α	ζ	λ	π	φ
Y2	β	η	μ	ρ	χ
Y3	γ	θ	ν	σ	ψ
Y4	δ	ι	ξ	τ	ω
Y5	ε	κ	ο	υ	

図 1.3 ギリシャ文字

(4) 次に，もう片方の B 組のトーチ群から，1〜5 個のトーチを掲げ，Y1〜Y5 の行から 1 つギリシャ文字を選択する．たとえば，(3) で 3 個のトーチを掲げ，(4) で 2 個のトーチを掲げたら，それは μ を示すことになる．
(5) (3) と (4) を必要な文字数だけ繰り返す．
(6) 送るべきデータがなくなったときは (1) と (2) の手順を行う．

目視的コミュニケーションでよく用いられるものとして，手旗信号がある．両手を上に上げるか，水平にするか，下に下ろすかによって，いろいろな形態が考えられる．理論的には図 1.4 に示す 16 通りがある．この中で，右上にある数字は類似形態の番号を指している．たとえば ⑦ のところにある 4 は，⑦ は ④ の番号のものと類似形態であることを示している．類似形態を取り除くと 8 通になる．もちろん，右手と左手に異なった色の手袋をはめて行えば 16 種類が可能となる．

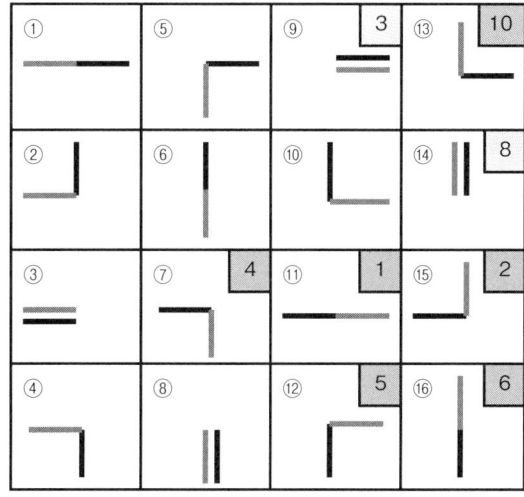

図 1.4 手旗信号

図 1.5 腕木通信システム〔ドイツ博物館展示〕

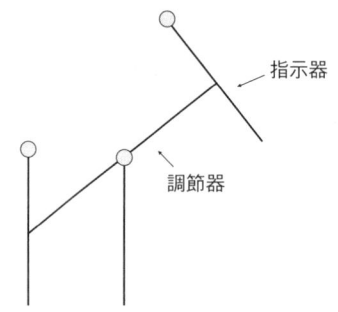

図 1.6 Chappe のセマフォ

　この手旗信号を発展させた本格的な伝送システムとして，1793 年にフランスの技師 Claude Chappe によって開発されたセマフォ利用の腕木通信システムがある．大きな木構造からなるそのシステムは丘の上や教会の塔に作られ，望遠鏡を持った市職員が操作した（図 1.5）．腕木通信に用いられるセマフォは 3 カ所の可動部，すなわち調節器と 2 つの指示器がある（図 1.6）．
　セマフォは 45 度単位で動き，論理的には 3 つの可動部分によって各セマフォは $256(8 \times 8 \times 4)$ の異なった形となる．しかしながら，指示器が調節器の角度と重複するような紛らわしい形は用いられない．また，有効なセマフォの位置の約半分が数字，句読点，文字の符号として使用され，残りの半分が特別な制御文字に使用された．隣町のステーションにおけるセマフォの形

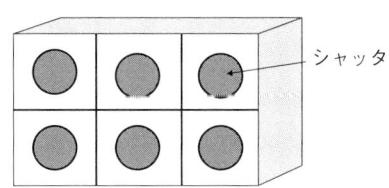

図 1.7　George Murray のシャッタ通信

を読み，それと同じ形のものを中継地で作り，次の隣町へ中継するために市職員が雇われた．

この腕木通信に関しては，参考文献 [2] が参考となる．この本では副題に「ナポレオンが見たインターネットの夜明け」がついているように，フランスを中心に発展した腕木通信について，その歴史，通信方式などが詳細に記述されている．

これ以外にもいくつかの方法が考えられ，実用化された．たとえば，英国海軍では George Murray 卿が設計した図 1.7 に示すシャッタ通信を利用していた．6 個のシャッタを開閉することによって，メッセージ，すなわち 6 ビットの 2 進符号を伝送することが可能である．このシステムでは制御メッセージもまた符号化されている．6 個すべてのシャッタが閉じているときは信号送信の準備中であり，6 個すべてのシャッタが開いているときは，送信準備完了を示している．

目視的通信の伝送速度は，実際の光の速さではなく，形をいかに素早く変化させることができるかによる．Chappe の伝送では，セマフォの形は 15〜20 秒ごとに変えることができた．128 の可能なシンボル（あるいは 7 ビットの情報）のサブセットでは，約 0.5 bps（bit per second：ビット／秒）の伝送速度であった．George Murray のシャッタ通信の 6 ビット符号は 5 秒ごとに変化し，信号の速度はおよそ 1 bps である．

一方日本においても，ビジネス分野において，旗振り通信が有名である [1]．旗振り通信は，見通しのよい山から山へ望遠鏡の力を借りて旗の振り方で情報を知らしめるものであり，米相場の伝達に使われた．大阪の堂島の米相場がわずか 3 分で和歌山へ，そして 27 分で広島に伝えることができた．

このような目視的コミュニケーションにおいては，操作者にセマフォが見えることが必須であった．しかしながら腕木通信システムにおいては，1831〜1839 年までの間で平均して 1 年のうち 20 日は悪天候により，オランダの 5 つの都市間でのシャッタ通信は利用できず，より信頼度の高いシステムが求められた．

1.1.2　電子的コミュニケーション

電子的コミュニケーションにおいては，元来，電信による方法が鉄道信号のために使用され，次に一般的に利用されるようになってきた．1851 年ロンドンとパリの株式交換が電信で結合され，最初の公的な電信会社が設立された．1875 年までには約 30 キロメートルの電信線が運用されるようになった．最初，電信は針，あるいはモールス信号のキーによって操作されていた．

文字	符号	文字	符号
A	・—	N	—・
B	—・・・	O	———
C	—・—・	P	・——・
D	—・・	Q	——・—
E	・	R	・—・
F	・・—・	S	・・・
G	——・	T	—
H	・・・・	U	・・—
I	・・	V	・・・—
J	・———	W	・——
K	—・—	X	—・・—
L	・—・・	Y	—・——
M	——	Z	——・・

数字	符号
1	・————
2	・・———
3	・・・——
4	・・・・—
5	・・・・・
6	—・・・・
7	——・・・
8	———・・
9	————・
0	—————

図 1.8　モールス信号表

　最もよく使用された信号符号は改良モールス符号である．元々のモールス符号は，変化する持続期間，すなわち，点 (dot)，線 (dash)，長線 (long dash) の 3 つの信号要素を使用していた．2 つのよく知られた信号要素，すなわち点（dot：トン）と線（dash：ツー）による様々な長さの 2 進符号を使用した．現在のものは 1851 年に作られた．図 1.8 にモールス信号表を示す．

　次に開発されたものは，紙テープ穿孔読み取り器である．1858 年，ホイートストン (Charles Wheatstone) は伝送速度 300 ワード／分（約 30 bps）に達するホイートストン自動操作機械を作り，つい最近まで使用されてきた．1920 年以降，特別な「テレタイプライタ」キーボードとプリンタが直接通信回線に結合された．これらの機械で使用された 5 ビット符号は，1874 年にフランス人エミル・ボー (Emil Baudot) によって開発された．1925 年までには完全な「テレックス（電信交換）」網が稼働した．

　ときを同じくして，1850～1950 年の間に現在よく知られた電話と無線の 2 つの異なった通信方法が開発された．グレイ (Elisha Gray) とベル (Alexander Graham Bell) は 1876 年，電話の発明に関する特許申請を提出し，またマルコーニ (Guiglielmo Marconi) は 1897 年，最初の無線電信を作り出した．

　コンピュータを利用した通信システムとして，テレックスの拡張版であるテレテックス，パソコン通信，電子メール等が近年利用可能となってきている．

1.2　コンピュータシステムの発展

　コンピュータは図 1.9(a) に示すように，まず本体に加えテレタイプライタ等簡単な入出力機器の構成から始まった．次に，遠隔からもデータのやりとりをする必要があるため図 1.9(b) に示すような形態が発生した．

　また，データの入力は，一番初期においては計算機の中のビットを 1 ビットごとに手動で操作するトグルスイッチによって行っていたが，次には紙テープが入出力に利用された．次に，より多くのデータを入出力可能とするためにカードリーダおよびラインプリンタが利用可能に

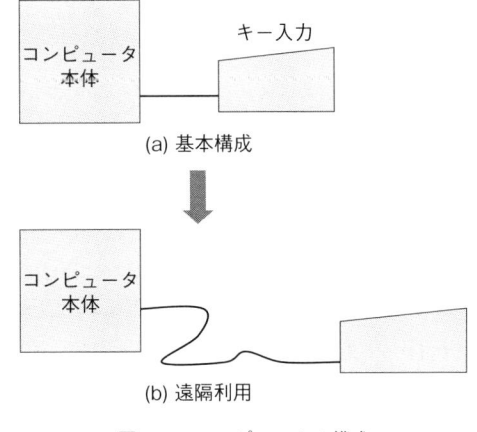

図 1.9 コンピュータの構成

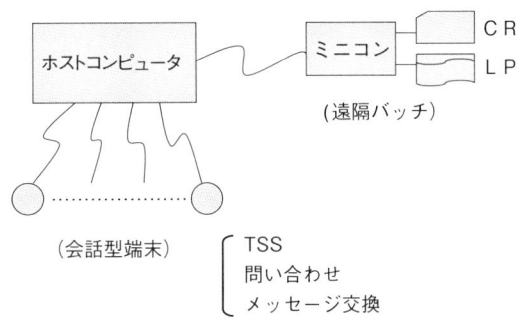

図 1.10 ホストコンピュータシステム

なった．

さらにこの形態が発展し，単一のホストコンピュータを複数の端末から利用するホスト集中システムが開発された．またこのようなコンピュータシステムには，図1.10に示すように TSS (タイムシェアリングシステム) 用の会話型の端末や，バッチジョブを依頼するためのカードリーダ (CR) やラインプリンタ (LP) を持つ遠隔バッチ (remote batch)（遠隔ジョブ入力：Remote Job Entry, RJE）端末が接続されている．また，会話型の端末には，簡単なテレタイプライタやある程度のコンパイル，ファイル処理，文書編集が可能なインテリジェント端末がある．この形態はホストコンピュータが集中的に処理を行うホスト中心のシステム構成である．

1.3 コンピュータネットワークの発展

コンピュータシステムをより発展させ，それらを相互に接続したものがコンピュータネットワークである．コンピュータネットワークは，通信回線を介して広く地理的に離れたコンピュータを相互につなげ，端末から複数のコンピュータにアクセスでき，異なるコンピュータ間でも

アプリケーションプログラムのやりとりを可能にしたものである．

図 1.11 はコンピュータネットワークの発展の流れを示している．まず，第 2 次世界大戦時に開発された軍事用オンラインシステムが開発され，続いて前節で述べたような単体のコンピュータからホスト型のコンピュータシステムへ発展した．

1969 年に最初のコンピュータネットワークである ARPAnet の実験をきっかけに，各国でコンピュータネットワークの研究が始まった．まさに 1970 年代はコンピュータネットワーク研究の黎明期である．

1980 年代はネットワークが大学や大規模なビジネス分野において使用されるとともに，OSI（Open Systems Interconnection：開放型システム間相互接続，第 3 章参照）の研究開発に数多くの人々がかかわった．

1990 年代はコンピュータネットワークを取り囲む世の中に変化が生じた．コンピュータネットワークは広く一般に浸透し，特に珍しいものというのでなく，生活の基盤技術となってきた．言い換えると，コンピュータネットワークも，電気，ガス，水道，道路，橋といった従来からの社会基盤に劣らない重要な社会システムになった．たとえば，少し前までであれば電子メールも便利なものという程度であり，電子メールが不通になっても仕方がないと諦めていたが，今や人と人がコミュニケートする上でなくてはならないものとなった．

それ以降，コンピュータネットワークの技術は進化し，1990 年代の半ばにおいては，各種プロトコルスタックを有した LAN や WAN が存在したが，有線の LAN はイーサネットとほぼ同義語となり，WAN もインターネットとほぼ同義語となった．

1995 年からの大きな特徴は，ワイヤレスネットワークの急速な発展である．携帯電話，無線 LAN が出回り始め，どこでもネットワークにつながる時代となった．有線から無線への変革期

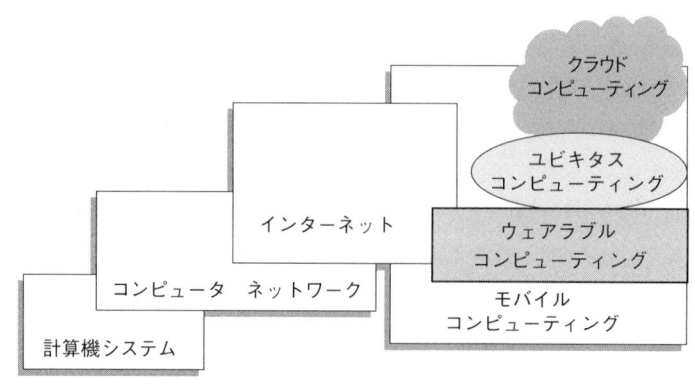

図 **1.11** コンピュータネットワークの発展

であり，電話は固定電話から携帯電話へと完全に移り変わってきた．

　今日においては，コンピュータネットワークの技術は半導体技術と通信技術の驚異的な進展によって一層発展してきた．コンピュータはより小さく，より高性能になり，回線速度も上がってきた．そこで重要な役割を示すのは，ICタグに代表される通信機能を有した極小チップの進展である．

　極小チップに通信機能が搭載されるということは，極小チップまでがコンピュータネットワークの対象になるということを意味する．極小チップはもはや誰もコンピュータネットワークという意識を持つことなく利用されていくであろう．CPU機能と通信機能を有した驚くほどの数のインテリジェントなチップが巷にあふれ，それらがネットワークにつながりつつあり，ユビキタス社会が到達してきた．

　言い換えると，小型化技術や無線通信技術の進歩によって日常生活の様々な場所，たとえば家庭，学校，職場，交通機関や公共施設等に大量の情報機器が配置され，室内や屋外にも様々な環境センサが備え付けられ，家電や車両設備においては部品レベルでの通信が行われる．各個人が常に数百～数千個の情報機器に囲まれる情報化社会が到来しつつある．

　このような情報化社会では，家や車，自然などの環境に埋め込まれた情報機器や，人や荷物，車両とともに移動する多数の端末間の大規模な通信を支える技術が必要となる．

1.4　分散処理システム

　分散処理システムでは，単一の場所に置かれているコンピュータだけではなく，異なった場所に分散して置かれる複数のコンピュータの連携によって有機的に統合して処理を行うものである．ここでは，分散処理システムにおける代表的なモデルであるクライアントサーバモデルとリアルタイム型システムモデルを紹介する．なお，インターネット上で対等の立場で通信するP2P（Peer to Pear：ピアツーピア）ネットワークもよく使用されており，それに関しては第11章で述べる．

1.4.1　クライアントサーバモデル

　分散システムとは，複数のプロセッサが通信路を介して接続されお互いのプロセッサが所有する資源を共有し合うものであると述べたが，分散処理の基本的な処理はネットワークを介して処理を依頼し，その結果を受理するものである．この処理内容を解決するものがクライアントサーバモデルである．

　クライアントサーバモデルとは，クライアント（顧客側）とサーバ（奉仕側）に機能を分けたものである．すなわち，レストランでお客さんが食事をするとき，お客さんは店の人にワインやステーキ等を注文し，お店の人はそれに従って調理し，お客さんまで運んで，お客さんは食事をすることになる．

　これと同様なことをコンピュータに当てはめたものが，クライアントサーバモデルである．

この考えは機能のモジュール化にも役立てることができる．図 1.12(a) は単一プロセッサで実現したクライアントサーバモデルで，図 1.12(b) が複数プロセッサで実現するモデル概念図である．

典型的なクライアントサーバモデルの展開としては，図 1.13 に示すデータベース利用のトランザクション処理がある．パソコンからデータベースサーバを利用する場合，パソコンのユーザプログラムからデータベースの検索更新を行うことになる．この場合，クライアント側であるパソコン上でユーザプログラムが動作し，データベースを所有しているデータベースサーバ側がサーバとして動作する．

なお，クライアントとサーバという考えは，装置に従属するものではなくどちらが主体性を持って行うかによって決定され，サービスによっては同じマシンがクライアントにもなりサーバにもなる．

クライアントサーバの概念は当初，ワークステーションにおいて LAN や RPC（Remote Procedure Call：遠隔手続き呼び出し）に基づいて使用されたが，最近はクライアントであるパソコンからサーバであるホストコンピュータや専用のサーバを利用するために用いられる．

この概念は，従来のホストコンピュータシステムがホストコンピュータを中心に端末が従属していた方式に決別し，新たに端末側がクライアントとなることでホストコンピュータの方が従属者になる方式であった．

クライアントサーバモデルは，クライアントとサーバの 2 層に分けた 2 層クライアントサーバモデルに加えて，3 層クライアントサーバモデルがある．3 層クライアントサーバモデルにお

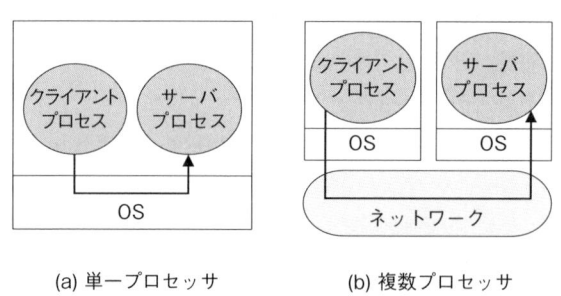

図 1.12　クライアントサーバモデル

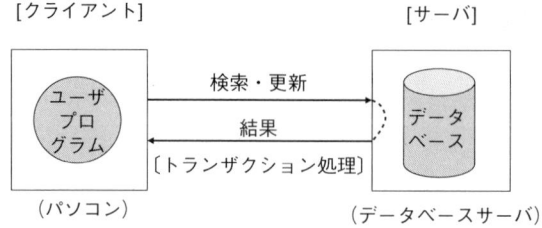

図 1.13　データベース利用トランザクション処理

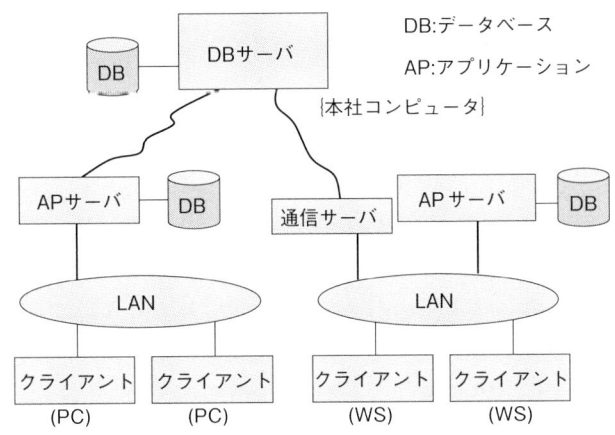

図 1.14　3 層クライアントサーバシステム

いては，第 1 層でクライアントにおけるユーザインタフェースを取り扱い，第 2 層でサーバにおいてアプリケーション処理を行い，第 3 層でサーバにおけるデータベース機能の役割を担う．

　図 1.14 に，典型的な 3 層クライアントサーバモデルによるシステムを示す．この例では，第 1 層のクライアントから LAN を介して第 2 層のアプリケーション (AP) サーバを呼び，必要に応じて第 3 層のデータベース (DB) サーバ（バックエンドサーバ）を呼ぶ．またデータベースは，ホストコンピュータ，DB（データベース）サーバ，そしてクライアント自身にそれぞれ適切な DB を置く．

1.4.2　リアルタイム型システムモデル

　バッチ処理的なプログラムは，いつプログラムが実行されるかには依存せず，実行される命令の論理的な順序のみに依存している．一方，リアルタイムプログラム（およびシステム）は時間にかかわりつつ，外界（コンピュータシステム以外の周りの環境）と相互に干渉する．外界から刺激を受けるとシステムは定まった様式で外界からの刺激に応答しなければならず，それもある時間内に行わなければならない．もしシステムがデッドラインを越えて正しい答えを出しても，システムは故障したと見なされる．いつ答えが生成されるかということがどんな答えを生成したかということと同様に重要である．

　外界を含む他の多くのアプリケーションもまた，本質的にリアルタイムシステムである．それらの例は，テレビ受像器やビデオレコーダに組み込まれたコンピュータ，航空機の補助翼や他の部分を制御するコンピュータ，コンピュータによって制御された自動車，誘導対戦車ミサイルを制御するコンピュータ，コンピュータ制御による航空管制システム，分子加速器から脳に電極を付けたネズミの心理実験までの科学的実験，自動化工場，電話交換機，ロボット，集中医療装置，CT スキャナ，自動株式取引システム，その他多数である．

　多くのリアルタイムアプリケーションシステムにおいては，リアルタイム装置の前段に専用

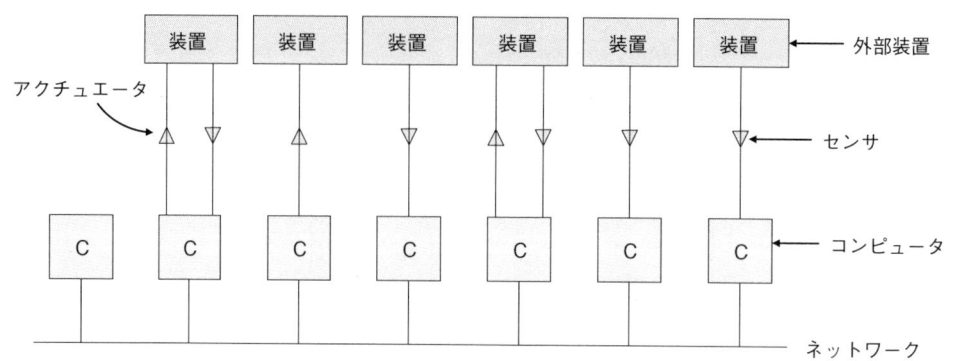

図 1.15　リアルタイム型システムモデル

マイクロプロセッサを設置して装置からの出力をいつでも受け付け，装置への入力に必要な速度で行うという方法を採用している．

　リアルタイムシステムの多くは図 1.15 に示されるように構成される．ここには，ネットワークによって接続されたコンピュータの集まりがある．このうちのいくつかは，外部の装置に接続されている．この外部装置はリアルタイムにデータを発生するか，データを受け入れるか，または制御される．コンピュータは装置に組み込まれた小型のマイクロコントローラまたはスタンドアロンのマシンである．

　図 1.15 においてネットワークは当初有線を用いる場合が多かったが，最近は無線を利用した場合が多くなっている．無線を利用した場合には第 12 章，特に 12.5 ユビキタスネットワークの節を参照されたい．

1.5　システムの信頼性

　ネットワーク，特にリアルタイム型のシステムは，乗り物，病院，発電所等における安全性が重要な場で利用されるので高い信頼性が必要となる．

　信頼性の尺度として RASIS がある．RASIS は，次の用語の頭文字をとったものである．

- R：Reliability（信頼性）
- A：Availability（可用性）
- S：Serviceability（保守性）
- I：Integrity（完全性）
- S：Security（安全性）

　信頼性 (R) は，正しく動作する度合いを示すもので，その尺度として平均故障間隔 (Mean Time Between Failure, MTBF) が用いられる．平均故障間隔は次の式で求められる．

$$\text{平均故障間隔} = \frac{\text{稼働時間}}{\text{故障回数}}$$

保守性 (S) は，故障してその保守に要する度合いを示すもので，その尺度として平均修理時間（Mean Time To Repare, MTTR）が用いられる．

$$\text{平均修理時間} = \frac{\text{修理時間}}{\text{故障回数}}$$

可用性 (A) は，システムを利用できる度合いを示すもので，その尺度として稼働率が用いられる．稼働率は次の式で計算される．

$$\text{稼働率} = \frac{\text{MTBF}}{\text{MTBF} + \text{MTTR}}$$

完全性 (I) は，システム全体のデータが矛盾を起こさず一貫性を保つこと示す．その尺度はない．

安全性 (S) は，データやシステムを不正に利用させないことを示す．暗号化やパスワードによる保護などが挙げられる．その尺度はない．

システム全体の稼働率を高める用語として，フォールトトレラント性 (fault tolerance) が挙げられる．フォールトトレラント性を保つために，複数の装置に同時に同じことを動作させる常用冗長法 (active replication) あるいはデュアルシステム (dual system) と呼ばれる方法が使用されることがある（図 1.16）．しかし，これはいつでもすべてのことに関して図 1.16 に示すシステム A とシステム B がお互いに確認し合うため，オーバヘッドがかかるきらいがあるが信頼度は高い．

また，主系がダウンした場合に待機系に処理を切り替える待機冗長法 (primary backup) あるいはデュプレックスシステム (duplex system) も使用される（図 1.17）．このシステムにおいては，待機システムが他のジョブを行う通常の待機システム方式と，特に何もせず常に待機準備しているホットスタンバイシステムがある．

安全性が重要なシステムでは，システムが最悪のケースでも動作するということが特に重要である．3つの要素が同時に故障することはほとんどないので，そういう場合を考えなくても

・常にAとBが同じことをやり，一定間隔でお互いに処理結果を確認
・高価
・信頼度高い

図 **1.16** デュアルシステム

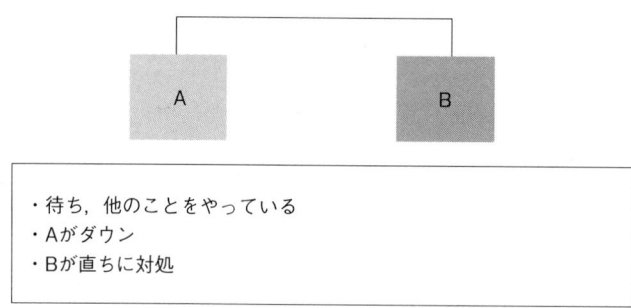

図 1.17　デュプレックスシステム

よいということはできない．故障は必ずしも独立とは限らない．たとえば，突然の停電で誰もが電話をかけると，電話システムは独立した非常用の発電システムを持っていてもおそらく過負荷になるであろう．さらに，システムへのピーク負荷はしばしば最大数の要素が故障したまさにその時点で発生する．その理由は通信量の大半が故障報告に関連するものであるからである．したがって，フォールトトレラントリアルタイムシステムは最大数の故障と最大負荷を同時に処理しなければならない．

　ある種のリアルタイムシステムには，重大障害が発生すると停止できる特性を持つものもある．たとえば，鉄道の信号システムが突然消灯すると，制御システムにすべての列車に直ちに停止するように通知させることが可能であろう．もしシステム設計で，列車間隔を十分にとり，列車がほぼ同時にブレーキをかけ始めるとしたら，惨事を避けることが可能であろう．それから電源が復帰した後にゆっくりとシステムを回復することができる．この例のように，危険を回避しつつ運用を停止できるシステムはフェイルセーフあるいは安全停止と呼ばれる．フェイルソフトは機能縮退とも呼ばれ，障害が生じたときにその被害を最小限度に抑えるため，システム全体の動作を停止するのではなく，必要最小限度の機能に限定してそのまま動作を続けるものである．

演習問題

設問1 George Murray の 6 シャッタが 3 秒ごとに切り替わるとすると，その伝送速度は何 bps か．

設問2 身近にある目視的コミュニケーションの例を挙げよ．

設問3 モールス信号で SOS はどのように表現されるか．

設問4 クライアントサーバシステムの特性を述べよ．

設問5 3 層クライアントサーバモデルについて説明せよ．

設問6 RASIS について説明せよ．

設問7 PC が月 2 回故障し，その都度修理には 3 日間かかる．この PC の稼働率を求めよ．なお，1 ヵ月は 30 日と仮定する．

設問8 フェイルセーフとフェイルソフトについて説明せよ．

参考文献

[1] 柴田昭彦：旗振り山，ナカニシヤ出版 (2006)
[2] 中野明：腕木通信，朝日新聞社 (2003)
[3] A. S. タネンバウム・D. J. ウエザロール 著，水野忠則ほか 訳：コンピュータネットワーク第 5 版，日経 BP (2013)
[4] 喜多千草：起源のインターネット，青土社 (2005)
[5] 喜多千草：インターネットの思想史，青土社 (2003)
[6] G. J. ホルツマン 著，水野忠則ほか 訳：コンピュータプロトコルの設計法，カットシステム (1994)

第2章
コンピュータネットワークアプリケーション

□ 学習のポイント

　インターネットの接続が今のように普及する以前から，我々の社会環境では，数多くのコンピュータネットワークが活躍してきた．たとえば，社会生活を劇的に変えたものとして，銀行が閉店した後も現金を引き出すことができるCDやATM，狭い店舗でありながら多様な商品が販売されサービスが展開されているコンビニエンスストアのPOS，工場の生産効率を向上させるFAやVR，企業経営の効率化のための経営情報システム，交通渋滞の緩和に役立っているシステムなどがある．

　本章では，最初に，インターネット以前のコンピュータネットワークを利用したアプリケーション（オンラインリアルタイム情報処理システム）について概略を知ることで，ネットワークの重要性について述べる．次に，インターネットの概況と基本サービス，インターネットを介して利用する数々のアプリケーションについて述べる．なお，アプリケーションはアプリなどとも呼ばれるソフトウェアである．インターネットアプリケーションは，日々新しいものがリリースされている．すべてを紹介することはできないが，検索系サービス，ソーシャル・ネットワーキング・システム，動画共有サイト・動画コミュニティ，コミュニケーションサービス，記憶系サービス，インターネットラジオなどについてまとめる．

　この章を通して以下のことを理解し，コンピュータネットワークについて学ぶ意義を理解して欲しい．

- ネットワークを介してコンピュータを利用するオンラインリアルタイム情報処理システムの概念を理解し，コンピュータネットワークの必然性や重要性を理解する．
- コンピュータネットワークを利用したアプリケーションの事例を通して，モノ，サービス，情報および知識の伝達と交換を効率的に行うことができるようになってきたことを理解する．
- オンラインリアルタイム情報処理システムが社会にインパクトを与えてきたことをイメージする．また，インターネットの急速な普及はさらなるインパクトを与えていることを理解する．
- 日常的に我々はインターネットアプリケーションを利用していることを理解する．
- インターネットアプリケーションを利用する際に，どのような仕組みで動いているか考察することを学ぶ．

□ キーワード

　オンラインリアルタイム情報処理システム，銀行のCDやATM，コンビニエンスストアのPOS，工場でのネットワーク，企業経営におけるネットワーク，道路交通，電力網，インターネットアプリケーション，検索系サービス，ソーシャル・ネットワーキング・システム，コミュニケーション・サイト，ファイル共有・同期システム，決済システム

2.1 コンピュータネットワークと私たちの暮らし

　この本の読者の多くは，自宅や研究室でパソコン（パーソナルコンピュータ：Personal Computer, PC）を利用していることであろう．利用しているパソコン（キーボード，マウス，ディスプレイ）には，USB ケーブル（USB：ユニバーサル・シリアル・バス）等によりプリンタや外付けのハードディスクなどの周辺機器が接続されていることであろう．

　さらに，そのパソコンは有線あるいは無線によりローカルエリアネットワーク（Local Area Network, LAN）を介して（図 2.1），インターネットへ接続されているであろう．ローカルエリアネットワークには他のパソコンだけでなく，プリンタやハードディスクも接続されている場合もある．ローカルネットワークを利用することによって，1 台のプリンタやハードディスクを複数のパソコンで簡単に共有することが可能となったのである．

　つまり，ネットワークへ接続することにより，我々は単なるゲームの機械やワードプロセッシング（ワープロ）の道具として登場したパソコンを，家庭にいながらにしてショッピングや学習等ができる道具へと変えたのである．今日では，小規模なオフィスや自宅兼用オフィスと呼ばれる SOHO (Small Office Home Office) も目覚ましい勢いで普及している．また，オフィススペースの節約，通勤渋滞の緩和，ライフスタイルの多様化が可能になるとの理由で，コンピュータネットワークを利用して，自宅やサテライトオフィスなどで仕事をするデジタル時代の新しいタイプの労働形態のテレコミュート (telecommute) も一般化してきている．

　これらのネットワークは，現在ではインターネットを利用することが通例になってきているが，我々の社会環境には，これまでも数多くのコンピュータネットワークが活躍してきた．以下にコンピュータネットワークの身近な応用例として，鉄道予約，銀行，コンビニエンススト

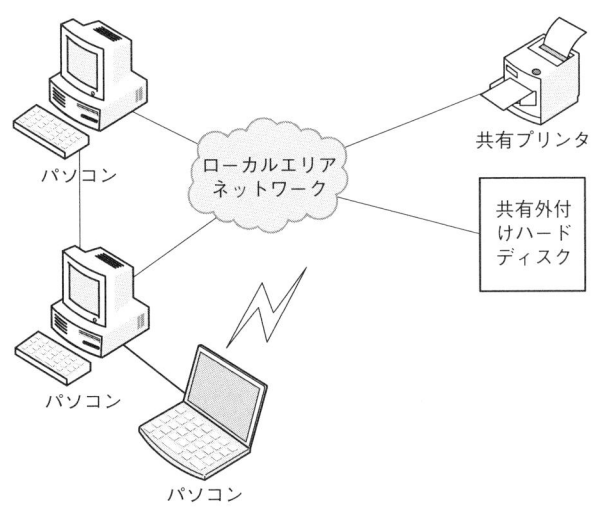

図 **2.1**　プリンタを共有するパーソナルコンピュータ

ア，工場，経営，道路交通，電力での活用事例の概念を説明する．なお，この事例で紹介するシステムは進化中であるし，経済的メリットからインターネットワークを利用することも一般化していることを付記しておく．

2.1.1 鉄道予約システム

2013年9月7日にブエノスアイレスで開かれた第125次IOC総会で，東京が2020年夏季オリンピックおよび第16回パラリンピック競技大会を開催する都市に選ばれた．東京では1964年10月10日～24日にも，第18回夏季オリンピックが開催されており2回目の開催となる．

第1回目の東京オリンピックの開催に向けては，競技用施設から選手村，公共交通機関などのインフラストラクチャーや観戦客を受け入れるためのホテルに至るまで，東京都内のみならず日本各地において種々の建設・整備がなされた．開会式の1964年10月1日に開業した東海道新幹線は東京と新大阪の最短所要時間を，それまでは6時間以上であったのを4時間にした．ちなみに現在の最短所要時間は2時間25分である．

新幹線の開業に合わせて，1964年2月には我が国初の本格的なオンラインリアルタイム情報処理システム（日立・国鉄：座席予約システム MARS 101）の稼働を開始した．このシステムにより，座席指定だけではなく，予約業務全般のコンピュータ化が図られた．ここで，オンラインリアルタイム情報処理システムのオンライン (online) とは，コンピュータネットワークにおいてはコンピュータが当該ネットワーク（通信回線）に接続されており，ネットワークを通じてサービスを受けられる状態を示す．オンラインの対義語はオフライン (offline) である．また，リアルタイム情報処理とは，処理要求やデータが発生したら直ちにコンピュータに入力し，その処理結果を出力する処理方式のことである．

1965年10月の東海道新幹線増発時には，前年に開通した東海道新幹線を含む座席予約システムが稼働し，大規模なオンラインリアルタイムシステムの先駆けとなった．その後，銀行オンラインシステムなども普及し，オンラインリアルタイム情報システムの利用者（受益者）が企業だけではなく，社会さらに個人ユーザへと進むこととなった．今日ではインターネットを経由して，旅行代理店や個人が，座席の予約・購入などもできるようになってきている．

ここでは鉄道予約のネットワークについて整理したが，他の移動体でも様々なチケットの購入と関係のあるネットワークが利用されている．自宅からの飛行機や長距離バスなどの予約・購入や事前の座席指定などが可能になっている．

2.1.2 銀行のCDやATM

我々は銀行あるいはデパート等に設置されているCD（Cash Dispenser：現金自動支払出装置）やATM（Automatic Teller Machine：現金自動預入払出装置）で，キャッシュカード1枚で現金の出し入れ，振り込みや口座の残高照会を行うことができる．これはCDやATMを通じて，我々がコンピュータネットワークを利用して銀行のオンラインリアルタイムシステムを利用しているから可能になったことである．オンラインリアルタイムシステムの専用端末が

ATMとなっていると考えればよい．利用者はATMへキャッシュカードを挿入し，取引種別（引き出し，振り込みなど）や暗証番号などを，銀行のメインフレーム（口座データベース）へ送信していることになる．一連の処理の流れを図2.2に示す．

かつて利用者は，口座開設した銀行のATMしか利用できなかった時代もあった．しかし，最近は国内外の各銀行間がネットワークで接続されるようになったため，手数料が余計にかかる場合もあるが，ほとんどのCDやATMが利用できるようになってきた．最近ではコンビニエンスストアにもATM端末が導入され始めている．また，多くの銀行は，利用者がインターネット経由で口座管理ができるようなサービスも展開している．

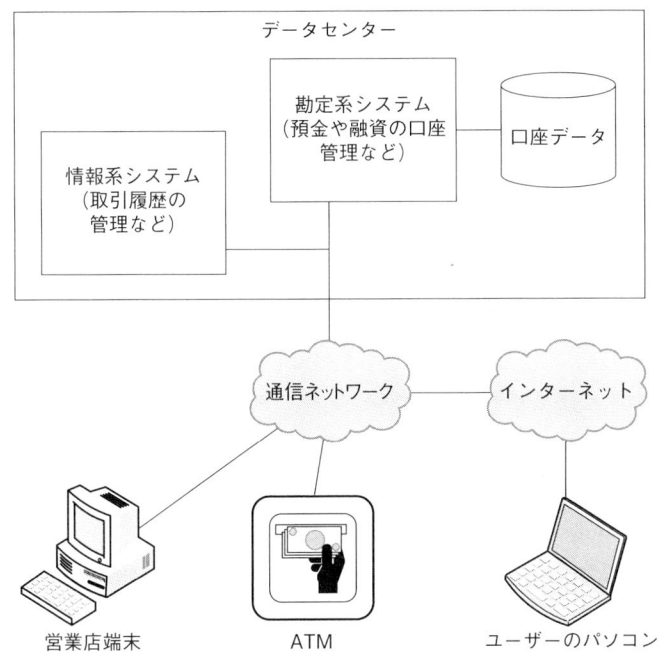

図 2.2　銀行の情報システムの概念図

2.1.3　コンビニエンスストアのPOS

コンビニエンスストアで商品を購入することを思い出して欲しい．商品をレジ（キャッシングレジスタ）に持って行くと，店員はバーコードを探し，店員がスキャンすれば個別の商品の値段が表示される（店員は膨大な商品の値段を記憶する必要はない）．

このように，コンビニエンスストア等の小売店で用いられている販売方式にPOS（Point Of Sales：販売時点管理）がある．POSでは，商品に付けられたバーコードや磁気記録等により，それが売買された時点（キャッシュレジスタに記録された時点）で商品コード，客の性別，年齢層等のデータを本部のコンピュータに通知し，商品の販売数や売れ筋商品をリアルタイムに

集計，分析可能にしている．その結果，売れ筋商品の早期認知や不良在庫の低減を行いやすく，効率的な在庫管理が可能になる．

大規模店舗等では，複数のキャッシュレジスタがオンラインでコンピュータと結ばれており，売買の情報はネットワークを経由して中央のコンピュータに通知される．これに対し小規模店舗等では，売買情報をPOS機能を持つレジスタに一定時間記録しておき，その後，情報をコンピュータに送信している．

現在の小売業では，POSレジスタを利用した単品管理により売れ筋商品を把握したり，商品の受発注データの交換をEOS（Electronic Ordering System：オンライン発注システム）によって電子的に卸売業やメーカとの間で行ったりすることが多くなっている．このような電子データの交換は決済や物流情報まで適用範囲が広がりつつある．

2.1.4 工場でのネットワーク

FA（Factory Automation：ファクトリオートメーション）とは，工場等でのアセンブリ作業をコンピュータネットワークや工作機械等を活用し，作業を自動化することである．通常，FAで利用されるコンピュータは，工場等の気温，湿度，粉塵，振動等が一般的なオフィスに比べて過酷な条件にあるため，デバイスの実装方法やケースに工夫を施すなどして，こうした劣悪な条件下でも正常に動作できるようにしている．

現在では，さらにコンピュータネットワークを利用する方式として，CAD (Computer Aided Design) により設計した建築や電子回路に関するデータをそのまま利用し，数値制御工作機等を使って製造を行うCAM (Computer Aided Manufacturing) 方式が実用化されている．なお，CADの発展系には電子回路の設計作業等をサポートするソフトウェアCAE (Computer Aided Engineering) がある．CADやCAEには，コンピュータの3次元シミュレーション等により，人間にとっては現実のイメージに近い仮想的な世界を作る技術である仮想現実 (Virtual Reality, VR) を利用する試みもある．

簡単なVRには，コンピュータによる3次元グラフィックス・リアルタイムシミュレーションがある．より複雑なものとしては，ディスプレイを搭載したゴーグルを目に装着し，位置や運動量を検出できるセンサを装備したグローブを手に付け，センサに応じた3D映像をゴーグルに表示することで，コンピュータによって作られた空間をあたかも現実世界のように見せかける装置等が挙げられる．

2.1.5 企業経営におけるネットワーク

企業における事業活動のためには，コンピュータとネットワークを活用した中核となる情報システムは不可欠である．古典的な情報システムの役割は，高速で正確に大量のデータ処理能力を利用した伝票発行等の定型業務の自動化であった．その後，1970年初頭には，情報システムは生産性を重視する経営のために，企業内業務の合理化と省力化を追求するシステムとしてMIS（Management Information System：経営情報システム）と呼ばれるようになった．

1980年代後半になると，情報システムを経営の中核に置いて，情報を経営戦略の展開に活かすことを目的とした SIS（Strategic Information System：戦略的情報システム）が注目を集めるようになった．SIS のサブシステムとして，経営者の意思決定支援に特化するシステムとして MSS（Management Support System：経営支援システム）や DSS（Decision Support System：意思決定支援システム）が要求されるようになった．MSS や DSS では，経営判断を経営者の経験に基づいた知恵や勘だけに頼らず，多くのデータの解析結果を利用することを目的としている．

DSS が要求されてきた背景には，パソコンの普及により，情報を必要とする現場や経営者，中間管理者自身が情報処理を行う EUC（End User Computing：エンドユーザコンピューティング）が可能になったことが大きい．さらに，大容量・高密度の記憶装置と並列プロセッサアーキテクチャや並列データベースアーキテクチャによる長期にわたる膨大なデータの蓄積・高速処理，POS 等のデータ収集技術による詳細なデータや生データの迅速で正確な収集，GUI を利用したデータを多角的に解析する多次元分析ツール（On-Line Analytical Processing, OLAP）が，DSS を一層利用しやすいものにしている．

高度な情報システムの普及とともに BPR（Business Process Reengineering：ビジネスプロセスリエンジニアリング）という概念が生まれてきた．BPR は，コスト，品質，サービス，スピード等の企業の生産性を改善するために，ビジネスプロセスを根本的に考え直し，抜本的にそれをデザインし直すことである．BPR を支えるソフトウェア技術にはグループウェア（Groupware）と ERP（Enterprise Resource Planning）がある．グループウェアを利用すると，グループでの情報共有と情報の相互活用を円滑にすることができ，ホワイトカラーのビジネス手法を大きく改革し，生産性の向上に結び付けることができる．代表的なグループウェアの機能としては，電子会議室，ドキュメントデータベース，電子メール，ワークフロー管理，スケジュール管理等がある．

ERP とは購買，生産管理，在庫管理，販売物流，財務会計といった企業の基幹業務を対象としたアプリケーションソフトウェアの総称である．従来，基幹業務システムは，多くの企業が自社開発していたが，ERP パッケージを利用することによって開発や導入にかかるコストの低減，期間の短縮，データのリアルタイム更新や一元管理等のメリットが実現できるようになる．ERP は，1960 年代に生まれた資材所要量を計画する生産管理手法である MRP（Material Requirement Planning）から派生したものである．MRP は，1970〜80 年代には資材計画だけでなく，製造設備計画，人員計画，物流計画までカバーした MRP-II（Manufacturing Resource Planning - II）へと発展した．この MRP-II の概念に財務会計や人事機能等を付加することにより ERP が生まれた．

2.1.6 道路交通におけるネットワーク

我が国の道路交通において，渋滞を緩和することは重要な課題である．渋滞緩和にはバイパス・環状道路等の道路整備に加えて，既存の道路網を情報通信技術により有効利用を図ることが

必要である．後者を具現化するシステムとして，情報通信技術を用いて人と道路と車両とを情報でネットワーク化することで，交通事故，渋滞などといった道路交通問題を解決することを目的に ITS（Intelligent Transport Systems：高度道路交通システム）の構築が進んでいる．さらに，近年は太陽光などの再生可能エネルギーによって自動車を走らせながらも，インターネットに接続して最適な経路を把握しながら移動するという，自動車のようで自動車でないビークルの研究も進められている．

ここでは既に利用されているサービスとして，**カーナビゲーションシステム**（car navigation system：カーナビ）と **ETC**（Electronic Toll Collection：自動料金収受システム）の概要を説明する．

- **カーナビゲーションシステム**

  道順案内などを行いドライバーの運転を支援する車載システムである．現在位置を自動的に割り出し，システムに記録された地図と照らし合わせることでドライバーの運転を支援している．さらに，VICS (Vehicle Information and Communication System) を利用すると，無線ネットワークを介して，大半の高速道路と都市圏の一般道路の渋滞・工事等の情報，駐車場の混雑状況などを表示することもできる．なお，最近ではスマートフォンを利用して道順案内をするサービスも普及し始めている．

- **ETC**

  有料道路の料金所などに設置されたアンテナと自動車に搭載した端末（ETC 車載器）で通信を行い，自動車を止めずに有料道路の料金支払いなどを処理するシステムで，図 2.3 に概要を示す．

  ETC システムは，自動車に取り付けてある車載器と料金所の ETC アンテナが交信することで成立している．入口料金所では料金所アンテナから車載器に入口情報が送信される．有料道路を走行した後，出口料金所では車載器からアンテナへは入口情報を送信し，データベースなどで料金を確認した後，料金情報が車載器に送信される．通行料金はクレジットカードの機能を利用し，後日，利用者へ請求が届くことになっている．なお，交信を確実に行うために料金所通過時の車両速度が約 20 km/h 以下に制限されている．

ここでは自動車のカーナビゲーションシステムを紹介したが，機器としてのカーナビゲーションシステムには，ラジオやテレビ受信，CD や DVD を再生することができる機能もある．つまり情報表示端末である．

このような情報表示端末は航空機内でも利用されている．たとえば，航空機内において各座席に備え付けてある機内娯楽プログラム（映画，音楽，地図表示，ショッピング）の端末である．この端末により，客は各座席で好きな機内娯楽プログラムを好きな時間に楽しむことができる．これは，航空機内に機内娯楽プログラムのためのコンピュータネットワークが整備されたからである．

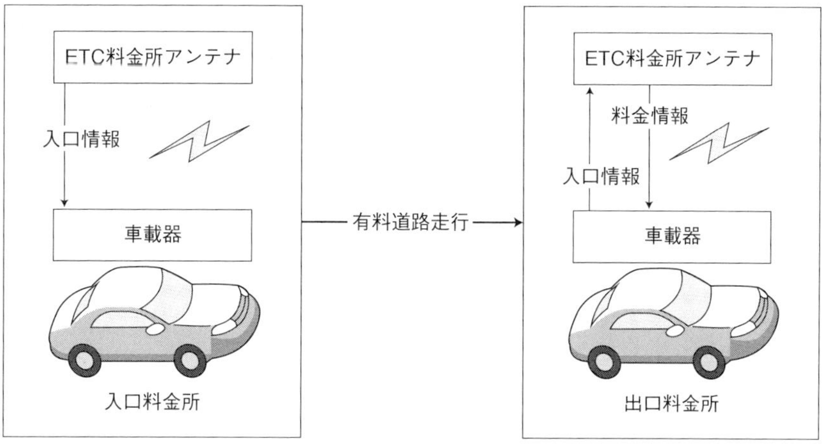

図 2.3　ETC システムの概念図

2.1.7　電力インフラのスマート化：スマートグリッド

環境問題や持続可能な社会への関心の高まりを受け，エネルギー，特に電力をスマートに（賢く）利用するという動きがあり，スマートグリッドシステム（Smart Grid：次世代送電網）が注目されている．

国により電力供給事情が異なることもあり，明確な定義はなされていないが，(1) 各家庭にセンシング機能やネットワーク機能を有した「スマートメーター」と呼ばれる電力メーターを配置する，(2) 電力供給会社は，ここから得られたデータを分析し，より無駄のない形で電力を供給できるようにするという仕組みが考えられている．さらに，既存電力供給側は，風力発電や太陽光発電のような自然エネルギーなどの不安定な供給源もリアルタイムで監視・供給し，その不安定性を補う形で既存の発電方式により得られた電力を最適に供給するということも可能になる．また，電力供給は電力会社以外の個人や企業が，太陽光発電などの再生可能エネルギーを効率的に提供したり，相互に融通し合うことが可能になる．

2.2　インターネットアプリケーションの事例

2.2.1　インターネットの概況と基本サービス

分散配置された異機種のコンピュータを相互接続し，コンピュータ資源を共有することを目的として実験運用された ARPANET に端を発して発展してきたインターネットは，爆発的な勢いで普及が進んでいる．

2013 年末の世界のインターネット利用者総数は，国際電気通信連合 (International Telecommunication Union, ITU) の統計データによれば約 27 億 4000 万人に達している．2012 年の 24 億 9000 万人と比較し，1 年間で 2 億人以上も利用者が増加している．

我が国のインターネット利用人口も増え続けており，2012年末には9652万人（前年末より42万人増加，前年比0.4%増），人口普及率は79.5%（前年差0.4%増）となった．なお，個人の世代別インターネット利用率は13〜49歳までは90%以上である．端末別インターネット利用状況は，自宅のパソコン59.5%，携帯電話42.8%，自宅以外のパソコン34.1%，スマートフォンは31.4%となっている．なお，上記に示した統計データは日々更新されていくデータである．読者におかれてはそのデータを調査し，動向を確認していただきたい．

インターネットは，コンピュータとコンピュータが接続しているネットワークであることもあって，様々なサービスが提供されている．パソコンに代表される現在のコンピュータは，強力な計算能力と蓄積能力を持っているため，多様なサービスを提供することが可能となった．インターネットの主なサービスとしては，(1) 電子メール，(2)Web，(3) リモート接続，(4) ファイル転送がある．

(1) 電子メール

電子メール (Electronic-mail, e-mail) とは，普通の手紙のやりとりと同じことをネットワークでつながったコンピュータで行うことで，発信者主導の，特定の人に向けたメディアで，eメールとも呼ばれる．郵便と違い，送るとほとんどすぐに相手側のメールサーバに届き，受信者は都合のよいときにメッセージを読むことができるなど，電話のように時間を拘束されない情報手段でもある．さらに，複数の宛先へ同じメッセージを簡単に送ることや，メッセージの転送も可能である．また，メッセージはコンピュータで扱うデジタルデータであるため，加工や再利用が簡単にできる．さらに，画像や文書なども，添付ファイルとして送信することもできる．インターネットの機能の中では，次のWebと同じく利用頻度が高いサービスでもあり，生活に必要なコミュニケーション手段として着実に根ざしている．なお，電子メールを読み書きするパソコン側のアプリケーションソフトウェアとしてMicrosoft社のOutlook Express，Mozilla.orgのThunderbird等が利用される．

(2) Web

インターネットでは文字情報だけでなく，画像，動画，音声による情報提供が行われている．いわゆるWebページの閲覧である．インターネットでこのようなマルチメディアによる情報を公開できるシステムを持つのがWWW (World Wide Web, WWW) サーバである．Webはクモの巣を意味しており，世界中のサーバがクモの巣状につながっていることを表している．ブログ等もWWWに属する．なお，WWWを閲覧するためのパソコン側のアプリケーションソフトウェアであるブラウザにはMicrosoft社のInternet Explorer，Mozilla.orgによるFirefox等などがある．最近はWeb上で電子メールを読み書きすることも多くなってきた．

(3) リモート接続

UNIXの標準機能の1つで，ネットワークを通じてサーバに接続し，離れたコンピュータからサーバを直接操作できるサービスであり，telnetサービスとも呼ばれる．通常はユーザＩＤ

表 2.1 本節で紹介するアプリケーション

サービス分類	サービスまたはサイト名
検索系サービス	Google, Yahoo!
ソーシャル・ネットワーキング・サービス	Facebook, twitter
動画共有サイト・動画コミュニティ	YouTube, ニコニコ動画
コミュニケーション	Skype, Line
インターネットラジオ，ポッドキャスティング	iTunes, iTunes U, MOOC
記憶系サービス	Dropbox, Google Drive, Sky Drive, iCloud, Evernote
電子商取引サービス	Amazon, 楽天市場
決済システム	Square, Paypal Here

とパスワードが必要となる．

(4) ファイル転送

telnet 同様 UNIX の標準機能の 1 つで，FTP サーバに接続しファイルを転送するサービスである．この機能を利用してフリーソフトウェアをダウンロードしたり，個人がホームページを開設する場合，Web ページデータをプロバイダのサーバに転送したりする．

なお，電子メールと WWW については第 10 章で詳しく述べる．

さて，読者はインターネット上の複数のアプリケーションを利用していることであろう．多くのインターネットアプリケーションは，同時にいくつかの働きをしている．また，あるアプリケーションで利用できる機能がそのアプリケーションだけで活用できるわけではなく，同じような機能が他のアプリケーションでも利用できるという場合もある．完全に分類して事例を紹介することは難しい．そこで，本節では筆者や同僚がよく利用しているインターネットアプリケーションの機能に着目して，表 2.1 のように分類する．

なお，読者におかれても，利用しているアプリケーションを機能の視点で分類し，友人や同僚同士で比較してみて欲しい．そのことにより，お互いにアプリケーションをどのように利用しているのか新たな発見があるであろう．

次からの各節では表 2.1 の分類に従い，各アプリケーションの概要についてまとめる．

2.2.2 検索系サービス

インターネットにおける WWW を利用しやすくしているのは検索系サービスである．代表的なものは Google（グーグル, http://www/google.co.jp）である．

しかしながら，同社は現在では検索エンジンだけでなくインターネット関連の様々なサービスと製品を提供している．グーグルがインターネット上で提供している具体的なサービスは次のようなものがある (2013 年 12 月 25 日現在)．

- 検索エンジン：Google
- (クラウド型) Web メールサービス：Gmail

- 動画コミュニティ：YouTube
- 地図サービス：Google Maps
- データ保管：Google Drive
- ソーシャル・ネットワーキング・サービス：Google＋
- ニュースポータルサイト：Google News
- オフィススイート：Google Docs

これら以外にも，スマートフォンやタブレットなどの携帯情報端末を主なターゲットとして開発されたオペレーティングシステム Android（アンドロイド，http://www.google.com/mobile/android/），Webブラウザの Google Chrome（グーグル・クローム，https://www.google.com/intl/en/chrome/education/browser/user/）などもある．

なお，Google 社の設計思想や具体的な技術に対する基本的な考え方は，梅田氏や西田氏の書籍（推薦図書 [5],[7]）が参考になる．

2.2.3　ソーシャル・ネットワーキング・サービス

ソーシャル・ネットワーキング・サービス (Social Networking Service (Site), SNS) の目的は，人と人とのコミュニケーションを活性化することである．たとえば，SNS の参加者が互いに友人を紹介し合うことにより，新たな友人関係を広げたりすることが可能となる．そのため SNS には，参加者のプロフィールを公開する機能，友人に別の友人を紹介する機能，サイト内の友人のみ閲覧できる日記帳，友人間でのメッセージ交換に使う掲示板やカレンダーなどの機能が提供されている．

なお，SNS には，誰でも自由に参加できる自由参加型サービスと，既存の参加者からの招待がないと参加できない紹介制サービスがある．

SNS として現時点で最も有名なのは Facebook(https://www.facebook.com/) である．ツイッター社 (https://twitter.com/) の運営する，140 文字以内の「ツイート」と称される短文を投稿可能な情報サービス Twitter（ツイッター）もまた SNS の仲間になる．我が国の mixi，GREE，Mobage，Ameba も SNS サービスを展開している．Facebook 社の創設の経緯については，ベン・メズリック氏の書籍（推薦図書 [10]）や映画『ソーシャル・ネットワーク』（原題: The Social Network, 2010 年公開）に描かれている．

なお，社会的ネットワークの構築ができるサービスや Web サイトであれば SNS と定義されることが多い．したがって，コメントやトラックバックなどのコミュニケーション機能を有しているブログ (blog) も SNS に含まれることになる．

ブログとは「Web」（ホームページ）と「Log」（日誌，記録）を足し合わせた造語「weblog」（ウェブログ）の省略である．日記風簡易型ホームページと呼ばれることもある．個人や数人のグループで運営され，日々更新される日記的な Web サイトの総称のことである．これまではホームページを開設するためには HTML 言語の知識が必要であった．ブログではワードプロ

セッサで日記を書くような感覚で，簡単に文字や写真からなるホームページを開設できるようになった．また，トラックバック (track back) というコミュニケーション機能により，他人のブログに自分のブログのリンクを張ることができるようになった．従来のホームページでは，自分のホームページにリンクを作ることができたが，他人のホームページにリンクを張るには，相手の承諾を得た上で，相手に作業をしてもらう必要があった．

2.2.4 動画共有サイト・動画コミュニティ

動画共有サイトあるいは動画コミュニティとは，ユーザが動画を投稿し，他のユーザが閲覧可能な状態にする（共有する）Web サイトのことである．代表的な動画共有サイトとしては，YouTube(http://www.youtube.com/) やニコニコ動画 (http://www.nicovideo.jp/) などがある．

動画共有サイトにおいて，ユーザは自身で作成した映像コンテンツをアップロード（投稿）する．投稿動画が他のユーザからのリクエストに応じて再生される．コンテンツの再生は Web ブラウザを通じて，ある程度のデータを蓄積しながら再生していくストリーミング方式で行われていることがケースが多い．

2.2.5 コミュニケーションサービス

いつの時代も，企業においても個人においても通信コストを安くしたいという欲求がある．このコストの問題をクリアするシステムに，インターネットを利用した音声通話が可能なコミュニケーションシステムとして Skype（スカイプ，http://www.skype.com/ja/) と Line（ライン，http://line.me/ja/) を紹介する．

Skype システムはインターネットによる音声通話が可能なソフトウェアのことである．利用するためには Skype をインストールして同社にユーザ登録し，パソコンにマイクとスピーカー（あるいはヘッドセット）を接続することで，ユーザ同士が音声通話やビデオ通話を楽しむことができる．

Skype システムは，後で学ぶ P2P 型技術を利用しているため，Skype に参加しているパソコンがネットワークを構成するノードとなる．そのパソコンの性能や Skype の利用時間など，ある一定の規準を満たしたパソコンが自動的に一時的なサーバ的役割を担うスーパーノードとなる．たとえば一時的に Skype ユーザの電話帳を作成したりするという仕事を担うことになる．

LINE は主に IP 電話（インターネット電話）による通話とテキストチャットの機能が利用できるシステムである．2011 年 6 月に公開されたのであるが，瞬く間に普及し，登録ユーザ数は 2013 年 1 月に 1 億人を突破，2013 年 7 月には 2 億人を突破した．その背景には，LINE では端末の電話番号をユーザ ID として利用し，アドレス帳と連携して発着信できるようになっているため操作が簡便であることと，テキストチャットにおいて「スタンプ」と呼ばれる大きめの画像や絵文字が利用できるためコミュニケーションが活性化するということがあるとされている．さらに，本システムでの通話はパケット通信を利用するため，スマートフォン利用者が

パケット定額サービスに加入していれば無料で通話が可能となるという経済性も支持されている理由である．

コミュニケーションサイトでも利用されている技術として IP 電話 (IP phone) 機能もある．IP 電話とは，インターネット（IP 網）を利用した電話のことである．図 2.4 に一般加入電話と IP 電話の概念図を示す．

従来の電話は，NTT 等の電話会社の一般加入電話網を利用していた．一方，IP 電話は，VoIP (Voice over Internet Protocol) 技術により音声をインターネット用のパケット（IP パケット）に変換し，一般加入電話網を経由せず，インターネットを経由して音声通話を行うサービスのことである．

VoIP では，IP パケットに音声や発信，切断などの電話操作，接続先の電話番号などの接続先と交換する情報を載せ，IP 網を経由して通話を実現する．そのため，ファイルや電子メールの送受信，ホームページの閲覧などに利用されてきたデータ伝送と同様に IP 網で伝送することができる．なお，音声だけでなく，動画も利用できるテレビ電話サービスなども可能である．インターネットを使っている部分には通話料金がかからないため，一般加入電話網を使う電話に比べて安く利用できる仕組みになっている．特に，国際通信や長距離通信においては，通信コストの削減効果が得られる．VoIP の技術を使って電話通信を実現するサービスや製品全般が広い意味で使う「IP 電話」であるが，IP 電話事業者が管理する専用データ通信網を使用した，固定電話に近い通話品質を実現する「IP 電話」を狭義の「IP 電話」ともいうこともある．

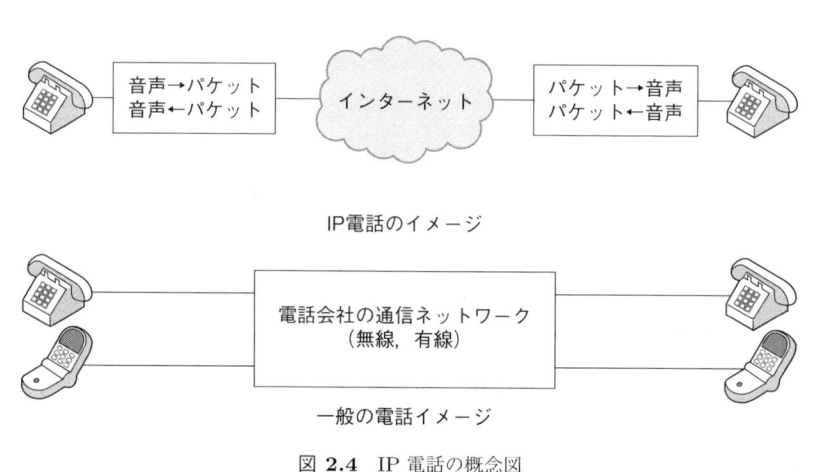

図 2.4 IP 電話の概念図

2.2.6 記憶系サービス

しばらく前までは，著者はパソコンのデータを USB メモリーなどの外部記憶装置，いわばオフラインストレージで持ち歩いていた．しかしながら，インターネットがあらゆるところで

利用できるようになり，パソコンのデータはインターネットに存在するオンラインストレージに保管しておけば，複数のパソコンで共有できるという状態になった．

このオンラインストレージサービスの草分け的サービスが Dropbox（ドロップボックス，http://www.dropbox.com/）である．このアプリケーションを利用すると，インターネット側のオンラインストレージと，自分が利用する複数のコンピュータとの間でデータの共有や同期を可能とすることができる．

なお，同じようなサービスとしてグーグル社の Google Drive，マイクロソフト社 (http://www.microsoft.com/) の Sky Drive，アップル社 (http://www.apple.com/) の iCloud，エバーノート社 (http://www.evernote.com) の Evernote などがある．なお，Evernote は，データファイルを預けるというよりも，お気に入りのニュースなどをメモ感覚でオンライン側に残していくシステムである．そのため，オンラインメモツール，オンラインノートクリップ，オンライン型メモ帳などと称される．

2.2.7 インターネットラジオとポッドキャスティング

情報系の学生は英語に触れる機会を増やしておくことが望ましい．しかしながら，ネイティブの発音を日常的に聞くことは難しいので，インターネットラジオ (Internet Radio) システムにより海外の放送を聴くことを紹介する．

一般のラジオは，ラジオ局から配信される音声コンテンツ（ラジオ放送）が無線電波で運ばれ，ラジオで受信・視聴するというシステムである．

一方，インターネットラジオシステムでは，インターネット上のサイトからインターネットを通じて配信される音声コンテンツを，パソコンやスマートフォンなどで聴くというシステムである．このシステムを利用するとリアルタイムで海外の放送を楽しむことが可能となる．海外の放送局のリストは，たとえば，Internet Radio (http://www.internet-radio.com/) 等でカテゴリ別に整理されている．アップル社の iTunes をインストールするとラジオ局のリストが整理されている．

これらのインターネットラジオを聴くためには常時インターネットに接続している必要がある．外出時などに楽しむための方法として，ポッドキャスティングがある．ポッドキャスティングとは，アップル社の携帯オーディオプレーヤー iPod と放送を意味する Broadcasting を組み合わせた造語で，インターネット経由でコンテンツ（ラジオ番組（音声ファイル））を提供する仕組みのことである．ユーザは，自分の iPod にコンテンツをダウンロードし，好きなときに再生することができる．一般的な利用方法は，インターネットに接続されたパソコンの専用ソフトウェア（たとえば，アップル社 iTunes）に，自分の好きなインターネット上のラジオ局やコンテンツ配信サイトのアドレスを登録しておくと，コンテンツが更新されるたびに自動的にパソコンが受信する．そのパソコンに iPod を接続することによって本体にダウンロードする．これによりユーザは好きなときに再生することができる．

ここで紹介したように，現地に移動しなくても英語で学べるシステムがインターネット

上にできつつある．無料で大学の講義が公開される仕組みができてきたからである．代表的なシステムとして iTunes U (http://www.apple.com/jp/education/itunes-u/) や MOOC(MassiveOpenOnlineCourses, http://www.mooc-list.com/) がある．また，大学の講義を公開することは目的ではないようであるが，カーンアカデミー (https://www.khanacademy.org/) も良質なコンテンツが整備されており評価が高いサイトである．

2.2.8 電子商取引サービス

Amazon.com (http://www.amazon.com/) はインターネット上では世界最大の電子商取引サイトである．Amazon.com は「紙の書籍」を販売するオンライン書店としてビジネスがスタートした．

現在は書籍だけでなく音楽 CD やビデオ，電化製品，玩具，衣料品なども販売する総合電子商取引サイトになった．また，新品だけでなく中古品も扱っている．さらに近年は，音楽ファイルのダウンロードサービスや，Amazon Kindle（アマゾン・キンドル）と称される電子ブックリーダー端末による電子書籍関連サービスを展開している．

その概念図を図 2.5 に示す．利用者は通販サイトの中から欲しい商品を注文する．通販サイ

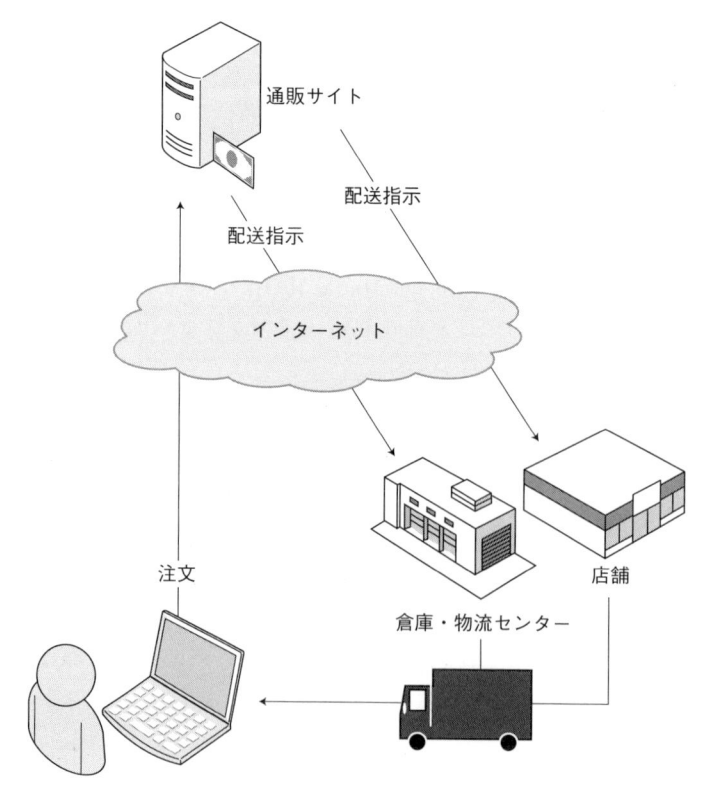

図 **2.5** 通販サイトの概念図

トは注文商品の配送指示を倉庫・物流センターに対して行う．商品は宅急便などの物流システムを利用して利用者へ届けられる．

Amazon.com のサイトを訪れると，ユーザの属性や，趣味，読書傾向，購入履歴に関する情報を利用して，そのユーザが興味を持つと思われる商品や情報が提示される．いわゆる「おすすめ」に関する情報であり，確率論を利用したレコメンダシステム (recommender system) により生成される．ユーザは欲しいものだけでなく，「おすすめ」の商品を購入することも多くなる．

また，各商品に関する情報として，商品製造元や出版社が提供するものに加えて，カスタマーレビューという項目がある．カスタマーレビューでは，商品購入者が，星5つを満点として星の数でその商品を評価するとともにコメントを記載することも可能となっている．Amazon.com で商品を購入する場合，既購入者の情報も参考にしながら商品を選択することができる．

我が国において，同様のサービスを提供しているのは楽天市場 (http://www.rakuten.co.jp/) で，国内最大級の電子商店街またはオンラインモールと称されている．楽天市場では書籍や食品，インテリア，衣料などと幅広い商品を取り扱っている．まさに電子空間上に存在する巨大仮想市場である（2010年9月現在，楽天市場の契約企業数は約10万，取扱い商品数は6300点であるという）．楽天市場はインターネット書店の「楽天ブックス」，インターネットオークションサービスサイト「楽天オークション」，総合旅行サイト「楽天トラベル」といった他の事業とも連携している．

2.2.9 決済システム

クレジットカードが普及し，インターネットでの商取引だけでなく，あらゆる場所でカードを利用する人が増加している．しかし，クレジットカードを利用したいのであれば，専用のクレジット端末を整備する店舗でサービスやモノを購入する必要があった．ところが，スマートフォンやタブレット端末から利用できるクレジットカード決済サービスを提供するアプリケーションシステム Square（スクエア，https://squareup.com/jp）が普及し始めている．

このシステムはスマートフォンやタブレットのイヤホンジャックに「Squareリーダー」という切手サイズの正方形（スクエア型）の読み取り端末を取り付け，「Squareレジ」と呼ばれるアプリをダウンロードするだけで利用を始められる．SquareリーダーとSquareレジは無償で提供される．つまり，これまでレストラン，カフェ，雑貨屋などで必要とされてきたPOSレジが，事業の形態や規模にかかわらず不要になるわけである．

同様のサービスを，世界中で利用されている決済サービスであるペイパル (Paypal, https://www.paypal.jp/jp/home/) が，Paypal Here (https://www.paypal.jp/here/) として展開している．

> **コラム**　インターネットと関係のある映画
>
> 　インターネットがどのように社会に普及してきたか，また社会に対してどれほどの影響を与えているのかを想像することは難しいであろう．以下の映画により，パソコン普及の初期，インターネットの黎明期，SNS の黎明期，携帯電話普及前の社会の状況が理解できる．
>
> - 『バトル・オブ・シリコンバレー』（原題：Pirates of Silicon Valley，1999 年米国映画）：アップル社の設立者であるスティーブ・ジョブズと，マイクロソフト社の設立者であるビル・ゲイツの活躍について描いている．アップル社が Macintosh を，マイクロソフト社が MS-DOS（Windows の前身の OS）作るに至った経緯が描かれている．
> - 『ザ・インターネット』（原題：The Net，1995 年米国映画）：1995 年当時は黎明期にあったインターネットをテーマとした映画であり，セキュリティ対策や個人情報漏洩などが描かれている．
> - 『ソーシャル・ネットワーク』（原題：The Social Network，2010 年米国映画）：SNS サイトの Facebook を創設したマーク・ザッカーバーグらが，なぜ Facebook を開発しようとしたのかが描かれている．
> - 『バブルへ GO!! タイムマシンはドラム式』：2007 年の邦画で，携帯電話が普及する前と普及後の社会情勢がよくわかる．

演習問題

設問1　インターネット利用者数や利用端末数のデータを調査し，現在のインターネットの概況について論ぜよ．

設問2　郵便局のハガキを投函した後，どこにハガキがあるかはわからない．しかしながら，郵便や宅配業者の荷物は今どこにあるかを，インターネットで問い合わせることが可能である．問い合わせる方法を調べよ．

設問3　電子商取引サイトにアクセスし表示される「おすすめ商品」を友人などと比較し，レコメンドシステムについて考察せよ．

設問4　パソコンとプリンタを接続する方法を 3 種類示せ．

設問5　インターネットサービスにおいてセキュリティ強化の対策として，パスワードの入力桁数，文字・数字の組合せ，大小文字の区別などがある．4 桁のパスワードを (1) 英小文字だけで作成した場合，(2) 数字・英大小文字で作成した場合について，組合せの観点から強化の効果を考察せよ．

推薦図書

　コンピュータネットワークそのものを支える情報科学技術と社会との関係やその開発背景を理解する書籍 4 冊，ならびにインターネットと社会との関係やその開発背景を理解する書籍 9 冊を以下に紹介する．

[1] 池田信夫：情報通信革命と日本企業，NTT 出版 (1997)
[2] 堀井秀之：問題解決のための「社会技術」——分野を超えた知の協働，中央公論新社 (2004)
[3] 遠藤 諭，野口悠紀雄：ジェネラルパーパス・テクノロジー——日本の停滞を打破する究極手段，アスキー・メディアワークス (2008)
[4] ダニエル・R. ヘッドリク 著，塚原東吾・隠岐さや香 訳：情報時代の到来——「理性と革命の時代」における知識のテクノロジー，法政大学出版局 (2011)
[5] 梅田望夫：ウェブ進化論——本当の大変化はこれから始まる，筑摩書房 (2006)
[6] 滑川海彦：ソーシャル・ウェブ入門——Google, mixi, ブログ——新しい Web 世界の歩き方，技術評論社 (2007)
[7] 西田圭介：Google を支える技術——巨大システムの内側の世界，技術評論社 (2008)
[8] クリス・アンダーソン 著，小林弘人 監修，高橋則明 訳：フリー〈無料〉からお金を生みだす新戦略，日本放送出版協会 (2009)
[9] 加藤敏春：スマートグリッド革命——エネルギー・ウェブの時代，エヌティティ出版 (2010)
[10] ベン・メズリック 著，夏目 大 訳：facebook，青志社 (2010)
[11] ウィリアム・J. ミッチェル 著，室田泰弘 訳：「考えるクルマ」が世界を変える——アーバン・モビリティの革命，東洋経済新報社 (2012)
[12] アマルゴン 編，林 拓也，大谷和利，曽我聡起，西田宗千佳，田所 淳：iTunes U と大学教育——Apple は教育をどのように変えるのか?，ビー・エヌ・エヌ新社 (2012)
[13] サルマン・カーン 著，三木俊哉 訳：世界はひとつの教室 「学び×テクノロジー」が起こすイノベーション，ダイヤモンド社 (2013)

参考文献

[1] 総務省：情報通信白書
　　http://www.soumu.go.jp/menu_seisaku/hakusyo/index.html
[2] アジア初だった 64 年東京大会　高度成長の礎築く，日本経済新聞，2013 年 9 月 23 日
　　http://www.nikkei.com/article/DGXNASDH0300V_T00C13A9GO2000/
[3] 日立・国鉄：座席予約システム MARS 101 稼働開始，情報処理学会コンピュータ博物館
　　http://museum.ipsj.or.jp/computer/main/0006.html
[4] 佐藤 敬：情報システムの歴史的変遷，一般社団法人情報システム学会

http://www.issj.net/is/02/index5.html
[5] 国土交通省道路局：高度道路交通システム
http://www.mlit.go.jp/road/ITS/j-html/
[6] 総務省：インターネットの利用動向，平成 25 年度情報通信白書 (2013)
http://www.soumu.go.jp/johotsusintokei/whitepaper/ja/h25/pdf/n4300000.pdf
[7] 総務省：世界のインターネット利用者数
http://www.soumu.go.jp/joho_tsusin/kids/internet/statistics/internet_01.html
[8] Percentage of individuals using the Internet, ITU (International Telecommunication Union)
http://www.itu.int/en/ITU-D/Statistics/Documents/statistics/2013/Individuals_Internet_2000-2012.xls
[9] Khan academy
https://www.khanacademy.org/
[10] Special Report: Learning In The Digital Age Scientific American, **309**, 53-61 (2013)
[11] Square, Inc.
http://square.com/
[12] http://www.apple.com/jp/education/itunes-u/

第3章
ネットワーク基本技術

□ 学習のポイント

　コンピュータネットワークは様々な形態，規模，利用目的に応じて発展を続けてきた．これらコンピュータネットワークにおいて様々な構造・機能・処理の標準化が行われてきたことは，現在のようにコンピュータネットワークが広く用いられるようになった要因といえる．この章ではコンピュータネットワークの基本技術を学ぶことで，コンピュータネットワークにおける通信の基本的な仕組みについての理解を深める．
　本章では，以下の内容についての理解を目的とする．

- コンピュータネットワークの発展経緯を知る．
- コンピュータネットワークの形態について学ぶ．
- 一般的なコンピュータネットワーク階層モデルである OSI 参照モデル，TCP/IP 参照モデルについて学ぶ．
- 階層モデルを用いて通信を行うための「サービス」，「プロトコル」の概念について理解する．
- コンピュータネットワーク上の基本制御技術であるフロー制御，順序制御，誤り制御，優先制御，輻輳制御の各制御処理について理解する．

□ キーワード

　ARPANET, スター型ネットワーク, リング型ネットワーク, バス型ネットワーク, ツリー型ネットワーク, メッシュ型ネットワーク, LAN, WAN, MAN, OSI 参照モデル, TCP/IP 参照モデル, サービス, プロトコル, コネクション型プロトコル, コネクションレス型プロトコル, SDU, PDU, フロー制御, 順序制御, 誤り制御, 優先制御, 輻輳制御

3.1 コンピュータネットワークの発展経緯

　近年では，インターネットをはじめとする様々なコンピュータネットワーク技術を用いたサービスが一般的になり，我々の生活を一層豊かにしている．
　コンピュータネットワークが史上初めて機能的なシステムとして利用されたのは，1949 年から開発され，1958 年に稼動開始し，1984 年まで使用されたアメリカ空軍の半自動式防空管制組織 SAGE (Semi-Automatic Ground Environment) (図 3.1) といわれている．SAGE は，

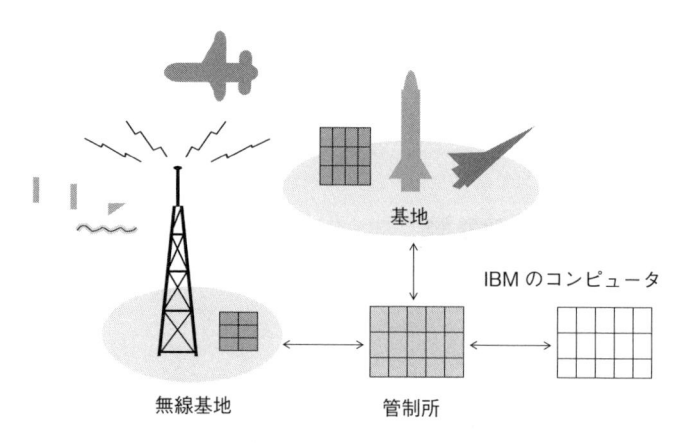

図 3.1 半自動防空システム SAGE の概念図

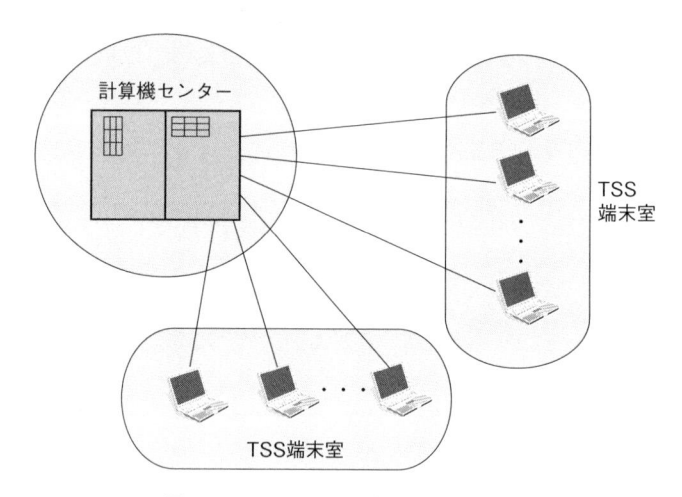

図 3.2 TSS による計算機ネットワーク

全米各地に配置されたレーダー施設と IBM が開発した真空管式高性能コンピュータを有線回線と無線回線で相互接続し，膨大な情報の処理を行うことで敵国爆撃機への迎撃指示を自動化するものであった．

一方，コンピュータの利用度を高めるためにタイムシェアリングシステム (TSS) と呼ばれる方式が，1960 年代の初めに導入され，1970 年代の初めになって本格的に普及し始めた．TSS は当時の情報処理の要である 1 台の大型コンピュータに数多くの端末（この時代は端末でのプログラム処理が行われないため，ダム端末 (dumb-terminal) と呼ばれた）が通信回線によって結ばれ，多くのユーザがコンピュータをある時間間隔（タイムスライス）で共有する方式であり，コンピュータと端末のネットワークとして構成されていた（図 3.2）．

今日のコンピュータネットワークは，1960 年代末～1970 年代初めのネットワーク技術の革新的な進展に始まり，21 世紀の高度情報化社会の基盤となるコンピュータネットワーク技術の発

展の基礎となった．コンピュータネットワークにおける主要なネットワーク技術は広域ネットワーク (Wide Area Network, WAN) とローカルエリアネットワーク (Local Area Network, LAN) に大別できる．

最初のコンピュータネットワークは，1969年にアメリカ国防総省によって開発されたARPANET (Advanced Research Projects Agency Network) である．図 3.3 にその基本構成を示す．ホストコンピュータが IMP (Interface Message Processor) を介して相互接続されている．ARPANET は，4 ノード構成の実験ネットワークとして始まり，現在一般的な考え方となっているネットワークアーキテクチャのコンセプト，遠隔資源の共有，分散ネットワークシステム，各種の通信プロトコルといったコンピュータネットワークの基本技術を包含していた．特に，この ARPANET は，米国内の大学や研究機関の数多くのコンピュータを通信回線で接続したものであり，1980 年代のコンピュータネットワークの主要な技術であるパケット通信方式を生み出した．また，ARPANET 自体は 1983 年に新たな通信方式である TCP/IP を導入し，さらに 1989 年に商用化に移行することで急速に発展し，1990 年代の世界的なインターネットの基礎を築いた．

1990 年代には，ATM（Asynchronous Transfer Mode：非同期転送モード）技術，移動体通信技術が現れた．これらの技術は，コンピュータネットワークにおける広帯域化による音声，動画および従来のデータを含む複合情報を扱うことができるマルチメディア通信，ユーザの利便性を一段ともたらしている．

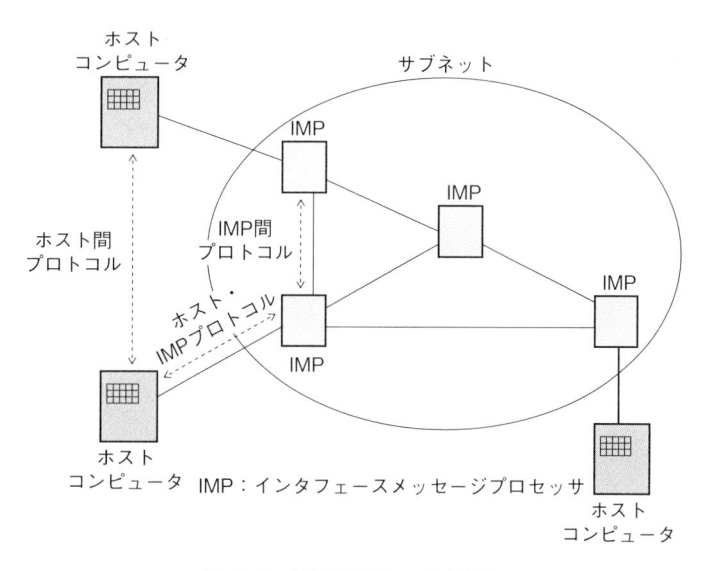

図 3.3　ARPANET の基本構成

3.2 コンピュータネットワークの基本的な考え方

3.2.1 概要

コンピュータネットワークは，ネットワークのエンドシステム (end system) 上で動作する複数のアプリケーションプロセス間のデータ交信を行うために，通信回線やプロトコル実行エレメントによってエンドシステムを接続する通信システムである．エンドシステムは，ノード (node) またはホスト (host) などと呼ばれ，実際には各種コンピュータ，ワークステーション，パソコン，携帯端末などが対応する．また，機能的な観点からエンドノードを捉えると，各種のサーバマシン（たとえば，メールサーバ，プリントサーバやファイルサーバ）とクライアント（たとえば，パーソナルコンピュータや携帯端末）がある．

これまでのコンピュータネットワークは，電話交換回線，パケット交換網，フレームリレー網などの各種通信回線を利用して複数のコンピュータや端末からなる分散ネットワークシステムを構成してきたが，ADSL や FTTH（4.4 節参照）の出現によって，幅広いアプリケーションに対応可能なデータ伝送速度の提供が期待できる．本節では，コンピュータネットワークの形態とその基本的な考え方について説明する．

3.2.2 ネットワークの形態

ネットワークの物理的な構成は，その構成要素であるコンピュータや端末，通信制御装置，交換装置，通信回線などにより，図 3.4 に示すようないくつかの形態（topology：トポロジ）に分類することができる．

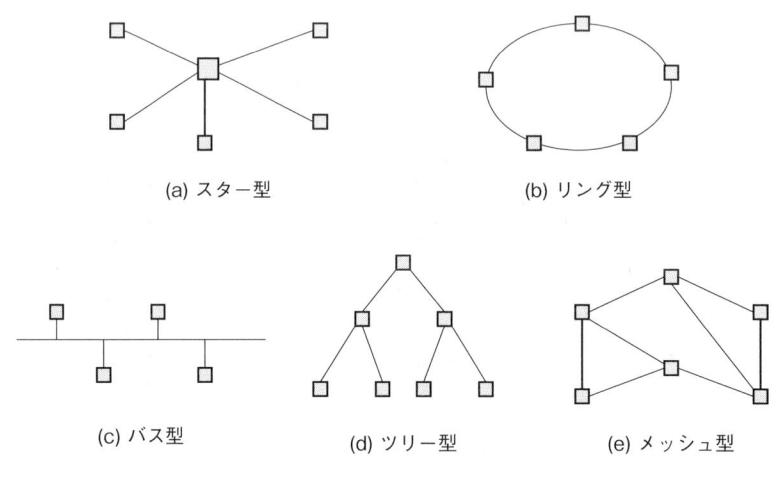

(a) スター型　　(b) リング型

(c) バス型　　(d) ツリー型　　(e) メッシュ型

図 **3.4**　ネットワークの形態

(1) スター型

1つの制御装置を中心に複数のコンピュータや端末装置が通信回線でつながっているネットワーク構成である．この場合，1つのコンピュータもしくは端末装置と制御装置の関係は1対1の関係，すなわち2地点間（point-to-point：ポイントツーポイント）の通信形態となる．一般に，スター型の接続形態では，一方が制御局として送信権の制御を行うポーリング／セレクティング方式と，データの送信権を対等に制御するコンテンション方式がある．ポーリング方式とは，制御局である主局が複数の従局からの送信データを受けるために定期的に問い合わせを行い，従局にデータの送信を指示するものである．セレクティング方式とは，主局が特定の従局をセレクト（選択）して，主局から従局にデータを送信するものである．

(2) リング型

複数のノードが環状の通信媒体に直列に接続されているネットワーク形態である．この場合，すべてのノードがネットワークに対して対等な場合と，特定のノードが管理上の特権を持っている場合がある．この形態は一般的にLANのネットワークに適用され，高速通信を実現している．

(3) バス型

複数のノードが線状の通信媒体に直列に接続されているネットワーク形態である．この場合も，すべてのノードがネットワークに対して対等な場合と，特定のノードが管理上の特権を持っている場合がある．前者の場合の典型的なものとして，LANのバス型ネットワークがある．後者の場合には，従来のコンピュータと端末の関係（主局と従局）を持つマルチドロップ型（分岐型）ネットワークであり，ポーリング／セレクティング方式でデータのやりとりがなされる．

(4) ツリー型

ツリー型ネットワークは，スター型ネットワークが階層的に接続されたもので，各階層にサブセンターノードが存在し，機能的または地理的な情報の管理ノードとして位置付けられる．WANの分散処理ネットワーク形態の1つである．

(5) メッシュ型

このネットワーク形態は，各ノード間を網目状に通信回線で接続したものであり，ネットワークを構成する任意の2つのノード間の通信路（通信パス）は，基本的には少なくとも2つ以上存在することが特徴的である．この結果，通信回線の異常，通信パスの中継点となるノードの障害などに対してバックアップが可能となる．

3.2.3 ネットワークのタイプ

物理的なネットワークの形態からではなく，図3.5に示すように，その空間的な構成に着目すると大きくローカルエリアネットワーク(LAN)と広域ネットワーク(WAN)に分類される．これら2つのネットワークの特徴を次に示す．

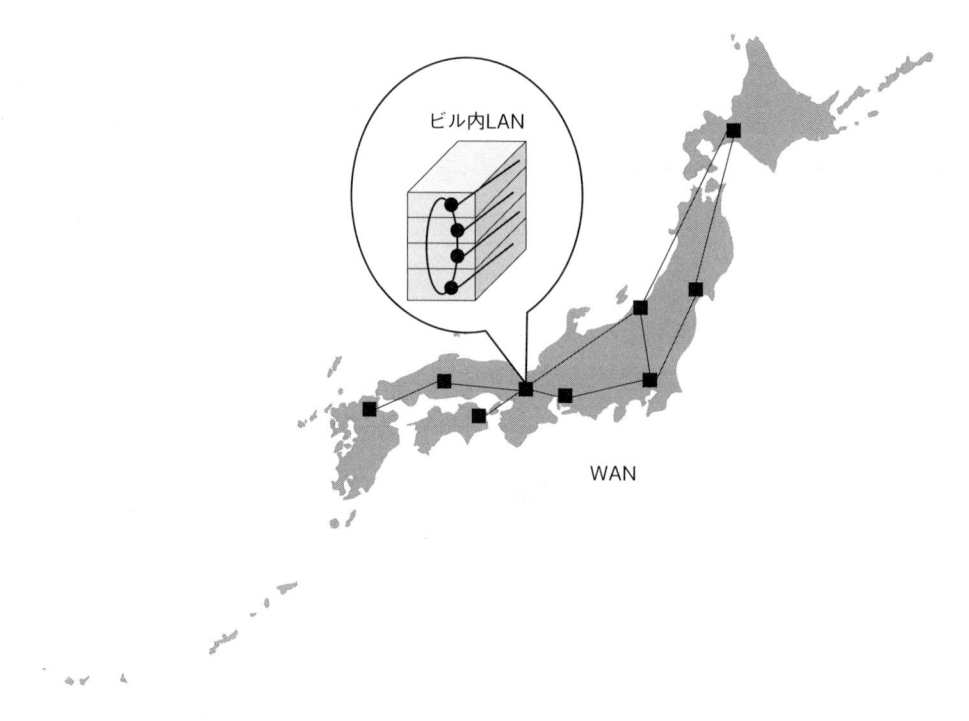

図 3.5 広域ネットワーク (WAN) とローカルエリアネットワーク (LAN) の概念図

(1) 地理的規模

　LAN と WAN という 2 つのネットワークタイプの大きな違いの 1 つは，地理的な広がりである．LAN は建物やキャンパス内等の通信を対象にし，数キロメートルの限られた範囲をカバーするものである．一方，WAN は国内または世界規模のネットワークを対象とした数千キロメートルを越える広範囲な通信ネットワークであり，各種の行政ネットワーク，企業情報通信ネットワーク，業界向けネットワーク，世界規模に成長したインターネット等がある．

(2) 伝送速度

　伝送速度は，1980 年代までは一般的に WAN よりも LAN の方が高速であったが，1990 年代になって ATM 技術の登場により，速度的な違いは小さくなってきた．LAN の伝送速度は，最も利用されている 10 Mbps（メガビット／秒）〜1 Gbps（ギガビット／秒）である．一方，WAN の伝送速度は低速の 1200 bps〜超高速の数百 Gbps 以上まで幅広いが，数 Mbps〜数 Gbps くらいがよく利用されている．

(3) 所有関係と通信費用

　LAN は，一般に特定の所有地内を範囲とするネットワークであるため単一の組織に所属する．このため，LAN 内の通信費用は通信設備を除けばほとんど発生しない．一方，WAN は一般に通信回線を所有する通信業者の通信回線または通信サービスを利用して構成される．した

がって，WAN では利用する専用通信回線または公衆通信サービスに対して通信費用が発生するため，コンピュータネットワーク設計において利用する通信回線はその性能・価格比が重要な要素となる．

LAN と WAN の両者の中間的な位置付けのネットワークとして，メトロポリタンエリアネットワーク (Metropolitan Area Networks, MAN) がある．MAN は，街全体または大都市の複数の LAN を相互接続するためのバックボーンネットワークを目的に開発された．そのため LAN よりも大きな範囲をカバーする一方で，LAN と同程度の伝送速度を目標として（実際には 160 キロメートルまでの範囲で，44.736 Mbps の伝送速度を提供），米国の IEEE (Institute of Electrical and Electronics Engineers) で DQDB (Distributed Queue Dual Bus：分散キューデュアルバス) が標準化されたが，普及はしていない．

3.2.4 ネットワークアーキテクチャの発展と基本的考え方

3.1 節でコンピュータネットワークの発展の経緯について説明したが，ここではそのネットワークアーキテクチャの基本的な考え方について述べる．

(1) ARPANET とネットワークアーキテクチャ

ARPANET によって始まったコンピュータネットワークで最も注目すべきことは，異機種コンピュータを相互に接続し，遠隔に存在する各種の資源を共有するために必要となる通信機能を整理してどのような通信機能構造とすべきかを初めて提示したことである．

以前の通信機能は，1960 年代から使用されている代表的な伝送制御手順であるベーシック手順の機能に見ることができる．このベーシック手順は，情報の伝送の規則に加えて，送受信する情報の処理を行う装置（コンピュータや端末など）の状態を管理制御するための規則も含んでおり，伝送機能と処理機能が混然一体化されていた．このため，新たな伝送制御手順に置き換える場合全体的な見直しが必要となり，通信設計が困難であった．

このような問題点の解決を与えたのが，図 3.6 に示す ARPANET の通信機能構造，いわゆるネットワークアーキテクチャである．このような考え方に基づいて，次のような新しい通信手順（プロトコル）が開発された．

図 3.6 ネットワークアーキテクチャの基本コンセプト

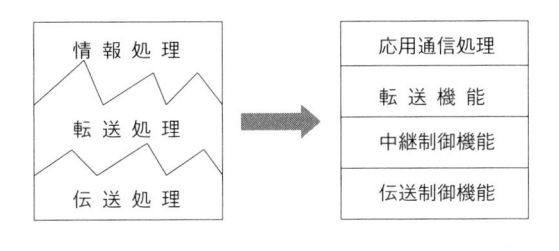

(a) 機能分担が不明 — 情報処理／転送処理／伝送処理

(b) 整理された通信機能構造 — 応用通信処理／転送機能／中継制御機能／伝送制御機能

(a) 蓄積交換方式としてのパケット通信方式
(b) 分散コンピュータネットワークにおけるプロセス間通信手順
(c) 各種のアプリケーションサービスとアプリケーションプロトコル（ファイル転送，電子メール，端末間通信など）

(2) クローズドネットワークアーキテクチャ

1970年代になると，コンピュータを中心としたネットワークシステムへの展開がコンピュータメーカによって進められた．この先頭を切ったのが，1974年に発表されたIBM社のSNA (Systems Network Architecture：システムネットワーク体系) である．このときに初めてネットワークアーキテクチャという言葉が生まれた．SNAが生まれた背景には，コンピュータネットワークの構成方法の統一化とIBM社が開発したSDLC (Synchronous Data Link Control) 手順（その後のHDLC (High-level Data Link Control) 手順の基になった）の導入にあった．しかし，このネットワークアーキテクチャの最も大きな特徴は，単一のコンピュータメーカに閉じた構成法であり，ARPANETのコンセプトであった異機種コンピュータ相互接続ではなく，同機種コンピュータ相互接続のための通信機能に焦点が当てられていたため，クローズドネットワークアーキテクチャと呼ばれた．

(3) オープンネットワークアーキテクチャと標準化

1970年後半には注目すべき通信ネットワークのイベントがもう1つある．それは，各社のコンピュータのネットワークアーキテクチャが発表される一方で，異機種コンピュータネットワークを構築可能とするオープンネットワークアーキテクチャの確立である．この目的に向かって1978年2月にISOでネットワークアーキテクチャの国際標準化の検討が開始された．この標準化には，アメリカ，ヨーロッパ，日本などが中心メンバとして参加し，1983年3月に開放型システム間相互接続 (Open Systems Interconnection, OSI) のための基本参照モデルとして規格が作成された．

一方，ARPANETはその後開発されたNSFNET (the U.S. National Science Foundation Network) と統合され，また1983年にTCP/IP (Transmission Control Protocol/Internet Protocol) の導入を行い，今日のオープンネットワークとしてのインターネットに発展してきた．さらに1990年代になるとWWW (World Wide Web) の利用によって情報の発信と検索がインターネットによって可能になり，学術関係者のネットワークから産業界を含めたオープンネットワークとして利用者が急増している．

オープンネットワークを別な側面から見ると，標準化されたネットワークということができる．ネットワークを接続するための方式が多くの人に開放され，異機種ネットワークを可能とするものである．

標準化には，デジュリ (de jure："by law"のラテン語) 標準と，デファクト (de facto："from the fact"のラテン語) 標準がある．デジュリ標準が標準化機関において規格化されるものであるのに対して，デファクト標準は特定の企業やグループにおいて開発されたものが普及したも

のである．特に，デジュリ標準には国際的な条約に基づく国際標準化機関とそれ以外の国際標準化機関がある．前者には ITU-T（国際電気通信連合電機通信標準化部門）があり，後者には ISO，IEEE などがある．

(4) 通信機能の階層化

ネットワークアーキテクチャの大きな特徴の 1 つである通信機能の階層化（レイヤードアーキテクチャ）の考え方について述べる．

コンピュータネットワークの通信機能は，多くの機能を含んでいる．たとえば，通信回線上でのデータの送受信方法，ネットワーク上での中継方法，プロセス間通信での確認応答方法，情報の表現方法，個別業務に応じた通信方法など幅広い．このような通信機能を一体として扱うと，技術の進歩や新たな通信方式への対応が困難となる．このようなことから次に示す方針に基づいた通信機能の階層化が重要になる．

(a) できる限り少ない数の階層に分割する
(b) 階層間のやりとりを単純にできるように分割する
(c) 技術革新に対応可能な独立性の高い機能として分割する

図 3.7 に示す階層化の考え方は，OSI 参照モデル開発時に明確に整理され，各階層の通信機能がそれぞれ独立に設計された．また他の参照モデルにもこの考え方は継承されている．

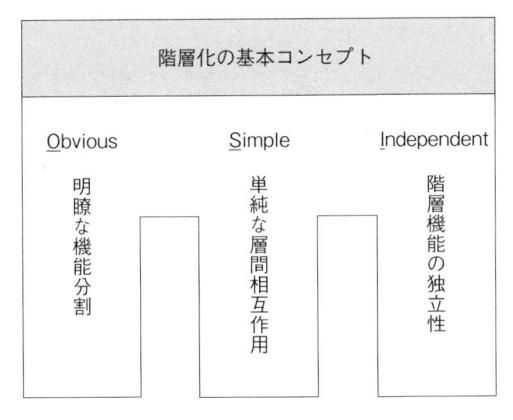

図 3.7 階層化の基本

3.3 OSI 参照モデルと基本機能

3.3.1 OSI 参照モデルとオープンシステム

オープンなネットワークアーキテクチャの確立を目的に国際標準化機構 (International Or-

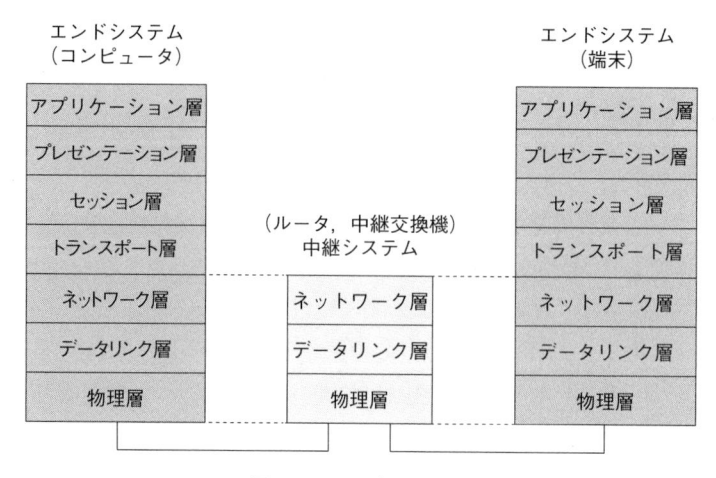

図 3.8 OSI 参照モデル

ganization for Standardization, ISO)で開発されたものが開放型システム間相互接続基本参照モデル（Open Systems Interconnection Basic Reference Model：OSI 参照モデル）である．この OSI 参照モデルは，1983 年 3 月に国際標準として 7 階層の通信機能モデルを定めている．この規格はあくまでも通信機能のモデルを定義するものであり，各階層のサービスとプロトコルの標準を作成するための骨組みを提供している．階層化ネットワークプロトコルの構造やネットワークアーキテクチャの基本的な考え方についてはすでに述べたが，ここでは 7 階層からなる OSI 参照モデルの基本について述べる．

OSI 参照モデルのアーキテクチャは，大きく 2 つのタイプのシステムとして定義している（図 3.8）．1 つがエンドシステム（end system：終端システム）であり，7 階層すべての機能を持つオープンシステムとしてコンピュータや端末装置に対応付けられる．もう 1 つのタイプとして中継システムがあり，下位 3 階層からなるオープンシステムである．このオープンシステムは広域ネットワークの中継交換装置や LAN におけるルータなどに対応付けられる．各階層に対してサービスとプロトコルが 1980 年代～1990 年代初めにかけて開発された．

3.3.2 各階層の役割

OSI 参照モデルの 7 階層の役割についてその概要を以下に述べる．

(1) 物理層

物理層 (physical layer) は，2 つのシステム（またはノード）間においてビット列の伝送を行うための機械的規格，電気的規格，手順および機能特性について定める．この場合に，伝送したい情報を物理的に送出する方法として時系列に捉えると，通信媒体に 1 ビットのビット列として伝送するシリアル伝送と，複数ビットを同時に伝送するパラレル伝送がある．

実際にビット列を伝送する場合，使用する通信媒体である通信ケーブル，光ファイバ，通信

回線またはマイクロ波／無線回線に応じて電気信号，光信号または電磁信号などに変換する必要がある．

物理層のプロトコルは，伝送速度に応じたビットの送受信タイミング，片方向伝送／半二重伝送／全二重伝送などに関しても取り決めている．また，物理層プロトコルは機械的な仕様である接続コネクタの大きさや形状，ピン数，各ピン動作機能に関しても規定する．物理層プロトコルとして，アナログ系（Vインタフェース）とデジタル系（Xインタフェース）に関するものがあり，代表的なものとしてシリアル通信回線に関するRS232-Cの規格がある．

(2) データリンク層

データリンク層 (data link layer) は，伝送されるビット列をフレームと呼ばれる単位として扱い，そのフレームの順序制御，誤り制御などを行う．また，データリンク層のプロトコルは，受信側の受信処理能力に合った速度で送信側がフレームを送信するため，フレームに関するフロー制御を行う．典型的なデータリンク層のプロトコルの1つとして，ハイレベルデータリンク制御手順 (HDLC) の規格がある．

データリンク層と物理層のプロトコルによって，2つのオープンシステム間のビット伝送に関して誤りのない伝送を可能とする．

(3) ネットワーク層

ネットワーク層 (network layer) は，2つのエンドシステム間の論理的な通信路を管理制御するための規格を定める．特に，ネットワーク層は使用する実際のネットワーク（たとえば，電話交換網，パケット交換網，フレームリレー交換網等）に対応したネットワークアドレス処理や中継制御を行う．

ネットワーク層のプロトコルとして代表的なものにインターネットの主要プロトコルであるインターネットプロトコル (Internet Protocol, IP) がある．

(4) トランスポート層

トランスポート層 (transport layer) は，エンドシステム間の転送機能を提供し，実際に使用するネットワークの通信品質を含む特性を上位のセッション層に隠ぺいすることで，ネットワークに依存しないトランスポートサービスを提供する．

トランスポート層のプロトコルは，ネットワーク層でのパケットの紛失や順序誤りのために順序制御や誤り制御機構を持つ．特に，ネットワーク層の通信品質に応じた誤り制御を行うために，トランスポート層のプロトコルとして5つのクラス（最も機能の低いTP0から最も機能の高いTP4まで）を提供する（図3.9）．下位のネットワーク層の機能に応じてクラスの選択を行う．

(5) セッション層

セッション層（セション層ともいう）(session layer) は，アプリケーション層の処理プロセス間（モデル上はプレゼンテーション層を経由）で交信される情報の流れを会話と見なし，会話

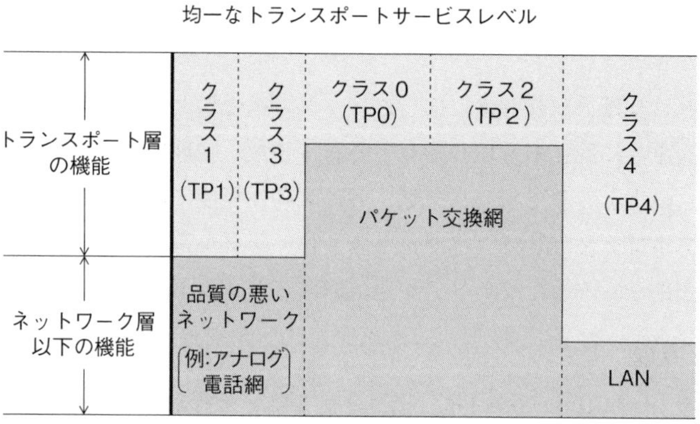

図 3.9 トランスポートプロトコルクラスの適用例

にかかわる各種機能を提供する．セッション層のセッション制御として，片方向，半二重，全二重の 3 種類のモードがある．また，ドキュメント制御には，ドキュメントの開始と終了の確認を行う同期機能，ページ単位の確認を行うための同期機能および再送機能がある．

会話の単位として，大同期点と小同期点の 2 つの同期レベルがあり，これらの同期点によって通信中の障害や誤りに対して誤り回復処理が可能となる．このような同期点によるプロトコル処理を再同期と呼ぶ．その他の機能として，優先データ転送機能，送信権にかかわらず送信できる制御データ転送機能，使用する機能範囲を確認する調整機能などがある．

(6) プレゼンテーション層

プレゼンテーション層 (presentation layer) は，アプリケーション層の処理プロセス間で交信する情報の意味を変えることなく，相互に理解できる形式に変換する機能を提供する．アプリケーション層が理解することができる情報形式を抽象構文と呼び，またプレゼンテーション層が転送する情報形式を転送構文と呼ぶ．このような 2 つの抽象構文と転送構文の相互変換を行うことが，この層の主要な機能である．具体的な情報形式の変換例を次に示す．

- メッセージに含まれる各種のデータ型（たとえば，整数，文字，配列，ビット列，論理値等）が送信側と受信側で異なる場合，変換を行う．
- 安全性を確保することが必要なメッセージ（機密文書，会計情報等）については，セッション層にメッセージを渡す前に暗号化し，受信側でアプリケーション層に渡す前に平文に復号する．
- メッセージの情報量が大きい場合（動画情報等）には，必要に応じてメッセージの圧縮／伸長を行う．

(7) アプリケーション層

アプリケーション層（応用層ともいう）(application layer) は，ネットワークのエンドユー

ザ（アプリケーションプロセス）に特定アプリケーションサービスと共通アプリケーションサービスを提供する．特定アプリケーションサービスには，電子メール，ファイル転送，ディレクトリなどのサービスがあり，それぞれに対応したアプリケーションプロトコル（X.400（電子メールプロトコル），FTAM（ファイル転送アクセス管理），X.500（ディレクトリサーバプロトコル））がある．また，エンドユーザはそれぞれ異なる通信要求を持つため，すべての要求を満たす標準アプリケーションプロトコルをあらかじめ用意することは困難である．したがって，自由に組合せができる共通アプリケーションサービスとしてアソシエーション制御サービス，遠隔操作サービス，高信頼性転送サービス，コミットメント制御サービスがある．

3.4 TCP/IP 参照モデルと基本機能

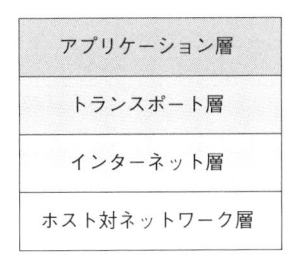

3.4.1 TCP/IP 参照モデル

OSI の参照モデルが国際標準機関である ISO の場で開発されたのに対して，TCP/IP 参照モデルは，すでに説明したように ARPANET から発展してきた標準である．特に，1983 年に TCP/IP (Transmission Control Protocol/Internet Protocol) が導入されて以降，今日のオープンネットワークであるインターネットのプロトコルスウィートとしての位置を揺るぎないものとしている．

この TCP/IP 参照モデルの特徴の 1 つは，広域ネットワークに加えて各種の LAN においても適用でき，あらゆる機種のコンピュータに実装できるため，ベンダの特定な仕様を含んでいない点にある．これは，ベンダとは独立にインターネットエンジニアリングタスクフォース (Internet Engineering Task Force, IETF) によって開発されたオープンなプロトコル仕様の集合である．特に，ネットワークについてはあらゆるものに対応することが基本であり，そのために各種のネットワークを相互接続すること（インターネットワーキング）が重要なコンセプトとして IP プロトコルが開発されている．

図 3.10 に 4 階層からなる TCP/IP 参照モデルを示す．特に，最下位の層はホストとネットワークの関係を表現しており，層と呼ぶよりもホストとネットワーク間のインタフェースといった方が適切とも考えられる．また，この層の名称にもその特徴が表されているように，コンピュータ（ホスト）の視点からネットワークを捉えている．

アプリケーション層
トランスポート層
インターネット層
ホスト対ネットワーク層

図 **3.10** TCP/IP 参照モデル

3.4.2 各層の役割

TCP/IP 参照モデルの各層の役割とその概要を次に示す．

(1) ホスト対ネットワーク層

ホスト対ネットワーク層 (host-to-network layer) は，コンピュータ（ホスト）と，コンピュータが利用するネットワークとのインタフェースを表現しており，イーサネット，トークンリング LAN，各種広域ネットワークが利用できる．たとえば，RS-232 シリアル回線プロトコル（1200 bps〜19.2 Kbps の速度）を使用する SLIP (Serial Line Internet Protocol)，衛星通信やマイクロウェーブの物理層プロトコル，ATM にも対応できる実装もあり，交換型イーサネット，10 Gbps イーサネットのような高速なネットワークへの対応も可能である．特にこの層については，実装に基づいて適応できるプロトコルの種類が今後も増えていくものと考えられる．

(2) インターネット層

インターネット層 (Internet layer) は，各種のネットワーク間を相互に接続することを目的にしており，IP (Internet Protocol) と ICMP (Internet Control Message Protocol) の 2 つのプロトコルがある．IP はコネクションレス型プロトコルであり，コンピュータ（ホスト）間にコネクションを確立しないで，データグラムと呼ばれる情報の単位によって転送を行う．このデータグラムは，送信元と着信先のコンピュータのアドレスを示す IP アドレスを含む．本層では，データグラムのフラグメントへの分割と組み立て，およびフラグメントの中継処理を行う．このフラグメント中継処理では，最小パス選択のための動的中継アルゴリズムを使用する．

IP のパケット転送サービスは，ベストエフォート（最善努力）転送方式と呼ばれ，パケットの転送はできる限り努力して送られるが，必ずしも正しく転送される保証はない．ICMP は，フラグメントがコンピュータ（ホスト）またはパケット中継を行うルータに速く到着して廃棄された場合，データが速く到着したことを送信元に通知するための制御パケットを送り，送信データの量を抑制するフロー制御機構を提供する．

この層の主要なプロトコルとして，IP アドレス（図 3.11）と，利用するネットワークのアドレス体系との変換処理を行う ARP（Address Resolution Protocol：アドレスリゾルーションプロトコルまたはアドレス解決プロトコル）および RARP（Reverse Address Resolution

	IPv4	IPv6
IPアドレス長	32ビット	128ビット
ヘッダ長	192ビット+α	320ビット
フィールド長	14	8

図 3.11 IPv4 と IPv6

Protocol：逆アドレスリゾルーションプロトコルまたは逆アドレス解決プロトコル）がある．ARPは，IPアドレス（32ビット長）からイーサネットアドレス（48ビット長）に対応付けるものである．一方，RARPは逆にイーサネットアドレス（48ビット長）からIPアドレス（32ビット長）に対応させるものである．

インターネットの普及とともに，IPアドレスの枯渇問題などにより新たなIPv6が開発され，次のような特徴がある．

① アドレス空間の拡張

IPv4の32ビットから128ビットに拡張され，1対1の通信のためのユニキャストアドレス，グループの通信のためのマルチキャストアドレスとエニキャストアドレスの3種類がある．前者のマルチキャストアドレスは指定したグループすべて宛に，後者のエニキャストアドレスはいずれか1つの宛先に送られるものである．

② 通信品質の制御

IPv6のヘッダに優先度やフローラベルのフィールドが設けられ，リアルタイム通信への適用が可能となっている．

③ プラグアンドプレイ

ネットワークに接続した時点で，ルータから必要な情報を収集し，IPアドレスの自動設定が可能になっている．

④ 中継制御の単純化

階層化されたユニキャストアドレスにより，ルーティング情報を単純化し，また中継処理を行うルータの処理負荷を軽減する．

⑤ セキュリティの強化

拡張ヘッダにより認証と暗号化に対応でき，IPsecは必須の機能として位置付けられている．

また，IPv6を実装しているノードはICMPv6を必ず実装することが必要である．

(3) トランスポート層

トランスポート層(transport layer)は，ネットワークによって接続されたコンピュータのプロセス間の通信に必要な機能を提供する．このトランスポート層の主要なプロトコルとしてTCP（Transmission Control Protocol：転送制御プロトコル）とUDP（User Datagram Protocol：ユーザデータグラムプロトコル）がある．これらのプロトコルでは，プロセスのアドレス付けのために16ビットの整数のポート番号(port number)を使用する．

TCPは，コネクション型トランスポートプロトコルであり，ISO参照モデルのトランスポートプロトコルの1つであるTP4と同等のサービスを提供する．このTCPは，コネクション上での信頼性のあるデータ転送を実現するために，パケットの順序制御，タイマ監視および再送を含む応答制御を行う．

UDPは，コネクションレス型トランスポートプロトコルであるため，パケットの紛失，パケットの重複や順序誤りに対して回復機能を持たない．したがって，信頼性のある通信を求めない場合にこのUDPを使用すべきである．これらの2つのプロトコルは，ネットワーク層にIPを使用することを示すためにそれぞれTCP/IP (Transmission Control Protocol/Internet Protocol)，UDP/IP (User Datagram Protocol/Internet Protocol) と呼ばれている．

(4) アプリケーション層

アプリケーション層 (application layer) は，下記に示すような各種のプロトコルがあり，広く利用される．

(a) ファイル転送プロトコル

ファイル転送プロトコル (File Transfer Protocol, FTP) は，遠隔ホストとのファイル転送を行うためのプロトコルであり，次のように行われる．

- ユーザはローカルホスト上で ftp コマンドを実行し，遠隔ホストを指定する．
- ユーザ側のFTPクライアントプロセスは，TCPによって遠隔ホストのFTPサーバプロセスとコネクション設定する．
- ユーザは遠隔ホストをアクセスするためにログイン（名前とパスワード）を入力する．
- get（遠隔からローカルへのファイル転送）または put（ローカルから遠隔へのファイル転送）コマンドによってファイル（バイナリまたはテキスト）の転送を行う．

(b) DNSプロトコル

DNS (Domain Name System, DNS) プロトコルは，ホスト名とIPアドレスとの対応付けを行うための仕組みを提供するものである．DNSはドメインの階層ごとのデータを管理する名前サーバと，アプリケーションに代わってDNSへの問い合わせを行うリゾルバ間のプロトコルである．通常，アプリケーションがあるホストと通信を行う場合，宛先のホスト名からDNSプロトコルによりそのホストのIPアドレスを得ることで通信が可能となる．

(c) TELNETプロトコル

TELNETプロトコルは，下位プロトコルとしてTCPを使用し，端末または端末のプロセスが遠隔のホストにリモートログインし，会話型の通信を行うために次のような方法で使用される．

- ユーザは遠隔のホストに通信を開始するために，ローカルホストに telnet コマンドを入力する．
- セッションが確立すると，ユーザがキーボードから入力した情報はすべて遠隔ホストに送られる．入力モードとして，遠隔ホストによって文字モードとラインモードがある．

(d) 簡易メール転送プロトコル

簡易メール転送プロトコル (Simple Mail Transfer Protocol, SMTP) は，ネットワーク

上の2つのユーザプロセスが TCP コネクションを使用して電子メールの交換を行う．

(e) ハイパーテキスト転送プロトコル

ハイパーテキスト転送プロトコル (Hyper Text Transfer Protocol, HTTP) は，WWW (World Wide Web) ブラウザを搭載したクライアントと WWW サーバ間で HTML (Hyper Text Markup Language) によって記載された情報を転送するためのプロトコルであり，HTML は情報の発信として広くインターネット上で普及しているホームページ作成のための記述言語である．

(f) その他

そのほかに代表的なプロトコルとして，ネットワーク管理のためのマネージャとエージェント間の SNMP（Simple Network Management Protocol：簡易ネットワーク管理プロトコル），コンピュータがネットワークに加わったときに IP アドレスを取得するための DHCP（Dynamic Host Configuration Protocol：動的ホスト構成プロトコル）などがある．

3.4.3　階層モデルにおけるヘッダの追加

ここでは現在 LAN において多く使用されているイーサネット (Ethernet) で使われるデータタイプであるイーサネットフレームを例にとり，階層モデルでのデータ形式の変形について述べる．図 3.12 にイーサネットフレームの構成を示す．

アプリケーション間でデータを送信する際，データはまずトランスポート層に送られる．このとき，トランスポート層間での処理が可能となるように TCP ヘッダと呼ばれる構造をデータ

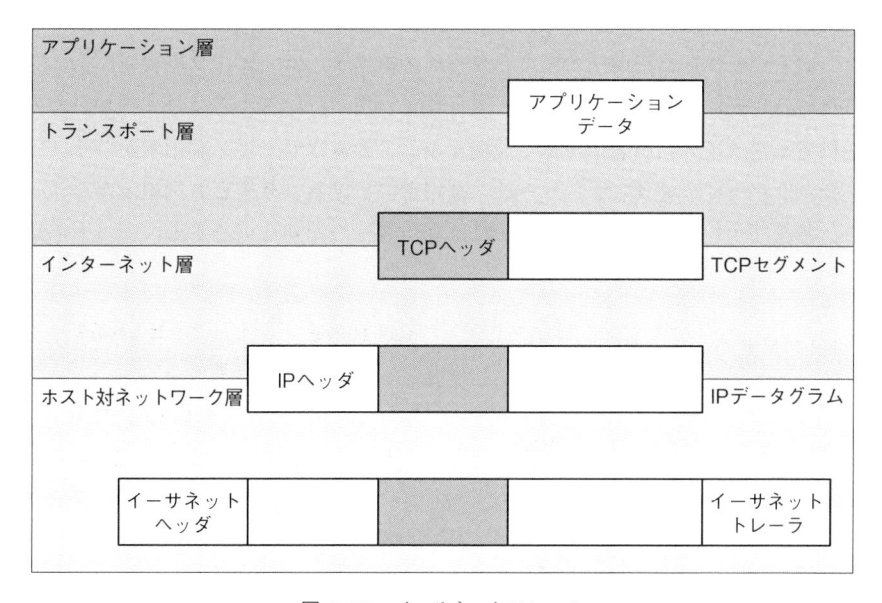

図 **3.12**　イーサネットフレーム

の先頭に付加する．これを TCP セグメントと呼び，インターネット層に転送する．インターネット層では転送されてきた TCP セグメントに対し，IP ヘッダと呼ばれる構造を付加し，IP データグラムというデータタイプに変形する．IP データグラムはホスト対ネットワーク層に送られる．ホスト対ネットワーク層では IP データグラムに対してイーサネットヘッダを先頭に，イーサネットトレーラを末尾に付加し，イーサネットフレームを構成する．このイーサネットフレームを用いて通信を行う．

送られてきたイーサネットフレームを応用サービスで利用できるデータに戻すためには，階層ごとにヘッダ（データリンク層ではヘッダとトレーラ）を引きはがして上位階層に転送する．アプリケーション層まで届いたときには元のデータが現れる．

3.5 ネットワークアーキテクチャ基本技術

3.5.1 サービスとプロトコル

通信機能の階層化の考え方を基にして，サービスとプロトコルの関係が次のように明確に整理されている．

(a) サービス

サービスは，ある階層が1つ上位の階層に対して提供するものであり，一般的な表現方法として，＜N＞サービスは，＜N＞階層の機能によって＜N＋1＞階層に提供される．すなわち，＜N＋1＞階層は，直下の＜N＞サービスを利用して＜N＋1＞機能を実現するものである．したがって，＜N＞サービスに注目すると，＜N＞階層はサービス提供者であり，＜N＋1＞階層はサービス利用者の関係となる（図3.13(a)）．

また，あるサービスを利用する場合のサービス提供者とサービス利用者間の相互関係を明示するためのサービスプリミティブとして，要求，指示，応答，確認の4種類がある．サービス提供者とサービス利用者の関係で説明すると，要求はサービス利用者からサービス提供者に，指示はサービス提供者からサービス利用者に，応答はサービス利用者からサービス提供者に，確認はサービス提供者からサービス利用者への相互作用である（図3.13(b)）．

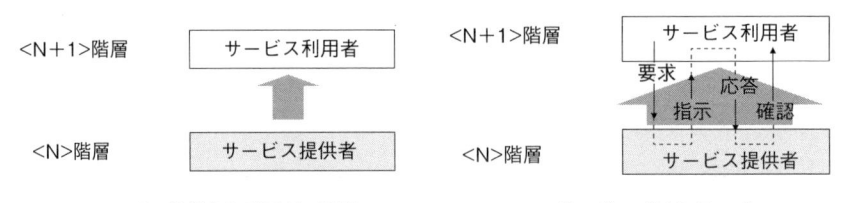

(a) サービス提供者と利用者の関係　　(b) サービスプリミティブ

図 3.13　サービスの基本概念

3.5 ネットワークアーキテクチャ基本技術

(b) プロトコル

　プロトコルは，通信規約と呼ばれ，階層が目的とする機能を実現するための各種通信規則の集合である．この規則には，階層内で交信される情報の形式，情報の各種手順（データの送信方法，応答の仕方，誤りの訂正方法等）を含む．プロトコルについてもサービスと同様に，<N>階層のプロトコルを<N>プロトコルと呼ぶ．この<N>プロトコルの処理を行う主体を<N>エンティティと呼ぶ．ここで，<N>プロトコルの実行にかかわる複数の<N>エンティティの関係を同位エンティティと呼ぶ．サービスとの関係を述べると，<N>サービスのサービス利用者の実体は<N+1>エンティティとなる（図3.14）．このように，<N>エンティティと<N+1>エンティティは<N>サービスの提供者と利用者の関係にあり，この接点が<N>サービスアクセス点(<N>SAP)と呼ばれる（図3.15）．階層化プロトコルに基づく特定のコンピュータネットワークシステムにおける複数階層のプロトコルの集合を，プロトコルスウィート，プロトコルファミリ，あるいはプロトコルスタックと呼ぶ．

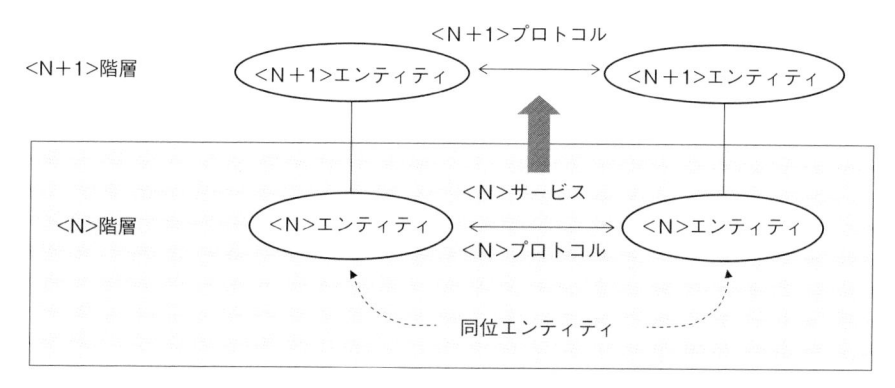

図 3.14　<N>エンティティと<N+1>エンティティの関係

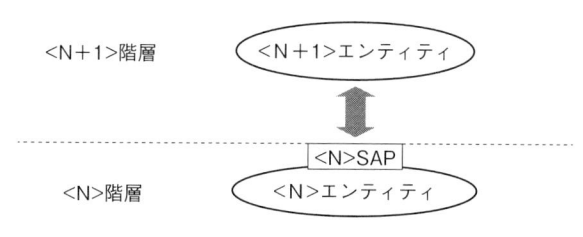

図 3.15　<N>サービスアクセス点

3.5.2 コネクション型プロトコルとコネクションレス型プロトコル

通信規約であるプロトコルの最も大きな特徴として，通信のための相互関係を表すコネクションと呼ばれる概念がある．

(a) コネクション型プロトコル

コネクションは，プロトコルを実行する同位エンティティ間に設定される論理的な通信路（あるいは通信パス）である．すなわち，同位エンティティ間でデータを交信する場合，あらかじめ相互に通信することを明確に確認する通信方式であり，この確認によってコネクションが設定される（コネクション設定フェーズ）．したがって，データの交信を終了する場合には通信を終えることを相互に確認する手順をとり，コネクションを切断または開放する（コネクション切断フェーズ）．この通信方式に基づくプロトコルをコネクション型プロトコルと呼び（図3.16），典型的な通信方式として電話システムがある．

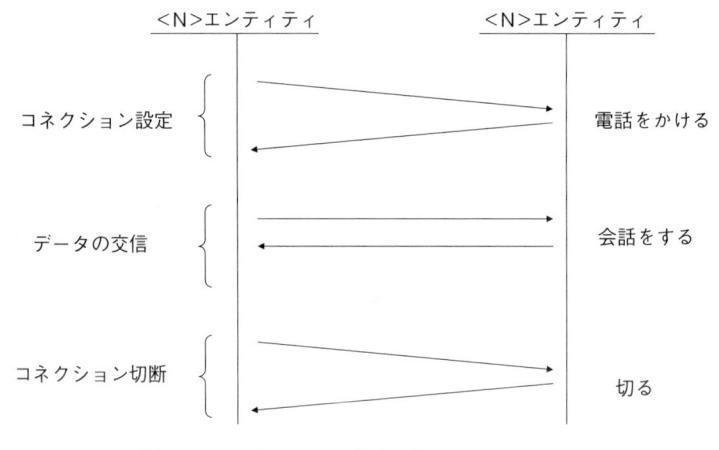

図 3.16 コネクション型プロトコルのシーケンス

(b) コネクションレス型プロトコル

コネクション型プロトコルで行うコネクション設定および切断フェーズを持たない通信方式をコネクションレス型プロトコルと呼ぶ．したがって，直接データを相手のエンティティに送信するため，必ずしも相手が受信できるとは限らない．しかしながら，コネクションの設定や切断の手順を含まないため，伝送路の品質がよい場合や短いメッセージを送信する場合には効率的である（図3.17）．コネクション型プロトコルと異なる大きな点として，データを直接相手に送信するため，送信するデータに宛先のアドレスを毎回付与することが必要となる（コネクション型プロトコルでは，コネクション設定時にコネクション識別情報を割り当て，その後のデータ交信時には宛先のアドレスではなくコネクション識別情報を付与す

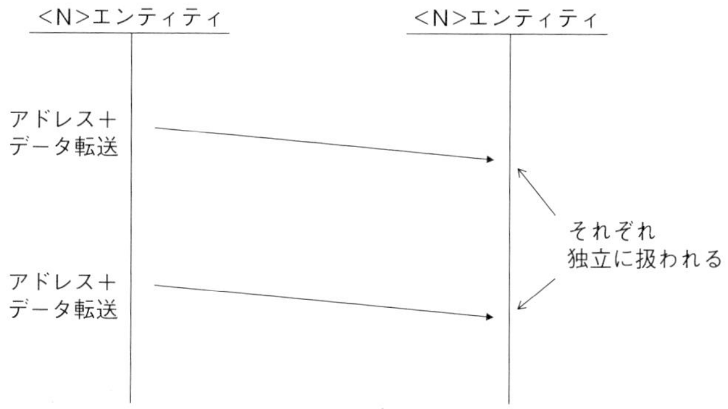

図 3.17 コネクションレス型プロトコルのシーケンス

る).このようなコネクションレス型プロトコルの通信方式の典型的なものとして郵便システムがある.

3.5.3 アドレス付け

情報を相手に届けるためには,受け取るべき相手を指定する必要がある.情報を発信する発信元および相手を表す宛先のアドレスを情報に付加することをアドレス付け (addressing) という.一般に,通信形態として次の種類があり(3.2.2 項の「ネットワークの形態」を参照),目的に応じて,個別アドレス,マルチキャストアドレス,ブロードキャストアドレスが使用される.

(a) 2 地点間(ポイントツーポイント)
　通信する装置またはプロセス(プログラム)相互の関係が 1 対 1 の関係である.

(b) 多地点間(マルチポイント)
　通信する装置またはプロセス(プログラム)相互の関係が 1 対多の関係である.この場合,複数の相手先に送信する方法としてブロードキャストとマルチキャストがあり,前者はネットワークに接続されているすべてのノードに送られ,一斉同報とも呼ばれる.一方,後者は特定の複数のメンバ(グループ)に送られる.

3.5.4 情報の単位

階層化によって,各階層で扱う情報についてもサービスやプロトコルの概念に基づいて情報の単位が次のように定義されている(図 3.18,表 3.1).

(a) サービスデータ単位
　サービス提供者とサービス利用者の間で交わされる情報の単位をサービスデータ単位 (Service Data Unit, SDU) と呼び,<N>サービスでの SDU を<N>SDU と表す.一般的

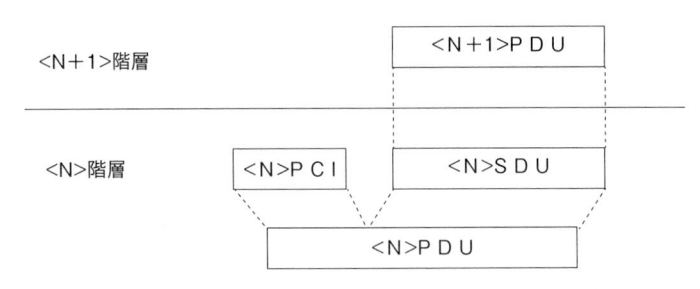

図 3.18 PDU と SDU の関係

表 3.1 情報単位の関係

	制御情報	ユーザ情報	統合した単位
＜N＞エンティティ相互の情報	＜N＞プロトコル制御情報	＜N＞ユーザデータ	＜N＞プロトコルデータ単位
＜N＞層と＜N＋1＞層間の情報	＜N＞インタフェース制御情報	＜N＞インタフェースデータ	＜N＞インタフェースデータ単位

に＜N＋1＞PDU と＜N＞SDU が対応する．

(b) プロトコルデータ単位

プロトコル上で扱う情報の単位をプロトコルデータ単位 (Protocol Data Unit, PDU) と呼び，＜N＞プロトコルに対応して＜N＞プロトコルデータ単位 (＜N＞PDU) と表す．この PDU には，プロトコルヘッダ情報であるプロトコル制御情報 (Protocol Control Information, PCI) と 1 つ上位の階層から渡された SDU から構成される．

(c) インタフェースデータ単位

2 つの階層間の情報をインタフェースデータ単位と呼び，＜N＞階層と＜N＋1＞階層間のインタフェースデータ単位を＜N＞インタフェースデータ単位と表し，インタフェース制御情報と SDU を含む．

3.5.5 コネクション多重化と分流

＜N＞コネクションと＜N＋1＞コネクションの対応関係に注目すると，次の関係がある（図 3.19）．

(a) 基本的な対応

＜N＋1＞コネクションを＜N＞コネクションに 1 対 1 に対応付ける．

(b) コネクションの多重化

複数の＜N＋1＞コネクションを 1 つの＜N＞コネクションに対応付ける．この方法の利点は公衆ネットワークを利用する場合などに，1 つの課金される通信パスを効率よく利用

```
<N+1>階層                <N+1>コネクション      <N+1>コネクション        <N+1>コネクション

<N>階層                 <N>コネクション         <N>コネクション

       (a) 基本            (b) 多重化           (c) 分流
      （1対1）            （n対1）             （1対n）
```

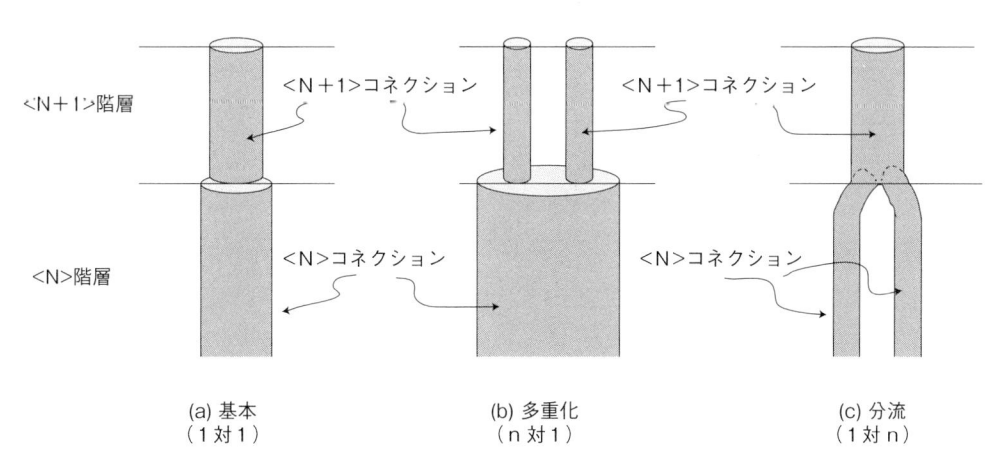

図 3.19 コネクションの対応関係

できる点にある．

(c) コネクションの分流

1つの＜N＋1＞コネクションを複数の下位の＜N＞コネクションに対応付ける．この方法の利点は，通信品質（通信誤りや伝送帯域など）がよくない場合に複数のコネクションを利用することによってトータルとしての通信品質の向上を図れる点であるが，複数のコネクションを利用する上で通信制御が複雑になる欠点がある．

3.5.6 フロー制御

ネットワークにおいては，発信ノードから着信ノードにスムーズにデータを届ける必要がある．通信にかかわるネットワークシステムの構成要素として発信ノード，着信ノード，中継ノード，通信回線などがあり，通信回線の帯域，受信バッファ容量の制限や通信回線の障害などでネットワークの状態は変化するため，状況に適合したデータの送信方法が重要となる．すなわち，ネットワークの輻輳に対しても動的に対応するための機構としてトラフィックの流れを制御するフロー制御が必要となる．

フロー制御の代表的な方式としてウィンドウ方式とクレジット方式がある．

(a) ウィンドウ方式

ウィンドウ方式は，連続して送信または受信できる情報の数をウィンドウの大きさによって制御する．このウィンドウの大きさをウィンドウサイズと呼ぶ（図 3.20）．最も簡単な制御方法として，このサイズが n であれば，送信する情報の番号を 0 から n−1 までの通番を巡回して使用し，受信側では正しく受信した情報の通番を一括応答として返送する．この応答を受信することで新たに送信できる通番の範囲が大きくなる．

このウィンドウ方式の利点は，双方向同時に転送できる全二重通信方式において，できるだ

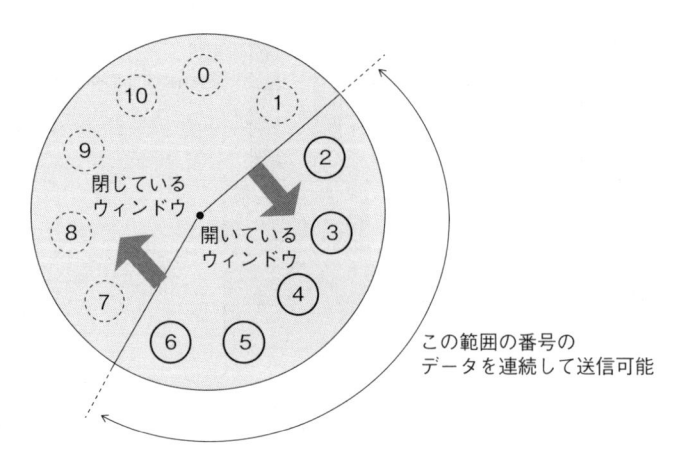

図 3.20　ウィンドウ方式によるフロー制御

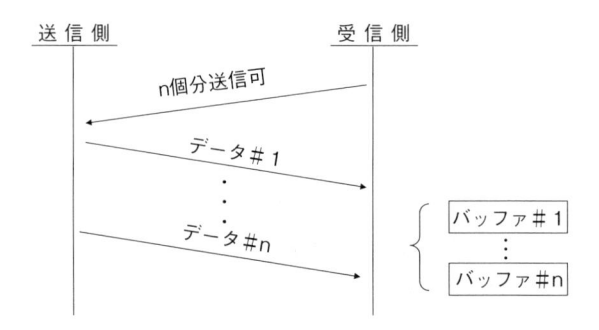

図 3.21　クレジット方式によるフロー制御

け早く応答を返すことによって転送効率を上げられる点にある．また，この方式は，ウィンドウサイズが各転送方向に共通して使用されるため，下位層のプロトコルに使用され，応答を返す時点でウィンドウサイズ分の受信バッファが常に用意されていることが必要となる．

(b) クレジット方式

クレジット方式は，受信側が連続して受信できる情報の数（受信バッファの数）を決め，送信側に通知する（図 3.21）．このためこの方式では，各転送方向独立に連続して送信可能な情報の数を設定できるため，業務固有の処理に依存する上位層のプロトコルに適用される．この方式は，IBM 社のアプリケーション間のプロトコルにおけるフロー制御方式であるページング方式に由来している．

3.5.7　順序制御と誤り制御

(a) 順序制御

送信元から着信先に情報を送る場合，送信側もしくは受信側のバッファの制限，またはプロトコル上のプロトコルデータ単位 (PDU) の最大値設定などにより，送信すべき情報をい

くつかに分割（分割処理）する必要が生じる．この場合，受信側では分割して送られた関連PDUを元の情報に組み立てること（組み立て処理）が必要となる．

このようなネットワークの状況に対応するため，関連するPDUに通番（順序番号）を付与し，受信側で元の情報に組み立てる場合にこの通番により正しい順番を保証する順序制御機構が必要となる．送信元と着信先の間に複数の物理的な通信経路がある場合には，異なる中継ノードを経由する可能性があるため，送信元が送り出した順番とは異なる順番で着信側に受信される（図3.22）．

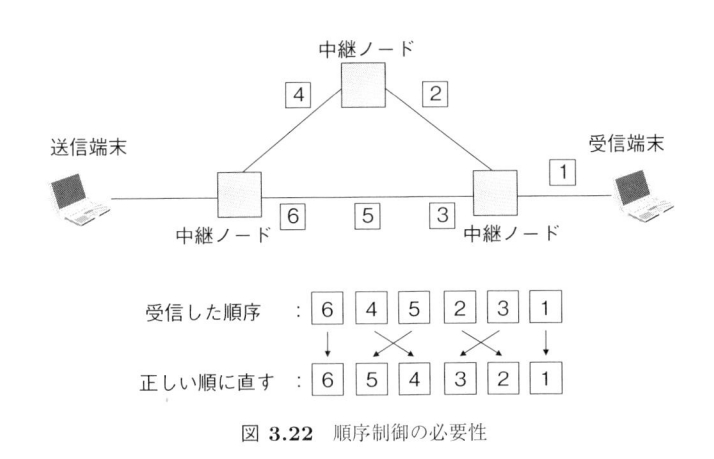

図 3.22 順序制御の必要性

順序制御を行う上での問題として，正しい順番で受信されない場合，すなわち途中の通番が受信できない状況において，その通番を持つPDUを待つ時間を決めておくことが必要となる．このための制御方法として通常，タイマ監視による対応がとられる．

(b) 誤り制御

コンピュータネットワークシステムにおいて，送信元と着信先の間には，それら自身のノードに加えて，通信回線，中継ノード，通信装置などがかかわっている．このため，次のような要因からデータの紛失（順序制御により検出），データのビット誤り（符号誤り検出機構により検出）などが発生し，必ずしも正しく相手に情報が届くとは限らず（図3.23），誤り制御機構が必要となる．

- 通信回線，通信装置の障害
- 中継ノードの障害または受信バッファ不足
- 着信ノードの障害または受信バッファ不足

このような状況に対応するために，正しく相手に届いたことを明確に送信元に伝える方法として応答（肯定・否定）機構がある．しかしながら，この応答そのものも紛失する可能性があるため，順序制御にも使用されるタイマ監視機構が必要となる．正しく受信されない場

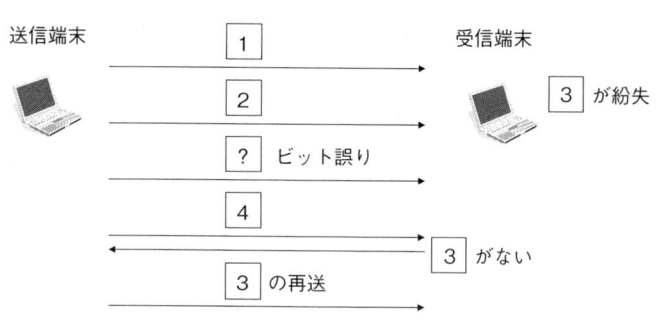

図 3.23　誤り制御における応答と再送

合には再送により，誤りの回復が行われる．

3.5.8　優先制御

優先制御は，緊急に相手に通知することを目的とし，情報を転送する上での扱い方として特別に速く転送するための機構である．たとえば，郵便システムにおける速達の郵便に相当する．図 3.24 に優先制御の特徴を示す．

(a) 優先制御の特徴
- 優先制御の対象となる優先データは，優先して送信処理され，通常のデータに追い越されることはない．
- 優先データは単一の PDU として扱われ，フロー制御の対象にならない．
- 優先データは必ず受信できることが必要であるため，受信側は専用の受信バッファを用意しておく．また，このために優先データのサイズは大きさに制限がある．

(b) 通常のデータ転送の特徴
- 通常のデータは，すでに述べたフロー制御，順序制御，誤り制御の対象になる．
- 送信要求が発生した順に送信される（FIFO：ファーストインファーストアウト）．

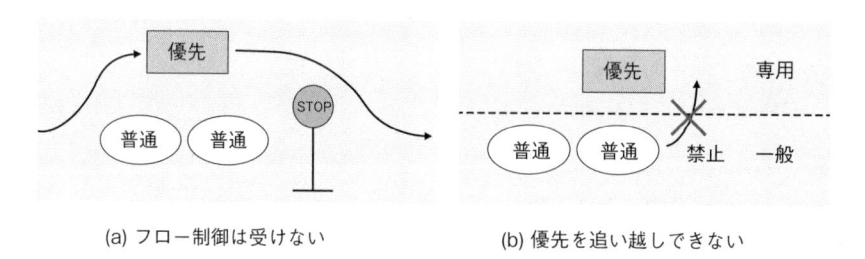

(a) フロー制御は受けない　　(b) 優先を追い越しできない

図 3.24　優先制御の特徴

3.5.9 輻輳制御

コンピュータネットワークを構成する伝送路や中継ノードには，処理能力等の点から許容量が存在する．この許容量を超えるデータ量がやりとりされた場合，ネットワークが交通渋滞のような状態に陥る．これを輻輳と呼ぶ．中継ノードは無数に存在するため，3.5.6 項のフロー制御を用いてこの輻輳を回避することは現実的でない．

そこで，ネットワークから得られるデータ損失量や遅延などの情報を用いて，送信するデータ量（転送レート）を調整することで，中継ノード等での許容量超過を防ぐ．8.3.7 項においてトランスポート層での輻輳制御について詳しく述べる．

演習問題

設問 1　コンピュータネットワークの出発点となった ARPANET のネットワークアーキテクチャとしての特徴と，その後のネットワーク構成法に影響をもたらした技術について説明せよ．

設問 2　ネットワークシステムにおいて通信プロトコルの必要性を述べよ．また，通信プロトコル設計において階層化手法を使用する主な理由を示せ．

設問 3　LAN と WAN との違いを，複数の側面から述べよ．

設問 4　OSI 参照モデルのアーキテクチャを示し，各層の機能の概要を説明せよ．

設問 5　コネクション型プロトコルとコネクションレス型プロトコルのそれぞれの特徴を述べよ．

設問 6　次の機能を説明せよ．
　(1)　順序制御
　(2)　誤り制御
　(3)　フロー制御
　(4)　優先制御
　(5)　輻輳制御

参考文献

[1] A. S. タネンバウム・D. J. ウエザロール 著，水野忠則ほか 訳，コンピュータネットワーク 第 5 版，日経 BP 社 (2013)

[2] 竹下隆史ほか，マスタリング TCP/IP 入門編 第 3 版，オーム社 (2012)

第4章

物理層と交換方式

―□ 学習のポイント ―

　広く使用されている通信伝送路は，有線伝送路と電波伝送路に大別できる．有線伝送路には，平衡形ケーブル，ツイストペアケーブル，同軸ケーブル，光ファイバケーブルがある．データの送受信では，あらかじめDTE同士でデータの送受信の方法を決める必要があり，単方向，半二重，全二重の方式などが挙げられる．DTEからの2進符号信号を通信回線上で扱う伝送方法には，アナログ方式とデジタル方式がある．アナログ伝送に用いられる変調方式には，振幅，周波数，位相変調がある．一方，デジタル伝送方式には，DTEから送られてきた2進符号をそのまま送り出すか，元の2進符号に類似した信号に変換して送信する方式があり，ベースバンド方式とも呼ばれる．アナログ信号をデジタル伝送するためにはデジタル化という操作が必要となり，手順は標本化，量子化，符号化である．ネットワークにおけるデータ交換方式として，回線交換方式と蓄積交換方式があるが，現在主流であるデータ通信方式はパケット通信が定着している．情報交換のため，インターネットと接続サービスとしてはADSL，CATV，FTTHなどがよく利用される．

- 通信伝送で用いられているメディアであるケーブルには，平衡形ケーブル，ツイストペアケーブル，同軸ケーブル，光ファイバケーブルなどがあり，その構成，特性および利用環境を理解する．
- ASK，PSK，FSKなどの変調方式およびアナログ信号をデジタル信号に変換するための標本化，量子化，符号化を学ぶ．
- ネットワークにおける通信路の設定に関して回線交換，蓄積交換およびパケット交換を理解する．
- 代表的なデータ通信サービスとしてADSL，CATVおよびFTTHの構成と特性を把握する．

―□ キーワード ―

　変調，ASK，PSK，FSK，AD変換，標本化，量子化，符号化，回線交換，蓄積交換，パケット交換，ADSL，CATV，FTTH

4.1 通信伝送路

　情報通信システムにおいて広く使用されている伝送路は，有線伝送路と電波伝送路に大別できる．有線伝送路には，金属媒体から構成された平衡形ケーブル，ツイストペアケーブル，同

軸ケーブルおよび光ファイバケーブルがある．

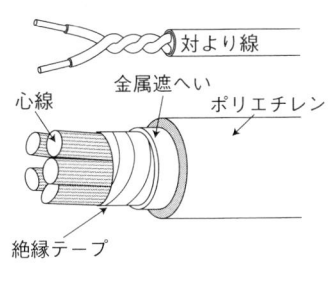

4.1.1 平衡形ケーブル

平衡形ケーブルは，図 4.1 に示すように，2 本の銅線をより合わせた線路ペアケーブルを，漏話等の相互干渉を少なくするようにバランスよく多数束ねたものである．用途に応じて数十対〜数千対のペアケーブルが束ねられるが，伝送周波数が高くなるとペアケーブル間の相互干渉が大きくなるため，数百 kHz 以上の信号伝送には適さない．平衡形ケーブルは，市内電話網や近距離通信網等に利用されている．

図 4.1 平衡形ケーブル

4.1.2 ツイストケーブル

ツイストケーブルとは，電線を 2 本ずつより合わせて対にしたケーブルのことであり，通常，これを 2〜4 組のペアにして 1 つにまとめ，イーサネットや電話等の配線に使用する．より合わせることにより，単なる平行線の場合よりも，環境ノイズ（他の信号線等から発せられるランダムな信号や電界，磁界等に起因するノイズ）による信号への干渉等の影響を低く抑えることができる．同軸ケーブルよりも周波数特性等は劣るが，安価で取扱いが簡単なため，LAN のケーブルとして広く普及している．

各ペアの回りにはシールドがないため，UTP (Unshielded Twisted Pair) とも呼ばれる．シールドが施された STP (Shielded Twisted Pair) もあるがイーサネットでは使われない．ツイストペアケーブルでは，イーサネットだけではなく電話線や ISDN，シリアル通信回線等も収容できるし，パッチングボード（patching board，2 つのケーブルを任意の組合せで接続するための配線用ボード）を利用して柔軟な配線構築および変更ができるため，企業等での配線に向いている．ケーブルにはその電気的特性に応じていくつかの規格が決められているが，10 Mbps のイーサネットや 16 Mbps のトークンリング等ではカテゴリ 3 を，100 Mbps の高速イーサネットの場合にはカテゴリ 5 をそれぞれ使用する．

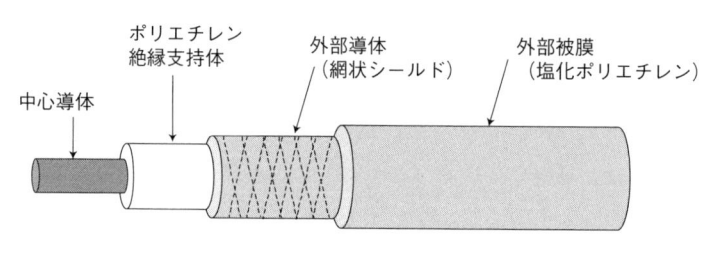

4.1.3 同軸ケーブル

同軸ケーブルは，図 4.2 に示すように，1 本の中心導体（主に銅線）をポリエチレン等の絶縁／緩衝材で包み，その外側に編んだ導線による網状のシールド層を施し，さらにその外側に塩化ビニール等による被覆を施した多重構造のケーブルである．シールド層により，周波数特性を改善するとともに，外界からの電磁波の影響を抑えて信号を伝達することができる．その高性能な周波数特性，減衰特性，耐環境特性等のために，数本〜十数本が束ねられ，市外通信網等の長距離通信網等に広く利用されている．また，後で説明する多数の信号を多重化して効率的な通信伝送を行う多重通信にも利用されている．

なお，TV のアンテナ用ケーブルや，ディスプレイケーブルに使われる BNC ケーブル等にもこの同軸ケーブルが使われるが，これはインピーダンスが 75 Ω であり，10 ベース 5 (10 Base-5) や 10 ベース 2 (10 Base-2) で使われる 50 Ω のものとは異なるので，流用はできない．伝送する信号の周波数帯域が高くなるほど損失（減衰）が大きくなるので，中心の導体を太くする必要がある．クラシックイーサネットの LAN では，10 ベース 5 では直径 12 mm の Thick ケーブル（イエローケーブルともいう）を使い，10 ベース 2 では直径 5 mm の Thin ケーブル（細芯同軸ケーブル）を使う．

図 4.2 同軸ケーブル

4.1.4 光ファイバケーブル

同軸ケーブル等の金属体で構成されている伝送路は，情報を電気信号で伝送するが，光ファイバケーブルは情報を光で伝送する．図 4.3 に示すように，光ファイバは，円形断面を持つように石英ガラスを繊維状に引き延ばした伝送路である．光を閉じこめて伝送するため，中心部（コア）の屈折率を，周辺部（クラッド）の屈折率よりわずかに高くしてある．

この屈折率の差により，コア部に入射された光は，全反射を繰り返しながらコア部の中に閉じこめられて伝送される．このような光ファイバを，数本〜数千本束ねたものが光ファイバケーブルである．光ファイバケーブルには低損失性，広帯域性，低漏話性，耐電気雑音性，安定性，細芯性，敷設容易性等の特徴があり，通信ケーブルに必要とされている条件を備えている．このため，長距離市外網，国際海底ケーブル等に用いられており，幹線系通信網の主流となりつつ

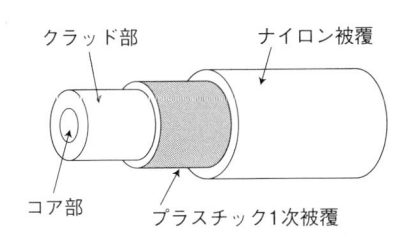

図 4.3 光ファイバケーブル

ある．また，光ファイバ加入者線をすべての家庭にという意味で使われている FTTH (Fiber To The Home) のように，通信網のあらゆる部分で用いられることが期待されている．

4.1.5 無線伝送

通信伝送路に電波を用いた方式が無線伝送である．電波は周波数帯により表 4.1 のように分類される．通信伝送には，周波数が高く，伝搬特性が安定しており，外来雑音も少ないという理由で，マイクロ波が利用されている．

表 4.1 周波数帯と用途

周波数帯範囲	略称	主な用途	備考
3～30 KHz	VLF	潜水艦通信など	超長波
30～300 KHz	LF	船舶・航空機用ビーコン標準電波	長波
300～3000 KHz	MF	船舶通信，中波放送	中波
3～30 MHz	HF	国際通信，船舶，航空電話，放送	短波
30～300 MHz	VHF	警察，消防，防災，航空管制，TV 放送	超短波
300 MHz～3 GHz	UHF	移動無線，防災，TV 放送	極超短波
3～30 GHz	SHF	一般電話回線 TV 回線，警察，防衛庁，電力会社	センチ波
30～300 GHz	EHF	電波天文，衛生通信	ミリ波
300～3 GHz		電波望遠鏡	サブミリ波

4.2 データ伝送

4.2.1 通信方式

データの送受信には，電話での会話のように，相手からの話を聞いた後に自分が話し始める方法と，郵便のように一方的に手紙を送る場合がある．情報通信システムにおいて送受信双方は DTE (Data Terminal Equipment) データ端末装置用いてデータ通信を行う．コミュニケーション同士にはあらかじめ，データの送受信の方法を決めておく必要がある．すなわち，専用回線あるいは回線交換で接続された DTE 間のデータ通信には，(1) 単方向，(2) 半二重，(3)

全二重の方式 のいずれを使用するか決定しておく必要がある．

(1) 単方向

　　1対1の通信を行う場合でも，通信路の使い方によりいろいろなパターンがある．最も単純なのは受信側と送信側に1本しか電話線がない形で，どちらかが送信，どちらかが受信のみを行う．これを単方向通信 (simplex) と呼ぶ．

(2) 半二重

　　半二重 (Harf Duplex, HDX) 方式をする場合は，相手の話を聞いてから自分が話し始める電話に似ており，一方の DTE が送信中のときには，他方の DTE が受信中である．具体的なイメージを図 4.4 に示す．この方式では，データ受信中にはデータを送信することはできない．一方の送信終了後，送信と受信が切り替えられる．

(3) 全二重

　　全二重 (Full Duplex, FDX) 方式は，DTE 自身に，送信と受信を同時に実行できる能

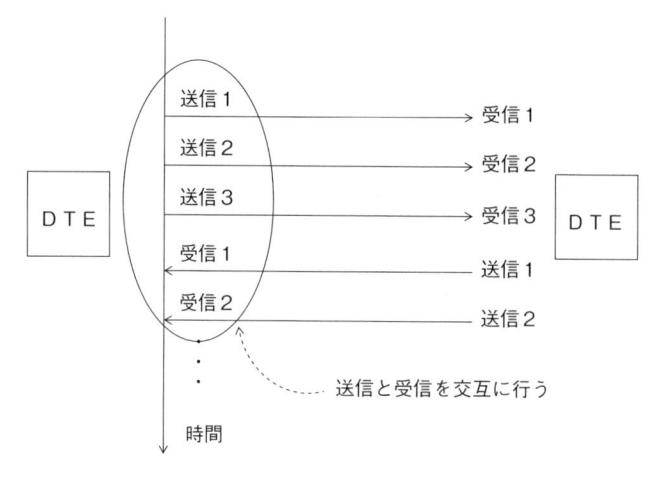

図 4.4　半二重方式

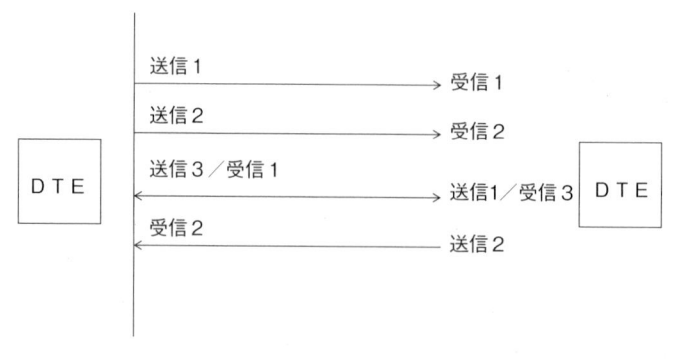

図 4.5　全二重方式

力があるときに使用できる送受信の方法である．すなわち双方向のデータの送受信を同時に行う方法である．具体的なイメージを図 4.5 に示す．この方式では，送信と受信は同時に行われる．

4.2.2 伝送方式と変調

情報源と情報伝達の通信路はそれぞれアナログとデジタルという 2 種類があり，図 4.6 に示すように 4 つの方式がある．アナログ信号はアナログ通信路で，デジタル信号はデジタル通信路で送るという方法が一般的だったが，従来のアナログ通信路利用，異なる通信路の間での情報伝達および無線通信の普及などによってアナログからデジタルへ，デジタルからアナログへの変換が行われ，情報データが効率よく伝送されている．ここでは，まずコンピュータ等の DTE で情報をどのように表現しているかを示す．次に，DTE 内部で表現されたデータをどのようにして通信回線上に伝送するかを示す．

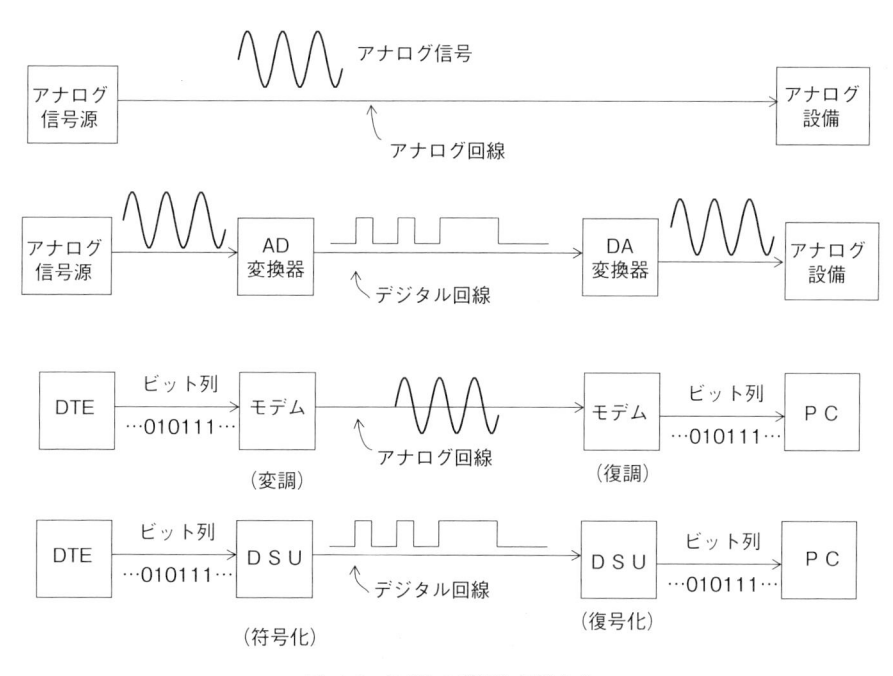

図 4.6 DCE の種類と伝送方式

4.2.3 コンピュータ内部での情報の表現方法

我々は様々な情報を見聞きしたり扱ったりしている．このような情報は，コンピュータの中ではデータとして扱うため，通常，16 進数による記号で定義されている．たとえば，漢字のコードは JIS 規格（Japanese Industrial Standards：日本工業規格）の JIS X 0208:1990 と

```
        数値 1  =    F1   =  11110001
       (10進数)   (16進数)     (2進数)
```

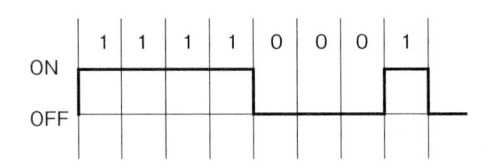

図 4.7 コンピュータ内部での情報表現

して定められている．例を挙げると，16 進コードで，半角数字の 1 には F1，漢数字の一には 306C，全角数字の 1 には 42F1 が，それぞれ割り当てられている．16 進コードは，コンピュータの基本原理である 2 進数として表現されている．上記の F1 は「1111 0001」，306C は「0011 0000 0110 1100」，42F1 は「1000 0010 1111 0001」が，それぞれ割り当てられている．コンピュータ内部では 0 を電気信号の OFF，1 を電気信号の ON として扱っている（図 4.7）．

4.2.4　通信回線上での情報表現

通信回線に接続されているコンピュータ等の DTE からの 2 進符号信号を通信回線上で扱う方法には，図 4.8 に示すようにアナログ伝送方式とデジタル伝送方式がある．アナログ伝送方式は，連続するある周波数で表現された信号の変化で情報を表現する方式で，帯域伝送方式あるいはブロードバンド伝送方式とも呼ばれる．デジタル伝送方式は，DTE から送られてきた 2 進符号をそのまま送り出すか，元の 2 進符号に類似した信号に変換して送信する方式であり，ベースバンド方式とも呼ばれる．

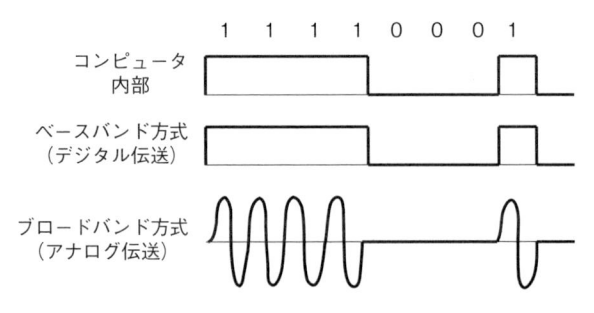

図 4.8 通信回線上での情報表現

4.2.5　アナログ伝送

アナログ伝送は別名帯域伝送方式と呼ばれ，DTE からの 1 と 0 の信号を，別の信号に対応付ける方式で，搬送波 (carrier) と呼ばれるアナログ信号を用いる．電話回線等のようにデータ

図 4.9 変調方式

図 4.10 振幅位相変調方式

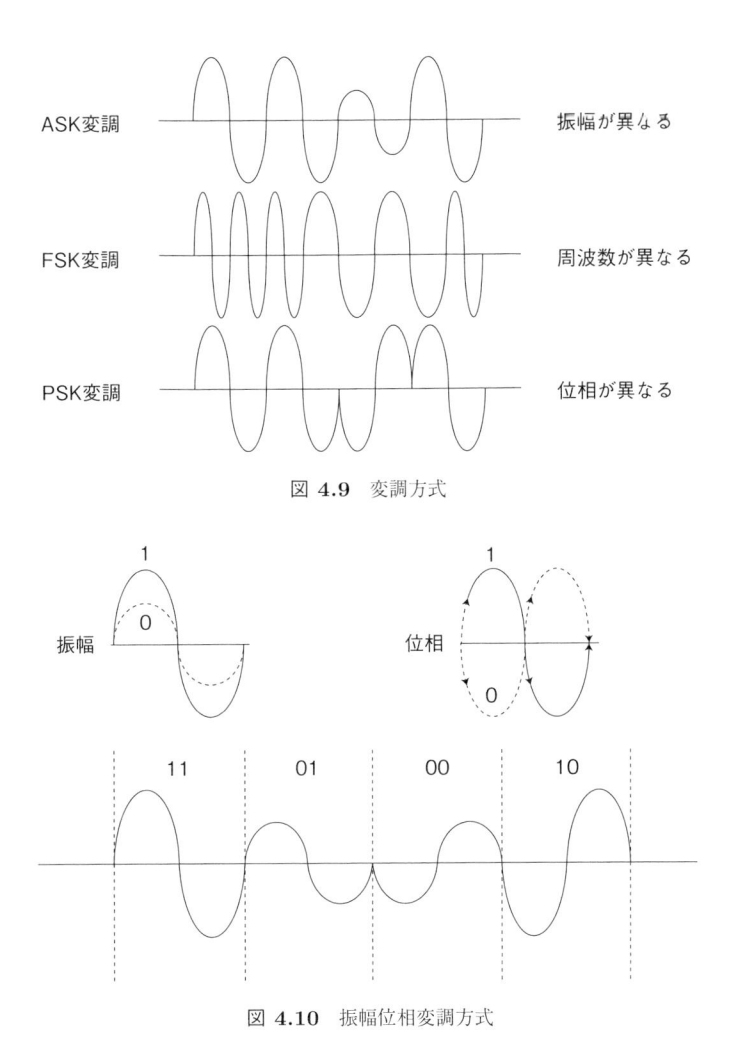

通信で使用される搬送波の周波数は 1700 Hz である．アナログ信号を規定するパラメタ（特性値）は振幅，周波数，位相である．したがって，これらのパラメタを情報信号に応じて変化させる操作は変調と呼ばれる．特に情報信号がデジタルの場合，1 と 0 の信号を区別できるアナログ信号に変換するのはデジタル変調である．デジタル変調は，次の 3 種類がベースとなり，用途に応じて用いられる．図 4.9 に変調方式の原理を示す．

- 振幅偏移変調 (Amplitude Shift Keying, ASK)
  DTE から送付された 2 進符号に応じて，アナログ信号の振幅のみを変換させる．
- 周波数偏移変調 (Frequency Shift Keying, FSK)
  DTE から送付された 2 進符号に応じて，アナログ信号の周波数のみを変換させる．
- 位相偏移変調 (Phase Shift keying, PSK)
  DTE から送付された 2 進符号に応じて，アナログ信号の開始点の位相のみを変換させる．

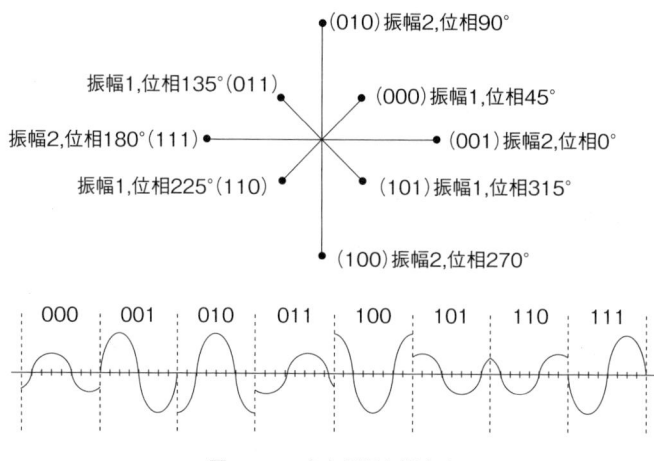

図 4.11　直交振幅変調方式

実際のモデムでは，前述の基本原理を組み合わせた振幅位相変調と直交振幅変調 (Quadrature Amplitude Modulation) が用いられている．振幅位相変調は，図4.10に示すように，2種類の振幅値と2種類の位相を組み合わせて，4通りの波形を作り出している．各波形は2進符号の 11，10，01，00 を表現する．直交振幅変調は図4.11に示すように，振幅変調と同様に振幅値と位相角の組合せを用いている．あらかじめ複数ビット分のビット構成ごとに，振幅値と位相角により変調を行う．たとえば 000 は振幅1かつ位相角45度，010 は振幅2かつ位相角90度等のように表現する．通常，低速の通信回線で利用されるモデムはFM変調が用いられている．高速の通信回線には，同時に2ビットや3ビットを変調することができる振幅位相変調や直交振幅変調が用いられる．

4.2.6　アナログ信号のデジタル化

アナログ信号をデジタル伝送するためにはデジタル化という操作が必要になる．デジタル化の手順は以下の通りである．

(1) サンプリングまたは標本化

　一定の時間間隔（サンプリング周期）でアナログ信号を読み取る．サンプリング周期はシャノンのサンプリング定理により定められる．シャノンのサンプリング定理は「アナログ信号の最高周波数の2倍の周波数でサンプリングをすれば，元のアナログ信号を完全に復元することができる」．図4.12に標本化の原理を示す．

(2) 量子化

　サンプリングした値を四捨五入する．このときの誤差が量子化誤差と呼ばれる．

(3) 符号化

　量子化した値を2進符号に変換する．図4.13に符号化の原理を示す．

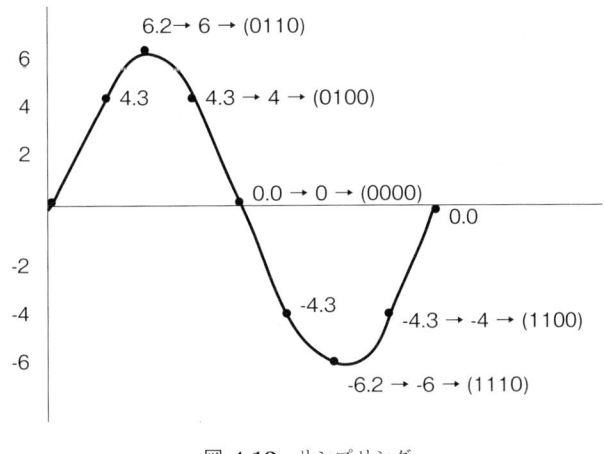

図 4.12 サンプリング

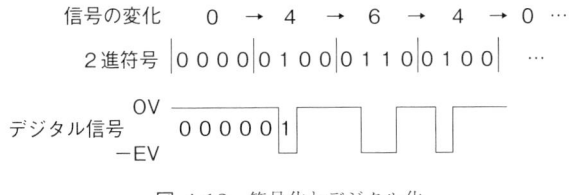

図 4.13 符号化とデジタル化

音声を扱う場合, 対象となる音声の帯域は 300〜3400 Hz のため, 最高周波数を 4000 Hz とし, サンプリング周波数は 8000 Hz すなわち 1 秒間に 8000 回のサンプリングを行うことになり, サンプリング間隔は 125 μs となる. 読み取られた値は, 通常 8 ビットすなわち 0〜255 の範囲内の数値で表現され, 8 ビットの 2 進符号列に変換される. 1 秒間では 8 ビット×8000 回 = 64000 ビット = 8000 バイト の 2 進符号ができることになる.

4.2.7 多重化

これまで述べたように, 電気通信事業者からリースした専用回線によって, たとえば本社と支社を接続することができる. しかしながら, 支社において利用できる DTE が 1 台だけでは仕事が効率的に進まない. そこで, 物理的には 1 本の通信回線を, 論理的には独立した複数の通信回線として利用する方法として多重化 (multiplexing) という方法が考案された.

多重化とは, 物理的には 1 本である通信回線を, 論理的には複数の通信路として利用するための技術である. 多重化を利用することにより, 回線費用の面から経済的なネットワーク網を構築することが可能となる. すなわち, 複数の DTE がある場合は, 各 DTE ごとに専用の通信回線によって接続するのではなく, 多重化装置によって回線数を減少させ, 回線料金の低減を図ることができる.

多重化には, 時分割多重化と空間分割多重化がある.

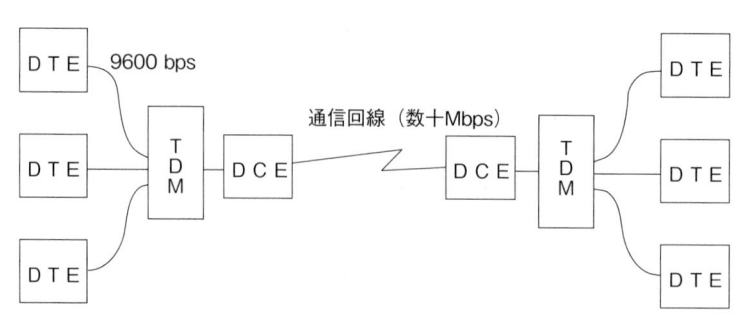

```
          DTE ─ 9600 bps
                    ╲
          DTE ──── TDM ── DCE ══通信回線（数十Mbps）══ DCE ── TDM ──── DTE
                    ╱                                              ╲
          DTE                                                       DTE
```

図 4.14　TDM の概念

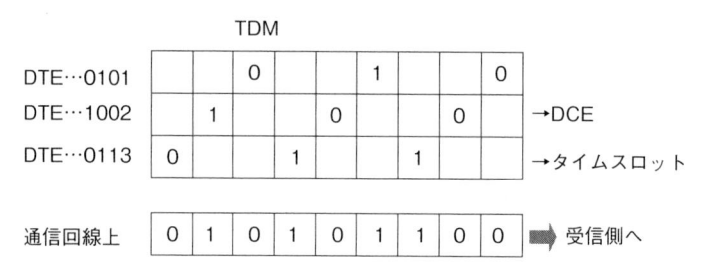

```
                    TDM
DTE…0101    │   │ 0 │   │ 1 │   │   │ 0 │
DTE…1002    │ 1 │   │ 0 │   │   │ 0 │   │  →DCE
DTE…0113    │ 0 │   │   │ 1 │   │ 1 │   │  →タイムスロット

通信回線上   │ 0 │ 1 │ 0 │ 1 │ 0 │ 1 │ 1 │ 0 │  ➡ 受信側へ
```

図 4.15　TDM の手順

　時分割多重化 (Time Division Multiplexing, TDM) はデジタル伝送路上での多重化技術である．TDM には制御型 (control) と競合型 (contention) がある．通常，TDM は前者を指す．図 4.14 は，時分割多重化の概念を示す．多重化を行うためには，利用者側において多重化装置が必要である．

　TDM 多重の手順を次に示す（図 4.15）．

(1) 送信側として，利用者側の DTE を TDM 装置に接続する．TDM は，各 DTE からのデータ（ビット列）を，タイムスロット（時分割されたビットの格納場所）に 1 ビットずつ格納する．

(2) 通信回線への送信 TDM は，タイムスロットに格納されたビットを取り出し，直列にしたビット列を通信回線に送り出す．

(3) 受信側での再配列通信回線を介して届いたビット列を，受信側の TDM は送信側 TDM のタイムスロットに対応するタイムスロットに順番に格納する．すなわち，送信側 TDM のタイムスロットと同じ配列のタイムスロットが受信側 TDM にできることになり，送信側の DTE から送信されたビット列と同じものができる．

(4) 受信側 DTE への送出各 DTE に対応するタイムスロットのビット列を，各受信側 DTE へ送信する．これにより送信側の複数の DTE から送信されたビット列が，受信側の各 DTE に届くことになる．

　空間分割多重化の代表は周波数分割多重化 (Frequnecy Division Multiplexing, FDM) で，

アナログ伝送路上の多重化技術である．回線の帯域をいくつかの回線に細かく分割して使うものである．たとえば，モデムによって音声周波数帯域のアナログ信号に変調されたものを，FDM 装置ではそれぞれ周波数の異なる別の搬送波を用いてもう一度変調を行い，何本かを束ねて 1 本の高速回線に載せる．受信側の FDM でバンドパスフィルタを用いて信号を分離して，送信側とは逆の復調をかけ，元のアナログ信号を復元してモデムに渡す．FDM ではデジタル信号をそのままの形で多重化することはできず，必ずモデムを通して，アナログ信号に変換した後，多重化することになる．

4.3 通信ネットワークの基本構成

4.3.1 公衆通信回線

通信伝送路（通信回線）等の設備を利用して，コンピュータ同士がデータのやりとりを行う．データの基本的な流れは，DTE⇔（DTE／DCE インタフェース）⇔DCE⇔加入者線インタフェース⇔通信伝送路（通信回線）⇔（加入者線インタフェース）⇔DCE⇔DTE／DCE インタフェース⇔DTE となっている．

DTE は Data Terminal Equipment の略で，データ端末装置のことである．DTE は通信回線の両端に接続し，データの入出力や処理を行う．DTE の主たる機能は，(1) 情報の入出力による人間とのインタフェース機能，(2) 情報のバッファリング，セーブあるいはアクセス等の機能である．パーソナルコンピュータは代表的なものである．

DCE は Data Circuit-terminating Equipment の略で，データ回線終端装置のことである．DCE の機能は，DTE でのデータ表現形式（2 進符号）を，通信回線で用いられる電気信号の形式に変換することである．DCE には，接続する通信回線がアナログの場合はモデム（modem：変復調装置），デジタルの場合は DSU（Digital Service Unit：デジタルサービス装置）となる．モデムの役割はデジタル信号の変調と復調である．

各機関，組織内部でのネットワークはローカルエリアネットワーク (Local Area Network, LAN) と呼ばれ，各自に構築，運営されている．ローカルエリアネットワークを結ぶことによってワイドエリアネットワーク (Wide Area Network, WAN) になる．ワイドエリアネットワークは，国や大陸など地理的に広域をカバーするネットワークである．

大きいネットワークをいくつかの小さな単位サブネットに分割して管理する．サブネットは，サブネットに接続されるコンピュータや端末が相互に情報の交換を行うためのネットワークであり，基本的にはデータをそのまま透過的に伝送することを保証する．コンピュータや端末が情報の授受を行うとき，その間に回線を結び占有するのではなく，サブネット全体の通信設備を有効利用するために，必要に応じて 2 点間に通信路を設定する交換技術が必要となる．

交換される情報は，実時間で処理されるべき即時情報と，実時間性が要求されない待ち合わせ可能な待時情報とに分けられる．電話のような人間同士の通信の場合が前者に相当し，デー

```
交換方式 ─┬─ 回線交換 ─┬─ 空間分割
          │            └─ 時分割
          │
          └─ 蓄積交換 ─┬─ パケット交換
                       ├─ メッセージ交換
                       ├─ ATM交換
                       └─ フレームリレー
```

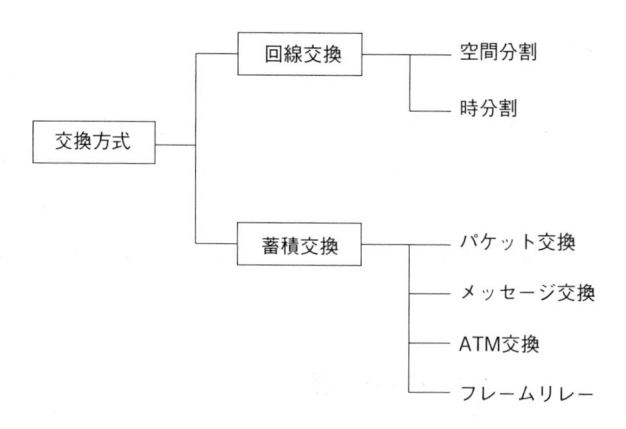

図 4.16 交換方式

タ通信のようなコンピュータ間の通信の場合が後者に相当する．このような情報の特性の相違により，要求される交換方式も異なってくる．交換方式を分類すると図 4.16 のようになる．

4.3.2 回線交換方式

回線交換方式 (circuit switching system) は，図 4.17 に示すように，2 つのコンピュータや端末間で交換機を利用することによって，情報を交換する方式である．一度通信路が設定されると，その通信路は 1 つの呼の情報伝達のために占有され，専用的に使用できる．このため，本方式は交換機内での処理時間による伝送遅延がなく，即時性に優れているといえる．

回線交換方式では，発着信端末間の通信路を一旦接続すれば，その通信路を保持しておくだけで情報の転送が可能である．このため，一度の接続で大量の情報を送信するようなファクシミリ伝送，通信密度の高いデータ通信に適しているといえる．

回線交換方式は交換機内でどのようなスイッチ形式を使うかによって，空間分割回線交換と時分割回線交換に分けられる．空間分割回線交換は，クロスバ形スイッチ，リレーなどの機械式接点あるいは電子接点を用いて交換を行う方式であり，通信路が 1 つのエンドツーエンドの通

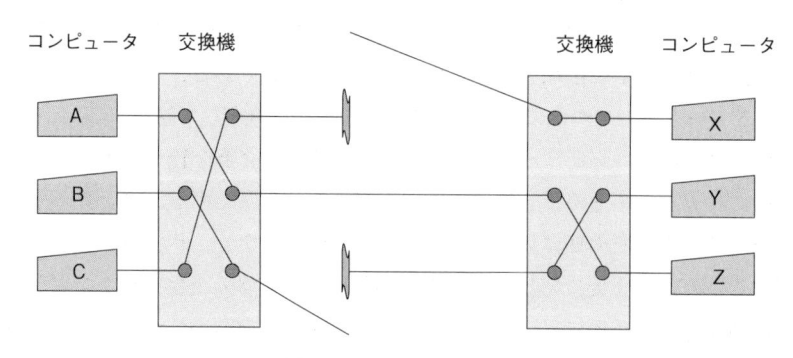

図 4.17 回線交換の概念

信と物理的に対応付けられる．本方式を採用している代表例として，現在の我が国の電話交換機が挙げられる．一方，時分割回線交換は，電子部品が持つ高速性を活用し，多数の通信に対してスイッチを時分割的に共用させる方式である．空間分割方式との相違は，通信路が複数のエンドツーエンドの通信で共用される点である．

4.3.3 蓄積交換方式

回線交換方式では，回線をスイッチすることによってエンドツーエンドに直通の通信路を設けていたが，蓄積交換方式 (store and forward switching system) では，受け取った情報を一旦メモリに蓄積し，中継経路を選択することによって交換する．本方式では交換機内で情報を蓄積するため実時間性が失われる．しかし逆に，蓄積を行うため，必要に応じて通信速度の変換など各種通信処理を交換機内で行うことが可能である．また出回線が空いていない状態でも交換機のメモリ内で待ち合わせができるので，中継回線の使用効率が向上し，経済的なサブネットを構築できる．蓄積交換方式では，送る情報に宛先のアドレスと制御情報を付与する必要がある．このため，サブネットと端末間で情報を転送する際，あらかじめ定められた通信規約に従わなければならない．蓄積交換方式は，情報を送る単位によりメッセージ交換とパケット交換に分けられる．さらに，交換方式の違いにより，ATM 交換およびフレームリレーの方式がある．

メッセージ交換は，送る情報をそのままの長さで送受信する．交換機は，入力情報をメモリに蓄積後，付加されている制御情報により，誤り制御，符号変換，優先制御などの通信処理を実行する．必要であれば同報通信のような，さらに高度な処理を行うこともできる．その後，宛先情報から出回線を選択し，出回線が空き次第情報を送信する．情報の長さは一般にかなり変動するので，バッファメモリの使用効率，回線の利用率，伝送遅延のばらつきを考慮するとあまり好ましい方式ではない．このため後述のパケット交換が考え出された．

4.3.4 パケット交換

データ通信において一括連続送信の代わりにデジタルデータをパケットという単位に分割して送信する方式はデータ通信の基本方式となっている．これらパケットにそれぞれ宛先／発信アドレスを付加し，パケット交換網（郵便局に相当）に送る．パケット交換網では，宛先情報に従って配信する．

図 4.18 にこのパケット交換の原理を示す．パケット端末 X から，メッセージを 1, 2, 3 の 3 つに分割して，パケット交換網に送る．パケット端末 Y からは，メッセージを A, B の 2 つに分割して，パケット交換網に送る．パケット交換網では，それらパケットを空いている回線を選んで目的とする交換機まで送信する．図 4.18 では，1 と 3 は回線 α を利用し，2 は回線 β と γ を利用している．また，回線 γ は 2 と A, B が共有して送信している．この図でもわかるように，パケット交換では 1 本の回線を複数のパケット（宛先が異なってもよい）が混ざって送信される．

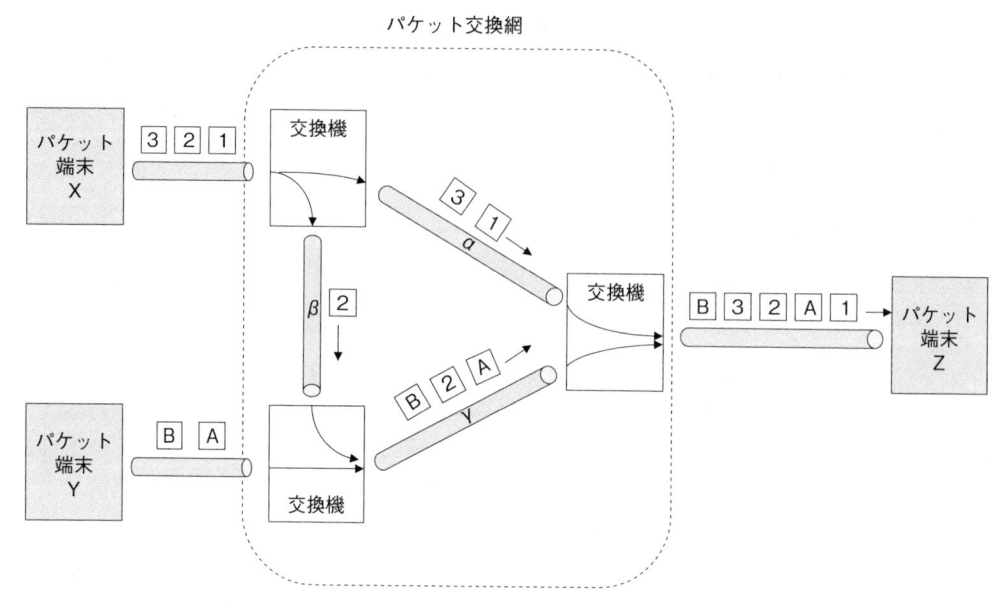

図 4.18　パケット交換の原理

パケット交換技術は，米国国防総省の高等研究計画局 (Advanced Research Projects Agency, ARPA) において開発された．ARPANET は IMP (Interface Message Processor) と呼ばれる交換機を持ち，交換機間を 50 Kbps で接続した．このパケット網にイリノイ大学やカリフォルニア大学などの大型計算センターが接続され，センター間の通信を行った．この成功によりパケット交換技術の実用性に関する評価が高まり，世界各国で公衆パケット交換網が開発された．この公衆パケット交換網は，X.25 と呼ばれる標準に従っている．

4.3.5　パケット交換転送方式

パケット交換方式は，図 4.19 に示すように網加入者から送信されたデータを交換機内に一旦蓄積し，網内をパケット単位で高速転送する方式である．蓄積交換方式のため転送には多少の遅延を生ずる．

図 4.20 に，回線交換，メッセージ交換およびパケット交換における遅延時間の比較を示す．図 4.20(a) で，対象とするネットワークモデル，すなわち，発信端末から，交換機 3 台を経由して，宛先端末にデータを送ることを示している．図 4.20(b) は，回線交換の場合を示しており，まず発信端末から，各交換機を経由して，宛先端末間で回線接続手続きを行った後に，実際のデータを送ることになる．図 4.20(c) は，メッセージ交換の場合を示しており，発信端末から発信されたメッセージが，順次交換機を経由して送信される．図 4.20(d) は，パケット交換の場合を示している．この場合にはメッセージをパケットに分解して送るので，パケット単位でデータを送ることになり，メッセージ交換に比べると送信時間が短くなる．

図 4.19 パケット交換 (蓄積交換)

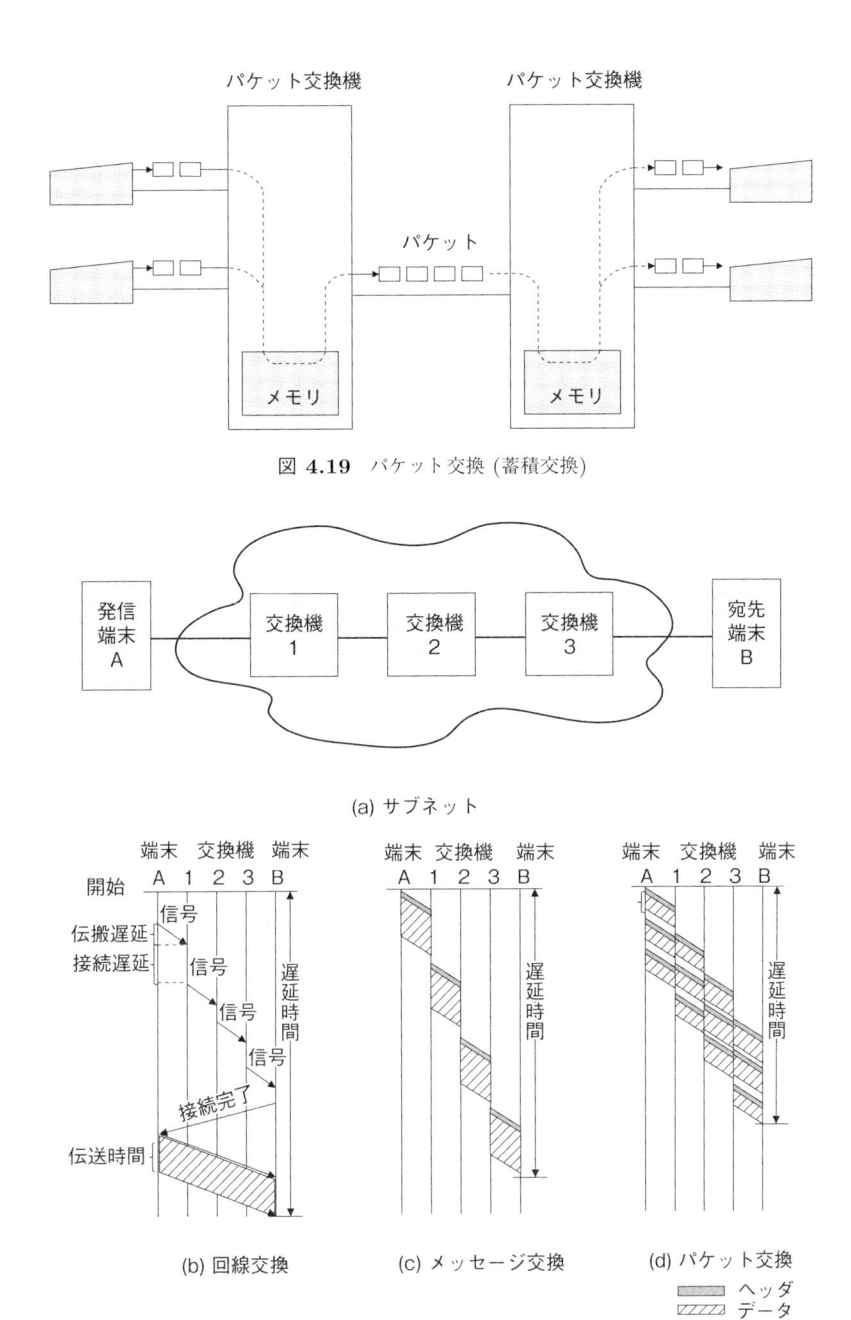

(a) サブネット

(b) 回線交換　(c) メッセージ交換　(d) パケット交換

図 4.20 各種交換方式による遅延時間比較

4.3.6 パケット交換方式の特徴

パケット交換方式の特徴として，次のものがある．

(1) 高信頼性

　　パケット交換方式は，呼ごとに物理的な通信路を固定化する回線交換方式とは異なり，パケットごとに通信路を選択し，パケットを送信できる．このため，パケット網内に交換機，回線などの障害が発生しても正常な経路を選択し，パケットを迂回させることができる．つまり，網内に障害が発生しても，その障害場所を迂回させることによって，通信の継続が可能であり，信頼性の高い通信網を構築することができる．

(2) 高品質

　　パケット交換方式では，0と1で表された情報伝送，すなわちデジタル伝送方式を採用しているために伝送品質がよい．また，網内で隣接交換機間および加入者と網間でパケット転送時に，伝送誤りの有無のチェックを行い，誤りがあれば再送訂正することにより高品質伝送を実現している．

(3) 経済性

　　パケット交換方式は，網内の交換機間を高速の通信回線で接続している．この幹線路を複数の加入者のパケットで多重化して使用する形となる．つまり，伝送路をパケット多重化して共用することにより，伝送路の使用効率を向上させることができ，経済的な網構築に適している．

(4) 変換処理

　　パケット交換方式は，加入者と送受信するデータを交換機のメモリに，パケット単位で一旦蓄積する蓄積交換のため，交換機内での処理が容易となり，各種のサービスを提供することができる．たとえば，各加入者の通信速度に合わせてデータを送受信する通信速度変換，加入者が使用するコードにデータを変換するコード変換，加入者対応の伝送制御手順で送受信するプロトコル変換等の変換処理を提供することができる．このため，異速度，異機種の多様な加入者は，通信相手加入者を意識することなく相互に通信ができる．

(5) 付加サービス

　　加入者と網は通信時，ユーザデータとともに制御情報も授受するので，蓄積交換時に付加サービスを提供することが可能である．付加サービスとしては，同報通信，代行受信，閉域サービス等が挙げられる．

4.4　インターネット接続サービス

4.4.1　ADSL

　インターネットの普及とともにブロードバンドアクセスへの要求が強くなりADSL（Asymmetric Digital Subscriber Line：非対称デジタル加入者線伝送）やFTTH (Fiber To The Home) が普及している．

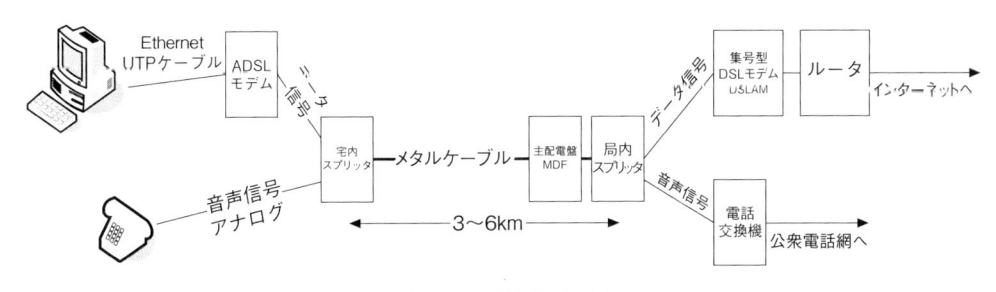

図 4.21　ADSL の構成

　ADSL は，電話局から家庭まで引かれている電話の加入者線（電話用のメタリック回線）を利用した高速デジタル伝送方式 xDSL の 1 つである．ADSL 以外の xDSL には，HDSL (High Bitrates DSL), SDSL (Single Line DSL), VDSL (Very High bitrate DSL) 等がある．ADSL が非対称 DSL と称されるのは，伝送速度が下り（電話局→ユーザ宅）は高速（1.5～12 Mbps 程度），上り（ユーザ宅→電話局）は低速（0.5～1 Mbps 程度）と，通信する方向によりデータ伝送速度が異なるためである．インターネット上のあるサイトを見る場合，まずユーザ側からはサイトのアドレスを送る．その後，サイトから画像などを含んだデータをパソコンに取り込む．すなわち上りでの伝送速度は，下りの伝送速度ほど高速である必要はない．そのためデータ伝送速度が非対称であっても，インターネットを利用する条件には適している．

　図 4.21 に ADSL を利用する構成を示す．ADSL の構成は，ユーザの宅内と電話局側にスプリッタと呼ばれる音声信号とデータ信号とを分離する装置を設置し，電話を利用しながらインターネットも利用できるようにしている．データ信号は ADSL モデムで変調し，電話で利用していない帯域を利用して伝送する．上り方向は周波数の低い帯域，下り方向は周波数の高い領域を利用する周波数分割型全二重方式である．なお，最近では ADSL モデムに宅内スプリッタが内蔵されたものもある．局側には，主配線分配装置 (Main Distributing Frame, MDF) と集合型の ADSL モデム (DSL Access Multiplexer, DSLAM) が設置されている．DSLAM はルータを経由してインターネットに接続されている．

4.4.2　CATV (CAble TeleVision)

　2011 年地上テレビ放送は完全デジタル化に移行された．空く帯域の一部はデータ通信等で活用されている．普及とともにいろいろな技術と設備が開発され，高速なデータ通信サービスとして利用されている．CATV では高い周波数帯域を利用し，ADSL より通信速度がはるかに高い．

　CATV の一般構成は図 4.22 に示すようにいくつかの部分からなる．図 4.22 の ① はケーブルモデムでパソコン，デジタル電話などの情報機器からのデジタル信号をデジタル変調して指定の周波数帯域に変換する．図 4.22 の ② は混合分配器であり，家庭内の同軸ケーブルを分岐する．家庭内のデジタル信号とテレビ信号はここで合流，分岐する．信号は機器保護のための

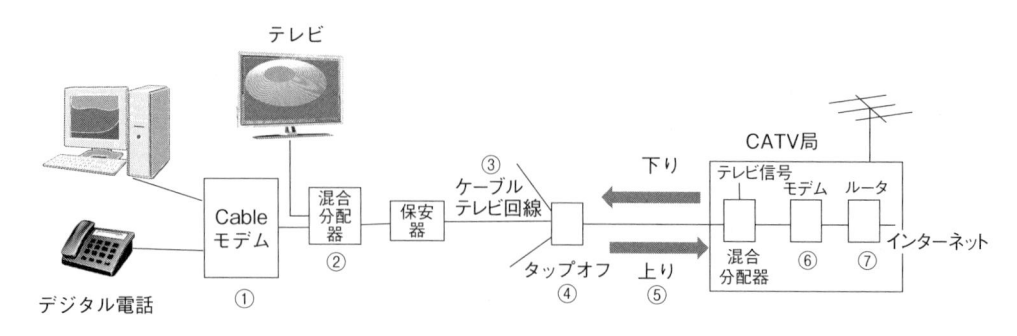

図 4.22 CATV の構成

保安器を通して図 4.22 の ③ テレビ回線に入る．テレビ回線は普通テレビ信号の伝送用の同軸ケーブルであり，高い周波数帯域を通す低減衰という特徴がある．同軸ケーブルは，ADSL で利用される電話線より，ノイズによる影響が小さく，信号減衰しづらいため，より長距離で伝搬できる．

図 4.22 の ④ のタップオフは複数の通信路の情報を合流，分岐する機器である．CATV では複数のユーザがケーブルを共同で利用する．タップオフと図 4.22 の ⑥ の CATV 局のモデルの間はいろいろな通信方式の利用が可能である．たとえば OE 変換して光ファイバを利用して高速通信を実現できる．CATV 局内の混合分配器はテレビ信号と情報信号を分ける．

情報信号は図 4.22 の ⑥ を通してデジタル信号に戻る．図 4.22 の ⑦ はルータであり，こごからインターネットとつながる．CATV におけるデータ通信は同じケーブルで双方向で行われる．テレビ放送のデータ，インターネットの上り，下りはそれぞれ別々の周波数帯域を利用するため，干渉することがない．たた，データ通信の上りは複数のユーザは同じ帯域を利用するため，衝突回避の方法として TDM 方式が採用され，時間はミニスロットに分けられる．

上りで送信したいユーザはミニスロットを予約して送信する．予約情報を制御用のミニスロットにのせてセンターに送る．センターからの下りにある制御情報を見て予約許可を確認できる．その後，予約のタイムスロットを使って上りの通信を行う．当然，複数ユーザは同じ制御用ミニスロットを使って予約情報を送るとき，衝突が発し，ランダム時間を待って再送する必要がある．

4.4.3 FTTH (Fiber To The Home)

FTTH は文字通り，アクセス回線として家庭まで光ファイバを引き込むことにより，家庭とインターネットを高速に接続する方式である（図 4.23）．パソコンは，通常の UTP ケーブルで RJ-45 コネクタを介してメディアコンバータに接続されている．パソコンからの電気信号はメディアコンバータで光信号に変換され，事業者の集線局まで送られる．集線局で，光信号は局内メディアコンバータにより電気信号に変換されるとともに，他のデータと束ねられて，ルータを通してインターネットに接続される．

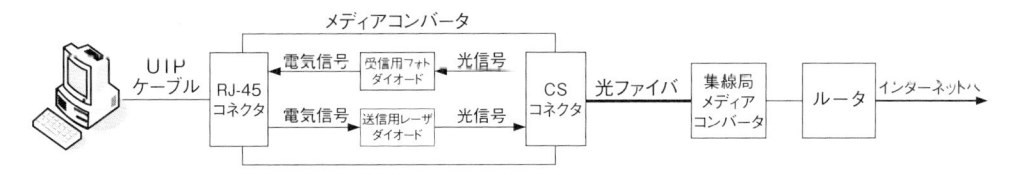

図 4.23 FTTH とメディアコンバータ

　メディアコンバータの内部には，2 種類のダイオードが内蔵されている．電気信号を光信号に変換するレーザーダイオードと光信号を電気信号に変換するフォトダイオードである．レーザーダイオードでは，入力された電気パルス（1 と 0 を表現する電圧の高低）を，対応する光パルス（1 と 0 を表現する光の点滅）として出力する．フォトダイオードは，入力された光パルスを対応する電気パルスに変換する．

演習問題

設問 1　有線伝送路で用いられているケーブルには，平衡形ケーブル，ツイストペアケーブル，同軸ケーブル，光ファイバケーブルがある．各ケーブルの特色と具体的な用途を述べよ．

設問 2　データの送受信の方式には単方向，半二重，全二重方式がある．それぞれの方式について述べよ．

設問 3　デジタルのアナログ伝送に用いられる変調方式には ASK，FSK，PSK がある．各変調方式について述べよ．

設問 4　アナログ信号をデジタル信号に変換するプロセスである標本化，量子化，符号化について述べよ．

設問 5　情報通信の基本的な構成要素である DTE，DCE，通信伝送路の役割について述べよ．

設問 6　蓄積交換方式の特徴を述べよ．

設問 7　パケット交換と回線交換の違いを述べよ．

設問 8　ADSL の特徴を述べよ．

参考文献

[1] 佐藤健一：情報ネットワーク，オーム社 (2011)

[2] 石井 聡： 無線通信とディジタル変復調技術，CQ 出版 (2005)

第5章
データリンク層

―□ 学習のポイント ―

　データリンクはコンピュータシステム間でのデータのやりとりを制御するものである．コンピュータ間では，通信回線を用いるためにノイズなどの外乱によりデータがひずみ，必ずしも正しく送信することはできない．

　データリンクでは，まず必要となるのは誤り検出機能であり，次に誤り回復機能である．

　誤りを検出するためには，送信データに適切な冗長なコードを挿入して行う．典型的な誤り検出をするための方法としてパリティ機能がある．対象となるビットを水平（行）および垂直（列）ごとに2進数の和で偶数または奇数にするものである．より誤り検出の高い方式としては，巡回冗長検査方式がある．誤りが検出できた場合にその誤りを訂正し，回復する必要がある．誤り回復の方法としてはフォワード誤り制御方式とフィードバック誤り制御方式がある．本章では，データリンクの基本となる以下について学ぶ．

- 伝送システムの基本となる誤りの発生確率を学ぶ．
- 伝送誤りの種類とその検出法を学ぶ．
- データリンクプロトコルの基本機能を学ぶ．
- フレーム化技術を学ぶ．

―□ キーワード ―

　データリンク，伝送システム，伝送誤り，訂正符号，パリティビット，巡回冗長検査，逐次確認，HDLC，フレーム，PPP

5.1 データリンクとは

　データリンクとは，第3章で示したOSI参照モデルのデータリンク層で行われる機能であり，送信側のデータを受信側に正しく送るためのものである．具体的にはネットワーク層に対してサービスを提供するにあたって，データリンク層は物理層から提供されるサービスを用いる．データリンク層の主な課題は誤り制御とフロー制御である．

　誤り制御に関しては次節で詳述するが，物理層が行うことは，ビットストリームを受け取り，それを宛先に届けることである．このビットストリームに誤りがないとは限らない．受信され

るビット数は送信されたビット数より少ないかもしれないし，多いかもしれない．また，異なる値を持っているかもしれない．誤りを検出し，必要ならば訂正することはデータリンク層の役割である．

データリンク層（および上位層でも同様）におけるもう1つの重要な課題は，送信側が受信側の受信能力以上にフレームを早く送信してしまう点である．このような状況は，送信側が速い（または負荷の軽い）コンピュータ上で動作し，受信側が遅い（または負荷の重い）マシン上で動作している場合に生じやすい．送信側は，受信側が完全に受信したフレームであふれてしまうまでフレームを速い速度で送り出し続ける．たとえ伝送に誤りがなくても，ある時点で受信側は到着するフレームを処理しきれなくなって，受信フレームが廃棄されてしまう．

これを防ぐためにフロー制御 (flow control) 機構を導入して，送信側が送信の調整をすることにより，受信側が確実にデータを受信できるようにする．この調整には，受信側が追いつくことができるかどうかを送信側に知らせる何らかのフィードバック機構が必要となる．

フロー制御は，データリンク層に限らず，ネットワーク層，トランスポート層でも行われる．基本的な機能として，送信側が次のフレームをいつ送り出してよいかを通知する．この場合，受信側は暗黙にまたは明示的に許可を与えるまでフレームを送ることを禁じている．

5.2　誤り制御

5.2.1　伝送システムモデル

コンピュータ A からコンピュータ B にデータを送る場合，必ずしもそのままのデータが正確に伝わらず，途中で誤りが発生してしまうことが多い．誤りを考慮した伝送システムモデルを図 5.1 に示す．

伝送システムにおいては，コンピュータシステムのハードウェア故障によって生じる誤り発生より，かなり高い頻度で誤りが発生する．通常，コンピュータ内部回路のビット誤り率は 10^{-15} より小さい．光ファイバリンク上では平均誤り率はおよそ 10^{-9} といわれ，平均して伝送される 10^9 ビットの内 1 ビットはひずみが発生する．また，その値はハードウェア回路の 106 倍も多い．さらに，同軸ケーブル上でのビット誤り率はおよそ 10^{-6} であり，公衆電話回線では $10^{-4} \sim 10^{-5}$ である．

誤り率 10^{-15} と 10^{-4} ではかなりの差がある．伝送回線上のビット誤り率 10^{-15} は，今日の

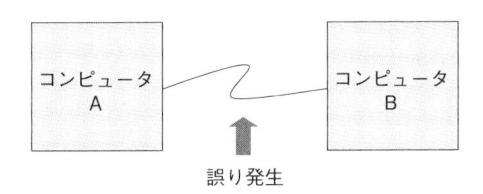

図 5.1　伝送システムモデル

伝送技術では測定できないほど小さく，9600 bps では，3303 年の連続運転で 1 回の 1 ビット誤りが生じる程度である．一方，同じ 9600 bps のデータ速度で，10^{-4} の誤り率では平均して 1 秒に 1 回のビット誤りが生じる．

　図 5.1 の伝送システムモデルを，論理的に離散無記憶型伝送モデルとして定義する．誤り率が p であるような伝送路上でデータ送信ビットに対して誤りは一様分布すると仮定して，図 5.2 に示すようにモデル化する．正しく送信される確率 q は (5.1) 式で表される．

$$q = 1 - p \tag{5.1}$$

また，n 個の連続したビットの誤り率 cp は (5.2) 式で表される．

$$cp = p^n \tag{5.2}$$

さらに，どれか 1 つでも間違う確率 op は (5.3) 式で表される．

$$op = 1 - q^n = 1 - (1-p)^n \tag{5.3}$$

このような伝送路に対するモデルは離散無記憶型である．この伝送路は，デジタル的に信号レベルを認識するので離散型と呼ばれ，また，誤り率が前に起こった誤りとは関係なく独立に生ずると仮定されるから無記憶型と呼ばれる．ビット誤り率が信号レベル（0 または 1）の両方とも同じであると仮定しているので，図 5.2 に示す伝送路は対称型伝送路とも呼ばれる．

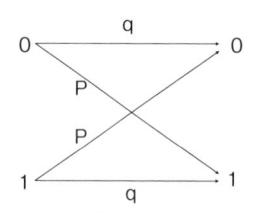

図 5.2　離散型無記憶伝送モデル

5.2.2　伝送誤りの種類

　各種の誤りがデータ送信時に生ずる．最も典型的な伝送誤りとしては，挿入，削除，重複，ひずみ，順序の狂い等がある（図 5.3）．

　データの挿入とは，送信しないデータが間違えて挿入されてしまうものである．データの削除とは，送信したデータが何らかの理由で削除され，喪失してしまうことである．データの重複とは，同じデータを重なって受信することである．ひずみとは，送信データの信号レベルがひずんで，正しく送られないことである．順序の狂いとは，送信したデータがネットワークの

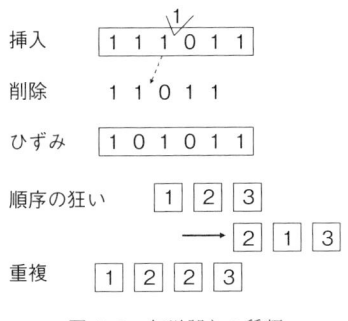

```
挿入      [1 1 1̇ 0 1 1]
                  ¹
削除      [1 1 0 1 1]

ひずみ    [1 0 1 0 1 1]

順序の狂い  [1][2][3]
            → [2][1][3]

重複      [1][2][2][3]
```

図 5.3 伝送誤りの種類

中で順序が入れ替わって，遅く送ったものが早く着いてしまうことを意味する．

データの挿入と削除は，送信側と受信側との一時的な同期ミスによって起きる．削除誤りはフロー制御ミスによっても生ずる．たとえば，受信側は受信メッセージを蓄えるバッファを使い果たしてしまって，次にくるメッセージを受け取れない場合がある．また，データの重複は送信側の再送プロトコルによって発生する．データが複数のネットワークを通る際に各種のルートを通ると，データの順序の狂いが発生する場合がある．

このような誤りに関して誤り検出，回復処理が必要となる．

5.2.3 訂正符号

誤りは，メッセージに冗長なデータを付加することによって検出することができる．メッセージが正しく送られてきたかどうかは，送信側で付加された冗長なデータを検査することによって，受信側はそのメッセージの正しさを確認することができる．

誤ったデータは何らかの方法により受信側で訂正しなければならない．誤りを訂正するための方法として，フォワード誤り制御 (forward error control) とフィードバック誤り制御 (feedback error control) の方法がある．

フォワード誤り制御は誤り訂正に十分なデータを付加することによって，受信側はひずんだ信号からメッセージを元の正しいメッセージに戻す方式である．付加するデータを誤り訂正符号と呼ぶ．

フィードバック誤り制御はひずんだメッセージに対して誤り検出符号を使用し，正しいメッセージを再送する．再送要求は，受信側から送信側に明示的に否定確認メッセージを送信したり，誤り率が十分低いときにはデータを確かに受け取ったことを示す肯定確認メッセージを受信しないことによる．この場合，受信側は単にひずんだデータを無視し，送信側が（受信側からの）データ受信の確認を待つ時間がタイムアウトすることによりメッセージが再送されるのを待つ．

誤り制御は伝送路の誤り率を低くすることを目的としているが，誤りをすべて発見することは困難であり，必ず見逃し誤り率が存在する．

確率 p が極めて小さい場合は誤り訂正符号は一般に意味がなく，単にデータ転送を遅くするだけである．逆に p が 1 に近ければ，ほとんどすべてのメッセージを再送しなければならないために，再送方式は不適切である．もちろん，例外はある．もし p が小さいけれども再送コストが高い場合には，フォワード誤り制御方式が有効である．また，よく起きる誤りに関しては訂正符号を用い，あまり生じない誤りに関しては再送方式をとるなどのフォワード誤り制御とフィードバック誤り制御の組合せが適切な場合がある．

通常，1つのフレームは m ビットのデータ（すなわちメッセージ）と r ビットの冗長語（すなわちチェックビット）から構成されている．データとチェックビットを含む全体を符号語 (codeword) と呼び，符号語の長さが n（すなわち $n = m + r$）ビットの場合を n ビット符号語と呼ぶ．

また，符号化レート cr は (5.4) 式で表される．

$$cr = m/(m+r) = m/n \qquad (5.4)$$

10001001 と 10110001 という 2 つの符号語を考えた場合，何個の対応するビットが異なっているか計算することができる．この場合には 3 ビット異なっている．何ビット異なっているか知るためには，単に 2 つの符号語の排他的論理和をとり，その結果に含まれる 1 のビットの数を数えればよい．たとえば，この場合は，

```
  10001001
  10110001
─────────
  00111000
```

となる．この 2 つの符号語が異なるビット位置の数を，ハミング距離 (Hamming distance) と呼ぶ．もし 2 つの符号語がハミング距離 d だけ離れていれば，片方の符号語がもう一方の符号語になってしまうのは d 個の 1 ビット誤りによることを意味する．

符号の誤り検出および誤り訂正は，ハミング距離に依存している．d 個の 1 ビット誤りがある符号語を他の符号語に変化させることはできないため，d 個の誤りを検出するためにはハミング距離 $d+1$ の符号が必要である．受信者が存在しないはずの符号語を見つけた場合，伝送誤りが生じたことになる．同様に正当な符号語同士は十分に離れているので，たとえ d 個の誤りがあっても元の符号語の方が他の符号語よりも近く，唯一に決定することができる．よって，d 個の誤りを訂正するためには $2d+1$ のハミング距離を持った符号が必要である．

誤り検出符号の簡単な例として，単一のパリティビット (parity bit) がデータに付加された場合を考える．パリティビットは，符号語の中の 1 のビットが偶数（または奇数）となるように選ばれる．たとえば 1011010 が偶数パリティで送られるときには，1 ビットを後ろに追加して 10110100 となる．奇数パリティでは 1011010 は 10110101 となる．1 ビットのパリティビットを持つ符号では，1 ビット誤りはパリティの存在しない誤った符号語を生じるので，距離 2 である．単一ビットの誤りを検出するために用いることができる．

誤り訂正符号の簡単な例として，次の 4 つの符号語を存在する場合を考えてみる．

0000000000, 0000011111, 1111100000, 1111111111

この符号はハミング距離 5 を持ち，2 個の誤りを訂正することができる．もし符号語 0000000111 を受信すると，受信者は発信元の符号語が 0000011111 であろうということがわかる．しかし，3 個の誤りによって 0000000000 が 0000000111 になってしまうと，誤りを訂正することはできない．

転送するメッセージにおいて，複数のビットが同時に誤る確率が十分低い場合には，図 5.4 に示すように，送信データにパリティ検査符号を付加するだけでよい．すなわち，各メッセージに対してメッセージ内のモジュロ 2 合計が 1 または 0 になるようなビットを追加する．モジュロ 2 合計が 0 のときは偶数パリティと呼び，モジュロ 2 合計が 1 のときを奇数パリティと呼ぶ．

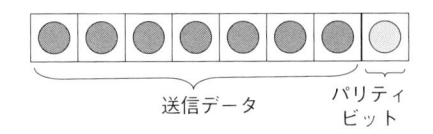

図 5.4　パリティビット

	0	1	2	3	4	5	6	7
0	NULL	DLE	SP	0	@	P	`	p
1	SOH	DC1	!	1	A	Q	a	q
2	STX	DC2	"	2	B	R	b	r
3	ETX	DC3	#	3	C	S	c	s
4	EOT	DC4	$	4	D	T	d	t
5	ENQ	NAK	%	5	E	U	e	u
6	ACK	SYN	&	6	F	V	f	v
7	BELL	ETB	'	7	G	W	g	w
8	BS	CAN	(	8	H	X	h	x
9	HT	EM	)	9	I	Y	i	y
A	LF	SUB	*	:	J	Z	j	z
B	VT	ESC	+	;	K	[	k	{
C	FF	FS	,	<	L	\	l	¦
D	CR	GS	-	=	M	]	m	}
E	SO	RS	.	>	N	^	n	~
F	SI	US	/	?	O	_	o	DEL

図 5.5　ASCII コード表

	D	A	T	A	LRC
1ビット目	0	1	0	1	0
2ビット目	0	0	0	0	0
3ビット目	1	0	1	0	0
4ビット目	0	0	0	0	0
5ビット目	0	0	1	0	1
6ビット目	0	0	0	0	0
7ビット目	1	1	1	1	0
VRC	0	0	1	0	1

図 5.6 水平・垂直パリティ

この場合，メッセージを送る上でのオーバヘッドは，単に 1 メッセージ当たり 1 ビットだけである．もし，検査ビットを含む送信ビットが伝送路でひずんでしまうならば，受信側でのパリティの結果は正しくなくなり，伝送誤りが検出できる．

1 次元のパリティ検査は，単一誤りを検出できるが，このパリティ検査を誤り検出だけでなく，誤りを訂正するように拡張することができる．7 ビットのビット系列は，各ビット系列でビット値が 1 である個数が偶数になるように 1 ビット拡張される．

パリティビットの付け方には，水平冗長検査 (Longitudinal Redundancy Check, LRC) ビットと，垂直冗長検査 (Vertical Redunduncy Check, VRC) ビットがある．水平冗長検査は，水平方向，そして，垂直冗長検査は，垂直方向にパリティビットを付加するものである．

図 5.5 に ASCII 符号のコード表を示す．ASCII 符号は，特殊記号，大文字・小文字の英字および数字を表すもので，最上位ビットの 8 ビットには，パリティビットが付加されるものである．

図 5.6 に ASCII 符号の文字列「DATA」の例を示す．横の列のパリティ検査が水平冗長検査であり，そのパリティビットを水平パリティビットと呼ぶ．また，縦の列のパリティ検査が垂直冗長検査であり，そのパリティビットを垂直パリティビットと呼ぶ．

5.2.4 巡回冗長検査

1 次元のパリティ検査ではモジュロ 2 合計を利用しているため，偶数個の誤りが発生すると検出することができない．さらに，より品質の高い 2 次元の水平・垂直パリティにおいても，図 5.7 に示すようなパターンは誤りを検出することができない．

このため，伝送誤りの最もよい検出可能な方法として，生成多項式による除算を基にする巡回冗長検査方式が開発された．標準化されている生成多項式として，次のものがある．

$$\text{CRC-12} = x^{12} + x^{11} + x^3 + x^2 + 1$$
$$\text{CRC-16} = x^{16} + x^{15} + x^2 + 1$$
$$\text{CRC-CCITT} = x^{16} + x^{12} + x^5 + 1$$

	D	A	T	A	LRC
1ビット目	0	1	0	1	0
2ビット目	0→1	0	0→1	0	0
3ビット目	1	0	1	0	0
4ビット目	0	0	0	0	0
5ビット目	0→1	0	1→0	0	1
6ビット目	0	0	0	0	0
7ビット目	1	1	1	1	0
VRC	0	0	1	0	1

図 5.7 誤り検出できないパリティ検査

多項式の最も高い次数は 16 であり，この符号は 16 ビット以下のすべてのバースト誤りを検出する．モジュロ 2 の算術では，この多項式は以下のように書かれる．

$$(x+1) \times (x^{15} + x^{14} + x^{13} + x^{12} + x^4 + x^3 + x^2 + x + 1)$$

ここで，因数 $x+1$ による積の任意の多項式は偶数の項（すなわち，ゼロでないビット）を持っている．このことは，伝送誤りが発生した奇数個の項を持つ任意の多項式 E が，$x+1$ で割り切れずに検出されることを示している．この理由のために，ほとんどの標準の生成多項式は少なくとも因数 $x+1$ を持っている．CCITT の多項式は，すべての 2 重ビット誤り，17 ビットのバースト誤りの 99.997 %，17 ビット以上のバースト誤りの 99.998 %を見つけることを示している．

ここで示した 3 つの多項式は，すべて $x+1$ を主因子として含んでいる．CRC-12 は文字長が 6 ビットである場合に用いられる．残り 2 つは 8 ビット文字に用いられる．CRC-16 や CRC-CCITT のような 16 ビットチェックサムは，すべての 1 ビットおよび 2 ビット誤り，誤ったビット数が奇数であるすべての誤り，長さ 16 以下のすべてのバースト誤り，17 ビット誤りバーストの 99.997 %，そして 18 ビット以上のバーストの 99.998 %をとらえる．

この巡回冗長符号を計算するアルゴリズムは次の通りである．

① r を $G(x)$ の次数とする．長さ m のフレームの最下位に 0 のビットを r 個付加して，全体で $m+r$ ビットとし，$x^r M(x)$ を表すようにする．
② $x^r M(x)$ を表すビット列を $G(x)$ を表すビット列で 2 の剰余系における割り算を用いて割る．
③ $x^r M(x)$ を表すビット列から 2 の剰余系における減算を用いて余り（常に r 個以下のビットを持つ）を引く．結果が送信すべき巡回冗長符号を付けたフレームである．これを $T(x)$ と呼ぶ．

図 5.8 に生成多項式 $G(x) = x^4 + x + 1$ を用いたフレーム 1101011011 に対する計算を示す．$T(x)$ が $G(x)$ で（2 の剰余系で）割り切れるので，これ以外の値が受信された場合には，誤りが発生したことになる．

```
フレーム：1101011011
生成t多項式：10011

4つの0ビットを付加した後のメッセージ：11010110110000
                        1100001010
        10011 ) 11010110110000
                10011
                 10011
                 10011
                  00001
                  00000
                   00010
                   00000
                    00101
                    00000
                     01011
                     00000
                      10110
                      10011
                       01010
                       00000
                        10100
                        10011
                         01110
                         00000
                          1110      ←余り

送信するフレーム：11010110111110
```

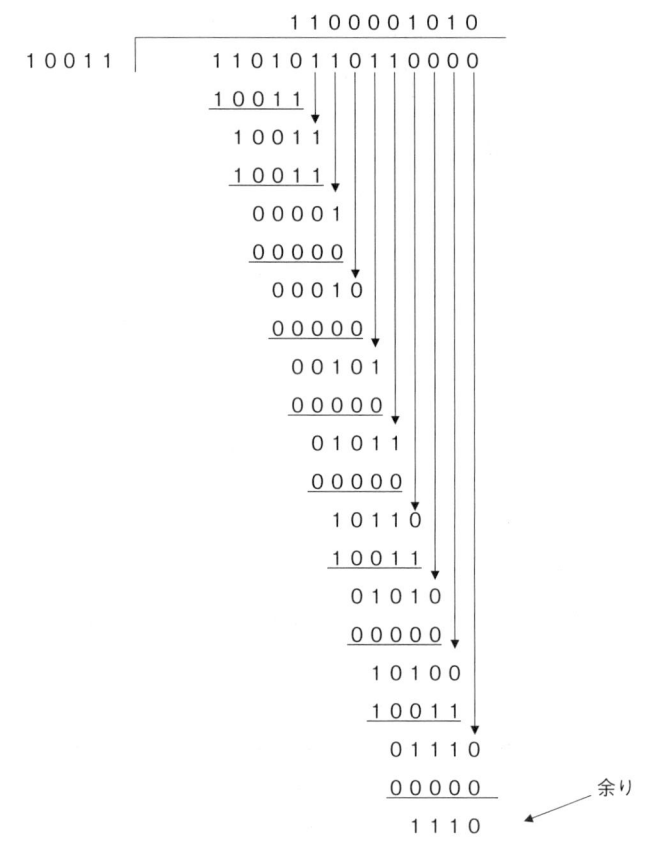

図 5.8 多項式符号のチェックサムの計算

5.3 データリンクプロトコル

データリンクプロトコルの基本機能は，誤り制御とフロー制御である．ここでは，フィードバック誤り制御に基づく ARQ（Automatic Repeat reQuest：自動再送要求）に焦点を当てて説明する．説明を容易にするため，図 5.9 に示すように一連の順序番号の付いたメッセージを送信する場合を例に説明する．

(1) 逐次確認プロトコル

送信者がフレームを 1 つ送ると，先に進む前に確認通知を待つプロトコルを逐次確認プロトコル (stop-and wait protocol) と呼ぶ（図 5.10）．

図 5.9　連続メッセージ転送　　　　　図 5.10　逐次確認プロトコル

このプロトコルでは，メッセージごとに誤り制御とフロー制御を行うため，確実な転送ができる．しかし，各メッセージに1つの応答メッセージが必要であり，応答メッセージがこない限り次のメッセージを送ることができないので，転送効率はよくない．

(2)　一括応答プロトコル

送信者が複数のフレームを送った後に，一括して確認通知を行うプロトコルを一括応答プロトコル (blast protocol) と呼ぶ（図 5.11）．このプロトコルでは，複数のメッセージをまとめて応答するものであるため，転送効率はよいが，途中で誤りが生じたときや，メッセージを受けきれないときの処理が別途必要となる．

(3)　誤り回復制御プロトコル

一括応答プロトコルにおいては，誤ったメッセージをどのように再送するかが問題となる．図 5.12 の例では，メッセージ 4 を受け取ったときにメッセージ 3 が誤ったことを知り，誤り通知メッセージを発信する．このとき，すでに次のメッセージ 5 が送信されていることを示している．

この場合の1つの解決方法は一括再送 (go back n) 方式と呼ばれ，図 5.12 に示すように，一括再送誤り (REJ) メッセージを送り，送信元は誤ったメッセージ以降のメッセージを再送することである．

もう1つの解決方法は選択的再送 (selective repeat) 方式と呼ばれ，図 5.13 に示すように，選択的再送誤り (SREJ) メッセージを送り，誤り通知のあったメッセージだけを再送するもの

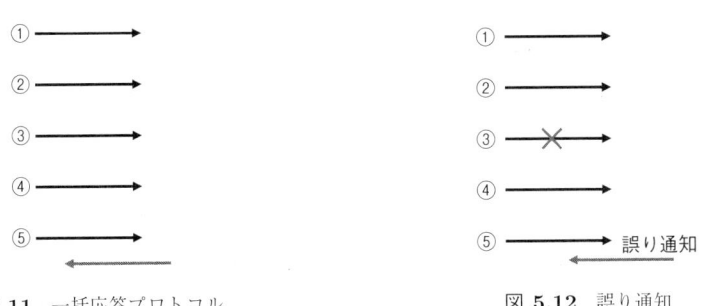

図 5.11　一括応答プロトコル　　　　　図 5.12　誤り通知

図 5.13　一括再送

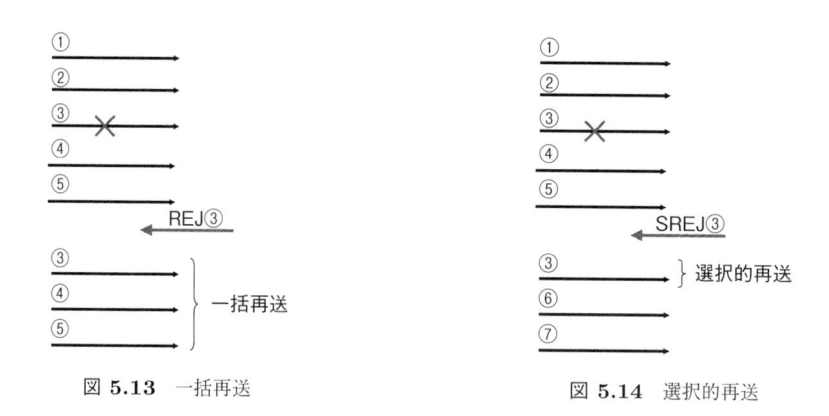

図 5.14　選択的再送

である．

　一括再送方式では，受信側は誤ったメッセージ以降のメッセージを保存しておく必要がないために実装が容易であるが，正しく送ることができたメッセージも再送してしまうために転送効率はよくない．

　一方，選択的再送方式は誤ったメッセージ以降の正しいメッセージも保存しておく必要があり，必要以上に受信側のメモリを要する場合がある．しかしながら，衛星通信のように応答時間がかかるときには，一括再送方式では再送メッセージが多くなることがあり，このようなときには選択再送方式が有効となる．

　データフレームと制御フレームを同一の回路上に混合することで，2つの物理回路を持つのに比べて改善はされるが，さらなる改善が可能である．データフレームが到着すると，直ちに個別の制御フレームを送信するのではなく，受信者はネットワーク層が次のパケットを渡してくれるまで待つ．確認通知は出力データフレームに付加される（フレームヘッダの ack フィールドを用いる）．事実上，確認通知は次の出力データフレームの中に入れられる．出力確認通知を一時的に遅延させて次の出力データフレームに入れる技法は，ピギーバック（piggybacking：相乗り）として知られている．

5.4　データリンクプロトコルの事例

　データリンクプロトコルとして最初に標準化されたプロトコルは，基本型データ伝送制御手順であり，1975 年，JIS C 6362:1975[1] として日本工業規格に登録された．この基本型データ伝送制御手順は，通常は単にベーシック手順と呼ばれている．また，この手順は IBM 社が開発した BSC（Binary Synchronous Communications：2 進データ同期通信）手順が基になっている．

　基本型データ伝送制御手順は，文字データを送るために 10 個の伝送制御文字の適当な組合せによって伝送制御手順を定めており，情報メッセージの転送を行う．

　しかしながら，この方式は ASCII 文字列を基にしていたためバイナリデータの送受信には

適しておらず，ハイレベルデータリンク制御手順が開発された．このHDLCは現在ほとんど使用されなくなってきているが，その技術を基に，インターネットワーク用にPPP，そして，イーサネットLAN用IEEE 802におけるMAC/LLCが開発された．

イーサネットにおけるデータリンク層に関しては第6章で論じており，ここではベースとなったHDLC手順と現在インターネットアクセスに用いられているPPPに関して述べる．

(1) HDLC手順

ハイレベルデータリンク制御（High-level Data Link Control：以下，HDLCと略す）手順は，IBMが開発したSDLC (Synchronous Data Link Control)を基に，ISOによって標準化された方式であり，日本においてJIS化されている [2]．HDLC手順は，次に示すような特徴を有している．

① ビット指向の伝送

HDLC手順はビット指向の伝送手順で，伝送制御コードと送受信する情報は完全に独立している．すなわち，任意のビットパターンの情報を伝送することが可能となっている．

② 連続転送

HDLC手順では，フレームに順序番号を付与して連続転送を可能にした．すなわち，1つのフレームに対する応答を確認する前に後続のフレームを送信することができ，かつそれらに対して一括応答が可能となっている．

さらに，情報フレームに相手局から受信したフレームに対して確認情報をピギーバック（相乗り）させることもできる．

③ 高信頼性

HDLC手順ではすべてのフレームに対して，16ビットのCRC (Cyclic Redundancy Check)ビットが付加され，伝送の高信頼性を保証している．16ビットのCRCにおける1ビットの見逃し誤り率は10^{-10}といわれており，32ビットの場合はさらに4，5桁性能が向上する．

HDLC手順の伝送単位であるフレームの構成は，図5.15に示すようにフラグシーケンス，アドレスフィールド，制御フィールド，情報フィールドおよびフレーム検査シーケンスからなり，情報フィールドはない場合もある．

フラグシーケンスのビットパターンは"01111110"である．アドレスフィールドは通信する相手を指定するために用いる．制御フィールドはコマンド／レスポンス種別，順序番号などの制御情報を示す．情報フィールドには送信すべきデータが設定される．フレーム検査シーケンスはCRCに基づき，フレーム誤りを検出する．

(2) PPP

インターネットアクセスするためにデータリンクプロトコルは，当初基本型データ伝送制御

```
┌─┬─┬─┬───┬───┬─┐
│F│A│C│ I │FCS│F│
└─┴─┴─┴───┴───┴─┘
```
　　　　F：フラグシーケンス（8ビット：01111110）
　　　　A：アドレスフィールド（8ビット）
　　　　C：制御フィールド（8ビット）
　　　　I：情報フィールド（任意の長さ）
　　　FCS：フレーム検査シーケンス（16ビット）

図 5.15　HDLC フレーム形式

手順をベースにした SLIP（Serial Line Internet Protocol：シリアル回線インターネットプロトコル）が用いられていたが，誤り検出など改良された PPP（Point-to-Point Protocol：ポイントツーポイントプロトコル）が用いられるようになってきた．

　PPP は HDLC に類似しているが，バイト単位で制御をしている．PPP のプロトコルフォーマットに関しては，次の 5.5 節で述べるが，HDLC はアドレスフィールドと制御フィールドが固定であり，情報フィールドがプロトコルとペイロードとなっている．この PPP は，SONET は ADSL 上などで用いられている．

5.5　フレーム化

　データリンク層において送るデータ単位はフレームと呼ばれ，データリンク制御プロトコルはフレームをベースに行われる．フレーム化において通常用いられる手法は，データリンク層がビットストリームをフレームに区切って，それぞれのフレームに対する検査符号を前節で述べたように計算することである．フレームが宛先に着いたときに，検査符号が再計算される．新しく計算された検査符号がフレーム内のものと異なれば，データリンク層は誤りが起こったこととなり，それに対応すべき処理を行う（たとえば正しくないフレームを破棄し，多くの場合さらに誤り通知を送り返す）．ビットストリームをフレームにすることは簡単ではない．このフレーム化 (framing) を行うためには，通常の文章における単語の間のスペースと同様に，フレームの間に時間間隔を挿入すればよい．しかしながら，ネットワークはタイミングに関してほとんど何の保証もしないので，伝送中にこれらの間隔が詰められたり他の間隔が挿入されたりする可能性があり，現実的な方法ではない．

　このため，以下に示すようなフレーム化の方法がある．

(1)　バイト数方式

　ヘッダの中のフィールドの先頭にフレームの長さを示すバイト数を入れ，その長さで示されたところまでがそのフレームであり，その後にまたフレームの長さが続く方式である（図 5.16）．しかしながら，この方法はバイト数を示す値に誤りが発生するとその後のフレームを正しく受け取れなくなってしまう問題点がある．

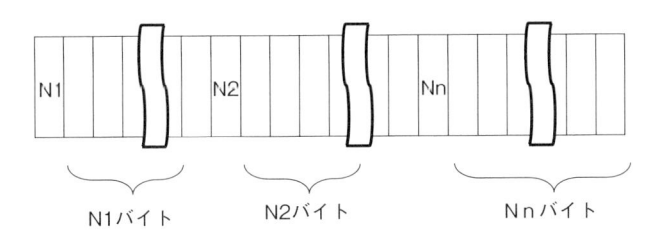

図 5.16　バイト数によるフレーム化

約束事：送信側：5ビット連続1の直後に0を挿入
　　　　受信側：5ビット連続1の直後の0を削除

送りたいデータ 011111100111111100011110

送信データ
01111110|011111000111110100011110 0|1111110

フラグ(01111110)を除く
5ビット連続1の後の0を除く

受信データ　　011111100111111100011110

どのようなビットも送ることができる

図 5.17　ビット詰め

(2) ビット詰めに伴うフラグパターン方式

2番目のビット詰め法では，データフレームが任意の数のビットを格納することができ，文字当たり任意の数のビットを持つ文字符号を用いることができる．これは次のように動作する．

各フレームは特別なビットパターン 01111110（フラグバイト）で始まり，同一のフラグバイトで終わる．送信側のデータリンク層はデータ中の5つの連続した1を見つけると，出力ビットストリーム中に自動的に0のビット詰めをする．

受信側は，5つの連続する1のビットの後に0のビットがくると，自動的に0のビットの詰め物を除く（すなわち削除する）．バイト詰めが両方のコンピュータのネットワーク層からは完全に透過なように，ビット詰めもネットワーク層とは透過である．もし，ユーザのデータにフラグパターン 01111110 が含まれていると，このフラグは 011111010 として伝送されるが，受信側のメモリには 01111110 として格納される．図5.17にビット詰めの例を示す．

ビット詰めを用いれば，2つのフレームの境界はフラグパターンにより確実に識別される．

なお，ビット1が6個続いた場合はフラグシーケンスであるが，7個以上，14個以内の場合は放棄パターンを示し，それ以上の場合は，チャネルは休止状態になり，相手局が伝送を終結したことを示す．放棄パターンは，フレームを途中で放棄するために用いられる．この方式は，HDLC手順において採用されているものである．

(3) バイト詰めを伴うフラグバイト方式

バイト詰め法は，(2)と同様に，それぞれのフレームが特別なバイトで始まり，特別なバイトで終わるようにすることで，誤りが起こった場合の再同期を可能とするものである．

この方法では，オブジェクトプログラムや浮動小数点のようなバイナリデータを伝送しようとするときに問題が生じる．フラグバイトのビットパターンがデータの中に現れた場合，このデータは，フレーム化に用いるフラグと解釈されてしまう．この問題を解決する1つの方法は，送信側のデータリンク層がデータ中に「たまたま」現れるフラグバイトの直前に特別なエスケープバイト (ESC) を挿入することである．受信側のデータリンク層はネットワーク層にデータを渡す前にエスケープバイトを削除する．この技法をバイト詰め (byte stuffing) あるいは文字詰め (character stuffing) と呼ぶ．したがって，フレーム化のためのフラグバイトは，その前にエスケープバイトがあるかないかでデータ中のものと区別される．

次の疑問は，データの中にエスケープバイトが現れたら何が起こるかである．答えは，それもまたエスケープバイトで詰める．したがって，単一のエスケープバイトはエスケープシーケンスの一部であり，2個連続のエスケープバイトは単一のエスケープがデータ中に現れたことを示す．図5.18にいくつかの例を示す．どの場合においても，詰めを取り除いた後に宛先に届けられる．

このフレーム化手法の問題点は，8ビット文字を用いることに強く結び付いていることである．すべての文字コードが8ビット文字を用いているわけではない．たとえばUNICODEは16ビット文字を用いている．ネットワークが発展するにつれて，文字符号長をフレーム機構に埋め込むことの欠点が次第に明らかになってきたので，任意の長さの文字を用いることができる新しい技法を開発する必要があった．

このバイト詰め方式にはもう1つの方式があり，これはインターネットで使用されているPPP (Point-to-Point Protocol) で用いている方式である．PPPはバイト詰めを用い，すべてのフレームは整数バイト長である．

PPPのフレーム形式を図5.19に示す．すべてのPPPフレームは標準HDLCフラグ・バイトである0x7E (01111110) で始まる．フラグ・バイトおよびエスケープ・バイト 0x7D がペイロード (Payload) フィールドに現れるときにはエスケープ・バイトを用いて詰められる．そ

元の文字列　　　　　　　　　　　バイト詰め後

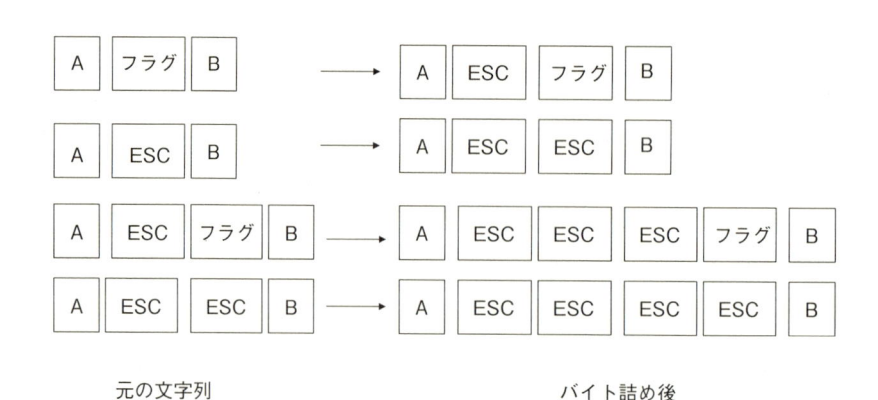

図 5.18　バイト詰め手法

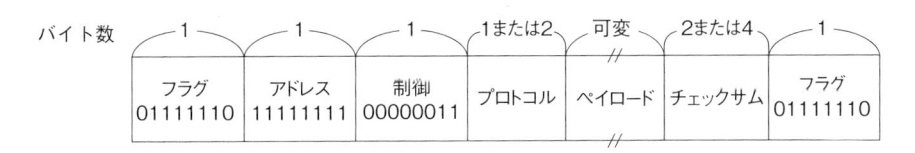

```
バイト数   1      1       1     1または2  可変   2または4    1
        ┌─────┬──────┬──────┬───────┬─────┬──────┬─────┐
        │フラグ │アドレス│ 制御  │プロトコル│ペイロード│チェックサム│フラグ │
        │01111110│11111111│00000011│        │         │          │01111110│
        └─────┴──────┴──────┴───────┴─────┴──────┴─────┘
```

図 5.19 PPP フレーム・フォーマット

れに続くバイトは，エスケープされたバイトと 0x20 の排他的論理和，すなわち左から 3 番目のビットが反転される．たとえば，0x7D 0x5E はフラグ・バイト 0x7E に対するエスケープ・シーケンスである．これにより，フレームの始まりと終わりは単に 0x7E のバイトを走査することで探すことができる．なぜなら他の場所には現れないからである．フレームを受信する際の詰め戻し規則は，0x7D を探してそれを取り除き，続くバイトと 0x20 の排他的論理和をとることである．また，フレーム間のフラグ・バイトは 1 つだけあればよい．送信すべきフレームがないときに回線を埋めるのに複数のフラグ・バイトを用いることができる．

(4) 物理媒体符号化法

4 番目の物理媒体符号化法は，物理媒体上の符号化方式が何らかの冗長性を持っている場合に限って適用可能である．たとえば，ある LAN では 1 ビットのデータを 2 つの物理ビットに符号化する．通常，1 のビットは高─低の対であり，0 のビットは低─高の対である．この方式は，すべてのデータビットが中央で変化することを意味し，受信側でビット境界を見出すことが簡単になる．高─高および低─低の組合せはデータでは用いないが，いくつかのプロトコルにおいてフレームを区切るのに用いられる．

演習問題

設問 1 伝送誤りには，どのような種類があるか．それぞれの誤りの種類について説明せよ．

設問 2 誤り率が 0.1 の時，次の確率の値を求めよ．
(1) 1 ビット，正しく送ることができる確率
(2) 3 ビット連続して誤る確率
(3) 3 ビット送信して，いずれかの 1 ビットが誤る確率

設問 3 単一のパリティの付加では誤りが見つけることができない事例を述べよ．

設問 4 誤り回復における一括再送と選択的再送について，長所と短所を述べよ．

設問 5 ビット列 "01011111 11001111 01000000" をビット詰めせよ．

設問 6 次の文字列を ESC 方式によりバイト詰めせよ．
FLAG   FLAG   A   Y   ESC

設問 7 次のバイト列（ビット表示）を PPP により，バイト詰めし，実際に送信されるバイト列をビット表示せよ．
01111110 01000001 01011001 01111101

設問 8 文字列 "NETWORK" の水平・垂直パリティを求めよ．
なお，文字列のコードは，次のような ASCII コードとし，C から X は，下記から補完して求めよ．最左端のビットがパリティビットである．
A：01000001   B：01000010   ———   Y：01011001   Z：01011010

参考文献

[1] 日本規格協会：基本型データ伝送制御手順 (JIS X 5002:1975)
[2] 日本規格協会：システム間の通信及び情報交換—ハイレベルデータリンク制御 (HDLC) 手順 (JIS X 5203:1998)
[3] A. S. タネンバウム・D.J. ウエザロール 著，水野忠則ほか 訳：コンピュータネットワーク第 5 版，日経 BP（2013）
[4] RFC1661: The Point-to-Point Protocol(PPP) (1994)

第6章
LAN技術

□ 学習のポイント

　LANを構成するネットワークの形状（トポロジー）はネットワークの利用形態およびアクセス方式とかかわっている．これらの形状のネットワークでは，単一伝送路がネットワーク全体のノードによって共用される．したがって，このような特徴を持つLANでは，共用される伝送路へのアクセスを制御するためのメディアアクセス制御 (MAC) プロトコルが必要となる．LAN誕生以来，バスとリング型等のLANが開発され，今は多くのLANがイーサネットワークに定着してきた．LANにおけるメディアアクセス制御プロトコルとして，バス型LANではCSMA/CDとトークンパッシングの多重アクセス制御方式があり，中でもCSMA/CDが最も共通的に使用されている．また，有線系のLANに加えて無線系のLANがモバイル通信の一形態として注目されており，有線系のLANと併存する形態で利用されている．さらに，イーサネットの高速化によるマルチメディア通信への対応として100Mイーサネット（ファーストイーサネット），ギガイーサネットなどが高速LANとして普及している．スイッチなどのネットワーク機器によってVLANが実現でき，柔軟にネットワーク構築，管理ができる．個別の物理ネットワーク間で情報交換するために相互接続する必要があり，ルータ，ゲートウェイが用いられ，実現される．

- LANの形態と基本構成を理解する．
- クラシックイーサネットとスイッチ型イーサネットの基本構成を理解する．
- 複数ユーザがメディア共有するためにメディアアクセス制御プロトコルが必要となり，各種LANにおけるメディアアクセス制御プロトコルおよび相違を理解する．
- LANのトラフィックの分割に利用されるLANスイッチの機能およびVLAN方式を理解する．
- インターネットワーキングにおいて中継機器ブリッジ，ルータ，ゲートウェイの役割および相違を理解する．

□ キーワード

　LAN，イーサネット，CSMA/CD，VLAN，ハブ，スイッチ，ブリッジ，ルータ，ゲートウェイ

　現在のLANの基礎となった最初のLANは，1973年に米国Xerox PARCで開発された3 Mbpsのイーサネットである．その後，一時期，パソコンの登場とともにパソコン用LANが開発されたが，現在では100 Mbpsや1 Gbpsのイーサネットが標準的になり一般家庭にまで

普及している．本章では，代表的な LAN の構成，動作原理およびインターネットワーキング技術について述べる．

6.1 LAN の概要

　LAN は組織内で利用されるネットワークである．LAN における課題の 1 つは複数のノードが相互に情報交換できるようにいかに通信ケーブルを配置するかということである．図 6.1(a) に示すように，複数のノードは専用線によってすべてのノードを 1 対 1 で結ぶという方法が挙げられるが，必要なコネクションの数は N(N-1)/2 でノード数の 2 乗に比例する．専用線方式ではノード数の増加で必要なコネクションの数は爆発的に増加し，効率が悪くて拡張性がないという問題がある．したがって，図 6.1(b) に示すバス型のほかに，複数のノードが 1 つの伝送媒体を多重（マルチ）アクセスできるリング型およびスター型などの LAN が開発された．

　ネットワークにつないだノード間の通信は物理的なコネクションとふさわしいアクセス制御，すなわちメディアアクセス制御プロトコルによって実現される．技術の進歩とともに LAN 技術は発展が続き，現在は多くの LAN がイーサネット規格を採用し，定着している．ネットワーク機器であるハブ，スイッチを用いて LAN を構築する方式が多い．

　LAN の物理的なコネクションとしては基本的に，複数のノード（端末）が 1 つの伝送媒体を多重（マルチ）アクセスできるバス型とリング型およびスター型の 3 つの形態がある．単純な多重アクセスバスネットワークであるバス型 LAN では，すべてのノードは直接，単一の伝送媒体（バス）に接続される．伝送媒体の終端にはターミネータと呼ばれる信号を吸収するための機器が付けられ，伝送ケーブル上の信号が反射して干渉の発生を防止している．

　バス型 LAN は受動系であり，LAN で伝送されるフレームは LAN に接続されているすべてのノードに届く．フレームの伝送はすべてのノードに受信可能な通信方式が用いられる．すなわち，あるノードから他のノード宛のフレームには宛先のアドレスが付与され，各ノードは自分宛のフレームを受信する．

　リング型 LAN では，各ノードは隣接される 2 つのノードと接続され，リング（ループ）状のネットワークを形成する．データは，各ノードを信号として一方向に伝送され，発信するノードがフレームのヘッダに宛先ノードのアドレスを書き込み，隣のノードに渡すことによって行

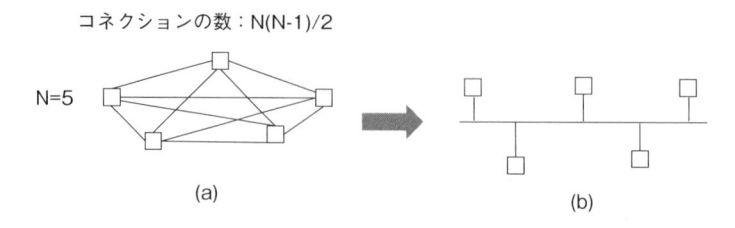

図 6.1　LAN のトポロジ

われる．

　無線 LAN とは，無線通信を利用してデータの送受信を行う LAN システムのことである．ワイヤレス LAN，もしくはそれを略して WLAN とも呼ばれる（詳細は 12.4.4 項）．

　現在，スター型 LAN はよく利用される方式であり，トポロジーまたは物理的なコネクションでは，図 6.2 に示すように中心となる通信機器（ハブやスイッチ）を介して端末は相互に接続される．ネットワーク機器であるハブとスイッチは外観がよく似ているが，内部の構成が異なる（6.5 節参照）．

　ハブは単にノード通信ケーブルを結び，流れる信号は共有される．スイッチでは送信端末と受信端末の間に 1 対 1 の通信路を確立してデータが転送されるため，伝送効率が高い．バス型トポロジーとは異なり，1 本のケーブルに障害が発生しても他のノードの通信に影響は出ないが，中央通信機器に障害が発生するとすべてのノードの通信に影響が出る．1 本のケーブルにすべての端末を接続するリング型 LAN やバス型 LAN に比べ，配線の自由度が高い特徴があり，現在よく利用される方式である．

　ハブで結ばれた LAN はロジック的なコネクションはバス型になる．LAN において複数のノードが通信路，ネットワーク機器を共有するため，干渉を回避するメディアアクセス制御プロトコル，たとえば CSMA/CD が必要となる．ローカルエリアネットワークの代表的規格はイーサネットであり，CSMA/CD は 30 数年前から利用されはじめ，今はクラシックイーサネットと呼ばれるようになっている．CSMA/CD に関して詳細は 6.3 節に述べる．図 6.2(b) に示すようなスイッチを利用するイーサネットは CSMA/CD を必要とせずスイッチ型イーサネットと呼ばれ，現在主流になっている．

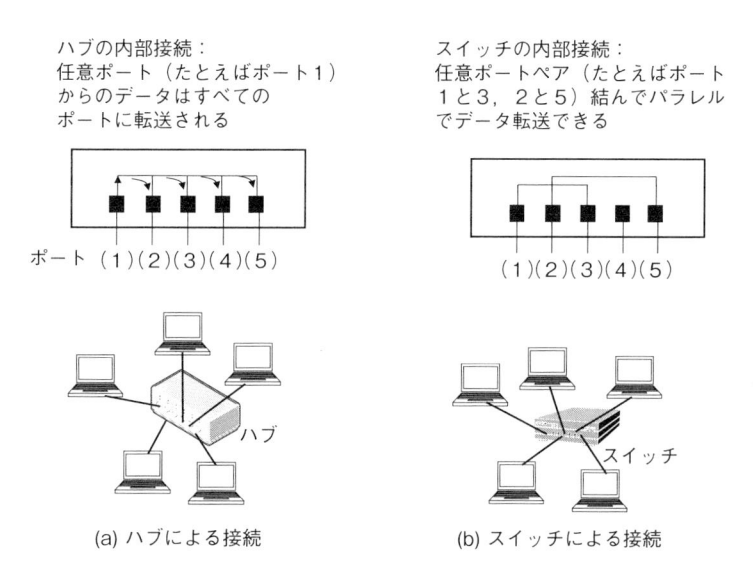

(a) ハブによる接続　　(b) スイッチによる接続

図 **6.2**　スター型 LAN

6.2 LAN 参照モデル

第 3 章で述べた OSI 参照モデルは，当初パケット交換網を主体とする WAN での 2 地点間のコンピュータネットワークのモデルを中心に検討された．その後，LAN 技術の発展に対応するために LAN への適用を可能にし，また TCP/IP 参照モデルにおいても WAN および LAN への対応を可能としている．

LAN の特徴である低い誤り率でかつ伝送遅延が小さい高速な伝送機能は，WAN に比べて価格，速度および信頼性の点で十分に優れており，特に次に示す LAN の主要な特徴を反映する LAN 参照モデルが作成されている．

- LAN では，通信に先立って事前の合意がなくても通信が行われ，短い時間内にいくつかの情報が転送される．
- LAN での通信形態は一般的に 1 対 1，1 対多に加え，多対多もある．
- LAN の通信は，伝送系の信頼性が高いため応答を伴わないコネクションレス型通信が主体である．

LAN 規格の制定に関して専門委員会は 1980 年 2 月に活動を開始し，IEEE 802 委員会と呼ばれる．LAN の参照モデルは，1983 年に IEEE 802 LAN 参照モデル (IEEE 802 LAN Reference Model) として開発された．この LAN 参照モデルは，OSI 参照モデルの目的と同様に LAN のユーザや LAN の構築者が容易に異機種装置間の相互接続を実現できるように開発されている．ほかに IEEE802 委員会は次のように数多くのローカルエリアネットワーク関連の基準を制定している．

- IEEE 802.1 標準：LAN アーキテクチャ
- IEEE 802.2 標準：倫理リンク制御
- IEEE 802.3 標準：イーサネット (CSMA/CD)
- IEEE 802.4 標準：トークンバス（現在ほとんど利用されない）
- IEEE 802.5 標準：トークンリング（現在ほとんど利用されない）
- IEEE 802.6 標準：MAN の DQDB 層プロトコル
- IEEE 802.7 標準：ブロードバンド
- IEEE 802.8 標準：光通信
- IEEE 802.9 標準：リアルタイム通信
- IEEE 802.10 標準：仮想ローカルエリアネットワーク (VLAN)
- IEEE 802.11 標準：無線 LAN (WiFi)
- IEEE 802.14 標準：ケーブルモデム
- IEEE 802.15 標準：PAN (Personal Area Networks)
- IEEE 802.16 標準：無線ブロードバンド (WiMAX)

- IEEE 802.20 標準：モバイル無線ブロードバンド
- IEEE 802.22 標準：WRAN (Wireless Regional Area Network)

したがって，IEEE 802 LAN 参照モデルは，OSI 参照モデルの下位 2 層のみを修正し，3 層以上の上位層プロトコルを利用できるように考えられている．IEEE 802 LAN 参照モデルを図 6.3 に示す．LAN の参照モデルは，物理層，メディアアクセス制御 (MAC) 副層および論理リンク制御 (LLC) 副層からなる．

物理層は，基本的に LAN に使用されるベースバンド，ブロードバンド，光ファイバおよびツイストペアの 4 つの媒体と無線通信媒体を含んでいる．メディアアクセス制御 (MAC) 副層は，LAN の伝送アクセス方式を規定するメディアアクセス制御プロトコル (medium-access-control protocol) に関連する．このプロトコルは，OSI 参照モデルの物理層とデータリンク層に関係し，主要な標準として次のものがある．論理リンク制御 (LLC) 副層は，IEEE 802.2 標準とする．

論理リンク制御の機能は，下位のメディアアクセス制御が基本的に応答確認機能を持たないコネクションレス型の通信機能であるため，この LAN の特徴をそのまま上位層に提供するサービスレベルから，応答確認機能を含むコネクション型の通信サービスを提供するサービスレベルまでの間に，下記の 3 種類のサービスを提供する．

- 低信頼性のデータグラムサービス（タイプ 1）
- 高信頼性のコネクション型サービス（タイプ 2）
- 通知データグラムサービス（タイプ 3）

タイプ 1 のサービスは，実際の LAN システムで最も利用されており，必ず実装しなければならないサービスとして定められている．タイプ 2 は，HDLC のプロトコル機能をベースにしたプロトコルである．タイプ 3 は，コネクションレス型の通信サービスに逐次応答機能を付加

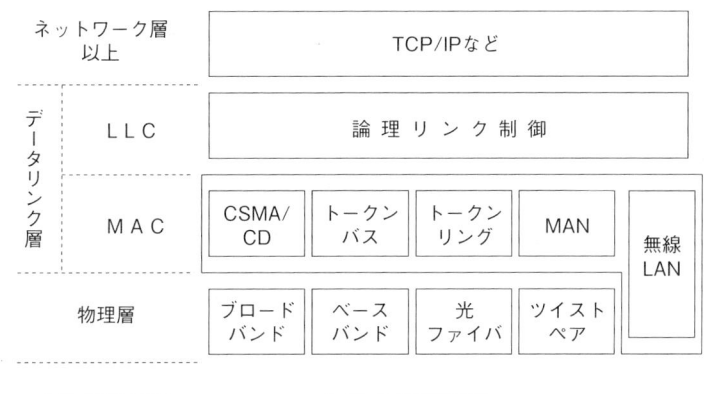

図 6.3 LAN 参照モデル

したものである．

6.3 メディアアクセス制御プロトコル

スイッチで接続されたノードからなる LAN ではノード間の通信路はスイッチで確立されるため，ノード自身ではメディアアクセス制御は必要とされない．バス型 LAN やハブを利用するリング型 LAN では，単一の伝送路が LAN 上のすべてのノードによって共用されるため，いくつかのノードが同時に情報を伝送することが起こり得る．この場合，伝送された情報は衝突によって壊されるため，このようなフレームを廃棄し，新たにフレームを伝送することが必要となる．もし特別な方策がとられなければ，このような衝突が繰り返されることになる．

したがって，共用の伝送路を利用するための特別なアクセス制御方式が必要となり，このようなアクセス制御方式をメディアアクセス制御プロトコルと呼ぶ．メディアアクセス制御プロトコルにおける性能に関する 3 つの重要な項目は，高スループット，高伝送使用率および低伝送遅延である．この性能の目的に加えて，メディアアクセス制御プロトコルは次のような特徴を持つことが要求される．

(1) アクセスの公平性

優先方式が導入されない限り，共用の伝送路の利用はすべてのノードに公平に与えるべきである．

(2) 規模の拡張性

ノードはネットワーク構成を可能な限り意識しないで，ノードの追加，削除および移動がメディアアクセス制御プロトコルの変更なしに行える．

(3) 伝送の信頼性

伝送路の集中制御は避け，プロトコル動作は完全に分散制御に基づいて行う．

イーサネット (Ethernet) は，DEC, Intel および Xerox によって 1979 年に発表され，その後一部の修正が行われ，IEEE 802.3 標準と呼ばれる CSMA/CD として標準化された．また，現在広く利用されている無線 LAN は通信環境がイーサネットに似ているため，CSMA/CD に基づいて作られた CSMA/CA は無線 LAN に採用されている．イーサネットは基本的に 2 種類に分けられる．すなわち，クラシックイーサネットとスイッチ型イーサネットである．2 種類はイーサネットと呼ばれているが，構成は大きく変わる．一般的にはクラシックイーサネットの通信速度が 3~10M までであり，スイッチ型イーサネットの通信速度は 100 Mbps（ファーストイーサネット），1000 Mbps（ギガイーサネット）および 10000 Mbps（10 ギガイーサネット）となる．

クラシックイーサネットは，CSMA/CD の基になったが，今では CSMA/CD の 1 つの実装仕様であり，フレーム形式において意味付けが異なる点がある（これについては後述する）．イーサネットは通信制御を担うノードがないため，メディアアクセス制御プロトコルは分散型

コンテンション方式に分類される．この CSMA/CD 方式は，バス型 LAN（クラシックイーサネット）のプロトコルであり，分散制御に基づくアクセス方式を採用し，各ノードは集中制御のノードが存在しないため伝送路へのアクセスおよび管理において同等である．

この CSMA/CD のケーブリングとして，当初表 6.1 に示す 4 つの種類が作成された．特に，配線システムの保守性の観点からツイストペアを用いたケーブリングが普及している．その後，スイッチ型イーサネットは 100 Mbps と 1000 Mbps 以上の高通信速度が実現されている．高速イーサネットについて詳細は後述する．

CSMA/CD のフレーム形式は，図 6.4(a) に示す構成であり，また参考のため図 6.4(b) にイーサネットのフレーム形式を示す．

また，10 Mbps のときの CSMA/CD のパラメタ値を表 6.2 に示す．

宛先アドレスは，個別（ユニキャスト）アドレス，マルチキャストアドレス（グループ）またはブロードキャストアドレス（全ノード）の 3 種類がある．宛先アドレスの各ビットがすべて 1 のアドレスはブロードキャストアドレスである．マルチキャストアドレスは最上位ビットは必ず 1 であり，個別アドレスの最上位ビットは必ず 0 である．個別アドレスについてはすべてのノードがユニークなアドレスを持つため，IEEE でアドレスの割り当て管理を行っている．

データフィールド長は実際のデータの長さを示す．この部分についてはイーサネットではタ

表 6.1 CSMA/CD のケーブリングの種類

種類	ケーブル	最大セグメント長	最大ノード数／セグメント
10 ベース 5	太同軸	500 m	100
10 ベース 2	細同軸	200 m	30
10 ベース T	ツイストペア	100 m	1024
10 ベース F	光ファイバ	2500 m	1024

バイト数	7	1	2または6	2または6	2	0～n	0～46	4
	プリアンブル	開始デリミタ	宛先アドレス	送信元アドレス	データフィールド長	データ	パッド	チェックサム

(a) CSMA/CD のフレーム形式

バイト数	7	1	6	6	2	0～1500	0～46	4
	プリアンブル	開始デリミタ	宛先アドレス	送信元アドレス	タイプ	データ	パッド	チェックサム

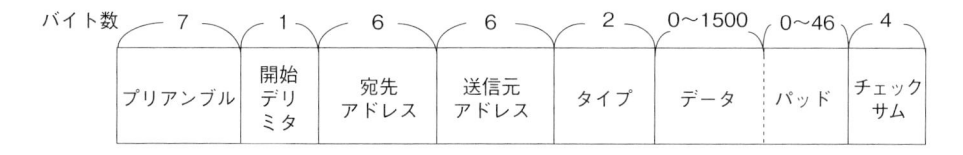

(b) クラシックイーサネットのフレーム構成

図 6.4 CSMA/CD とクラシックイーサネットのフレーム構成

表 6.2　10 Mbps の CSMA/CD のパラメタ値

パラメタ	値
スロット時間	512 ビット時間 (51.2 μs)
フレーム間ギャップ長	9.6 μs
最大試行回数	16 回
バックオフ回数の上限	10
ジャム長	32 ビット
最大フレーム長	1518 オクテット
最小フレーム長	64 オクテット
アドレス長	48 ビット

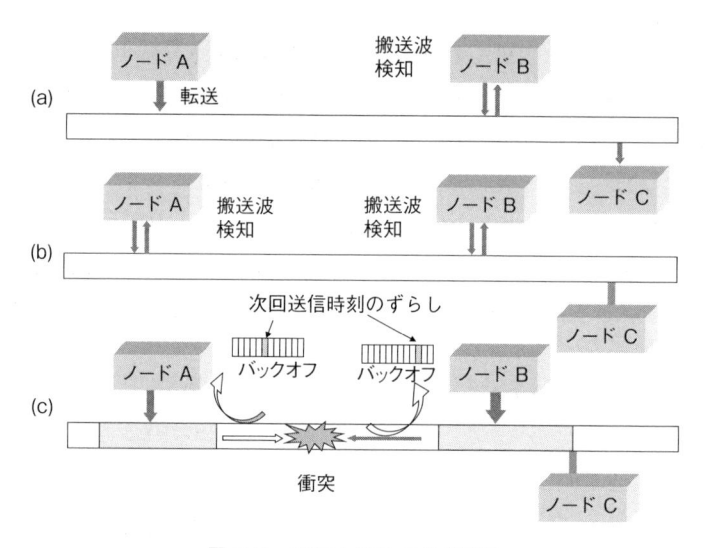

図 6.5　CSMA/CD の基本原理

イプフィールドとなっており，上位層プロトコルのパケットのタイプを識別するために使用される．データフィールドは可変長であり，このフィールド長が最小 46 バイトになるように必要に応じてパッドが挿入される．最後の 4 バイトは，伝送路上でのビット誤りを検出するために送信側で生成された FCS である．

図 6.5 に示す CSMA/CD 方式の基本的なプロトコル機構について説明する．

(1)　データの伝送開始

ノードがフレームを伝送する場合，まず伝送路上の信号（搬送波 (carrier) と呼ばれる）の有無を調べ，伝送路が利用されていなければ（搬送波が存在しない），ノードはフレームの伝送を開始できる．図 6.5(a) に示すように伝送路がすでに利用されている場合には，伝送路の状態を監視し続け，空き状態になってフレームの伝送を開始する．

(2)　衝突検出

図 6.5(b) に示すように伝送路が利用されていない状態で，伝送を開始するノードが複数存在

すると，フレームの衝突が発生する．したがって，伝送を開始したノードはフレームの衝突が発生しているかを出力と入力の信号を比較する方法によって調べる．衝突を検出するとフレームの伝送を停止し，他のノードに衝突が発生した（受信していたパケットを廃棄する）ことを通知するためにジャミング信号と呼ばれる特別の信号を送出する．衝突したパケットを伝送したノードは，ある時間経過後，そのフレームを再送する．

(3) 再送機構

図 6.5(c) に示すように衝突を検出した場合の再送機構として，バイナリ指数バックオフアルゴリズムを使用する．このバイナリ指数バックオフアルゴリズムは，再送を開始する待ち時間（再送遅延）の値を値 0 から上限値の間で，ランダムに決められる．すなわち，フレームが衝突を起こした場合，そのフレームを伝送したノードはランダムな値に再送スロット時間をかけた値の時間後に再送する．こうすることによって複数のノードの再送遅延時間がランダムになり，再送の衝突の確率を低下できる．

また，再送遅延時間を算出する上で，連続する衝突回数に比例して上限値が決まり，i 番目の衝突では 0 から $2^i - 1$ の範囲からランダムに値が選ばれる．したがって，衝突が連続すれば，それだけ再送開始の待ち時間間隔が長くなる可能性が大きくなる．

CSMA/CD 方式は，実現性やチャネル使用率の観点から 10 Mbps 程度の伝送路に適しており，多くの LAN システムに導入されている．一方，この方式の性能は伝搬遅延に対するパケット長の比率に依存するために，長さが短いパケットや，長いケーブルおよび高速（数百 Mbps または Gbps）のシステムには適していない．さらに，伝送トラフィックの負荷によって遅延が変動するために，一定時間内に応答する必要があるタイムクリティカルなリアルタイム通信システムには一般的に適していない．

6.4 LAN の高速化

IEEE 802 で標準化されている LAN について述べたが，これらの LAN の伝送速度は 10 Mbps もしくは 16 Mbps であることから中速 LAN に分類される．ここでは，スイッチ型イーサネットを例として 1 桁以上伝送速度が速い，100 Mbps 以上の有線系の LAN について述べる．

(1) ファーストイーサネット

この規格は，IEEE 802 で既存の CSMA/CD と互換性があり，100 Mbps の伝送速度を持つものとして 1995 年 6 月に開発された．公式には IEEE 802.3u と呼ばれるが，一般には高速版のイーサネットとしてファーストイーサネットと呼ばれた．このファーストイーサネットは，メディアアクセス方式とフレーム形式がともに CSMA/CD と同じであり，高速化によってケーブルの種類が異なっている．

基本的には 10 ベース T に基づいて設計されているため，ハブやスイッチによるスター型の

表 6.3　ファーストイーサネットのケーブルの種類

種類	ケーブル	最大セグメント長
100 ベース T4	ツイストペア	100 m
100 ベース TX	ツイストペア	100 m
100 ベース FX	光ファイバ	2000 m

LAN 形態をとるのが一般的である．表 6.3 にファーストイーサネットのケーブルの種類を示す．100 ベース T4 (100 Base-T4) は既存の 4 線式の電話線（カテゴリ 3）が利用できる．100 ベース TX (100 Base-TX) はカテゴリ 5 のツイストペアを使用する全二重システムであり，100 ベース FX (100 Base-FX) はマルチモードファイバを 2 本使用する全二重システムである．

　現在では，10 Mbps と 100 Mbps の速度を自動的に判別する LAN インタフェースカードが提供されており，自由度の高い LAN システムの構成が可能になっている．

(2)　ギガビットイーサネット

　IEEE 802 は，CSMA/CD と互換性を持ち，1000 Mbps(1 Gbps) の伝送速度のイーサネットを 1998 年および 1999 年に開発した．2 芯同軸ケーブルと光ファイバを使用するものが IEEE 802.3z と呼ばれ，またカテゴリ 5 のツイストペアを使用する全二重のものが IEEE802.3ab と呼ばれる．これらを，一般にはギガビットイーサネットと呼び，次の種類がある．

- 1000 ベース SX（マルチモードファイバ，最大 550 m）
- 1000 ベース LX（シングルモード／マルチモードファイバ，最大 5 km）
- 1000 ベース CX（2 芯同軸ケーブル，最大 25 m）
- 1000 ベース T（UTP ケーブル（カテゴリ 5 以上），最大 100 m）

(3)　10 ギガビットイーサネット

　IEEE 802 は，バックボーン LAN に加えて MAN や WAN にも適用できる 10 Gbps の伝送速度のイーサネットを 2002 年に開発した．この規格は IEEE 802.3ae と呼ばれ，LAN 用の物理層を使用するものとして 4 タイプ，WAN 用の物理層を使用するものとして 3 タイプが規定されている．10 ギガビットイーサネットの主な特徴を下記に示す．

- 最大伝送距離が 40 km
- LAN 用と WAN 用の物理層の規定
- 最大 MAC フレーム長 1500 バイト（他のイーサネットとの互換性を保持）
- 光ファイバ（マルチモード／シングルモード）のみ使用
- 全二重のみのサポート（半二重の CSMA/CD はサポートしない）

6.5 トラフィックの分割とVLAN

ノードをネットワークに接続する際，よく利用する機器はハブとスイッチが挙げられる．ハブとスイッチの機能的な相違によってネットワークの性能も変わる．また，LAN規模の拡張とともに特定のノードをグループ化してグループごとにネットワーク管理を行い，設定を物理的なネットワーク構成と関係せずに行う必要になってきた．したがってVLAN（バーチャルLAN）の技術が生まれた．

(1) ハブとスイッチ

イーサネットに代表されるLANなどは，伝送媒体を複数のノードが共有する媒体共有型の伝送アクセス方式を基本として発展してきた．LANのケーブリング問題に対してスター形状のLANを構成するハブが登場した．これにより初期のクラシックイーサネットである10 Mbpsの10ベースTが普及し，容易なLANの配線システムが構築された．しかしながら，媒体共有型であるためトラフィックの増加に伴って衝突の発生が増加し，伝送効率が低下することが問題になってきた．このため，LAN上のトラフィックの分割を行う通信機器，すなわちスイッチが利用されるようになってきた．

ハブとスイッチの機能的な相違について次に述べる．ハブは，LAN上の電気信号を中継するための機能（リピータ）に加えて，スター形状の配線を可能にする装置である．このハブに接続されるすべてのノードに電気信号，すなわちフレームが伝送されるため，1台のノードがフレームを送信している場合には他のノードはフレームを送信することができない．したがって，LAN上のトラフィックはすべて伝播する．

一方，スイッチは，スイッチングハブ，レイヤ2スイッチなどとも呼ばれ，LAN上のトラフィックの分割を可能とする中継装置である．スイッチの特徴は，接続されているすべてのノードにフレームを伝送するのではなく，フレームの宛先ノードのみに中継することによってトラフィックの分割を実現している．この機能により，異なる複数のノードの対が同時に通信を行うことが可能になる．このような機能によって通信を行うノードの対は専用の媒体として使用することができ，媒体専有型と呼ばれる．スイッチは以下の2種類がある．

- L2：MACアドレスとポートを関連付け
- L3：IPアドレスとポートを関連付け

L2スイッチはMACアドレスで転送先を決める．初期は転送先のMACアドレスがわからない場合すべてのポートに情報を転送する．転送とともにMAC情報の収集次第，宛先のみに転送するようになる．IPアドレスとポート関連付けのL3スイッチは，イーサネットのポートの数が多く，ハードウェアで処理するため処理速度はルータより速いという特徴がある．

(2) VLAN

スイッチにより LAN 上のトラフィック分割はかなりの部分を行うことが可能であるが，ブロードキャストのフレームではスイッチに接続されるすべてのノードに伝送される．また，同一の LAN セグメント上を，トラフィックの抑制やセキュリティの面から物理的な LAN を論理的に複数の LAN として構成することが要求されてきた．このような課題を解決するものとして，VLAN（バーチャル LAN）の技術があり，代表的な VLAN をとして次のものがある．

- ポートベース VLAN：スイッチのポート単位に VLAN を構成する方法
- プロトコルベース VLAN：ノードが送信するプロトコルごとに VLAN を構成する方法
- IP サブネットベース VLAN：IP アドレスのサブネットごとに VLAN を構成する方法
- MAC アドレスベース VLAN：MAC アドレス（ローカルアドレス）ごとに VLAN を構成する方法
- タグ VLAN（IEEE802.1Q トラッキング）：VLAN ごとに識別子（VLAN タグ）を付与し，フレームのヘッダに挿入された VLAN タグに基づいて指定された VLAN に伝送する方法

VLAN 技術を利用することによって，図 6.6 に示すように物理配線と関係なく自由に VLAN を設定することができる．

このように，LAN におけるトラフィックの負荷を抑制する方法としてスイッチや VLAN の技術が開発されている．一方，各拠点 LAN を相互に接続（LAN 間相互接続）するための技術がある．

- 企業固有の TCP/IP ベースのワイドエリアネットワーク（専用のインターネット）による LAN 間相互接続企業単独でワイドエリアネットワークを構築するため，導入コストおよび

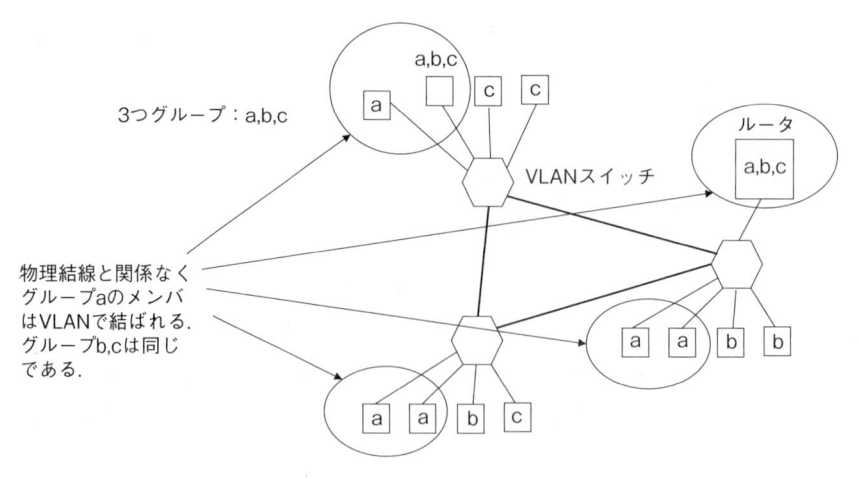

図 **6.6** VLAN の構成

運用コストが高くなる.

- 通信業者が提供するインターネット上の VPN（バーチャルプライベートネットワーク）による LAN 間相互接続ワイドエリアネットワークの構築・運用コストは軽減できるが，VPN に接続するためのルータをユーザ側で用意する必要があり，特に高速インタフェース（ATM など）を採用する場合高価なルータとなる.
- 通信業者が提供する広域イーサネットサービスによる LAN 間相互接続のインタフェースとしてスイッチによる接続が可能であり，LAN 間相互接続のネットワーク設計の自由度が高く，かつ VPN 利用より安価になる.
- インターネット上のソフトイーサの VPN による LAN 間相互接続ソフトイーサは，ソフトウェアによるスイッチングハブや，LAN カードなどのエミュレーションと暗号化通信によってインターネット上に仮想的なイーサネット通信環境を実現するため，専用の通信機器が不要となる.

6.6 情報家電ネットワーク

情報家電を中心としたネットワークにホームネットワークがあり，デジタルコンテンツ（音楽，写真，ビデオなど）の各種情報機器間での相互接続性の確立に向けて業界によって DLNA (Digital Living Network Alliance) が設立されている．ネットワークに関する技術としては次のものが対象になっている.

- TCP/IP ネットワーク (IPv4・IPv6)
- 100M イーサネット，無線 LAN（IEEE802.11b/a/g など）
- UPnP（Universal Plug and Play：デバイス検出・制御インタフェース）
- IEEE1394 対応機器との接続（オプション）

これ以外に，白物家電を対象としたホームネットワークの検討が ECHONET (Energy Conservation and Homecare NETwork, 426 MHz 帯, 9.6 Kbps) コンソーシアムで行われている．また，家庭内の電力線を利用する PLC（Power Line Communication：電力線通信）が高速電力線通信協議会のもとで推進されており，マルチキャリア方式による伝送路ノイズ対策，直交周波数分割多重 (OFDM) による周波数帯域の有効利用，誤り訂正による伝送誤り対策を行うことで，高周波帯（2〜30 MHz）を利用して高速通信 (10〜200 Mbps) の実現を進めている.

6.7 ネットワーク相互接続

当初のコンピュータネットワークは特定の組織内で利用すると想定された．ネットワークの普及とともに単独に構築，運営されてきたネットワーク間での情報交換が必要になる．したがって共通の基準が作られ，LAN と LAN またはインターネットとの接続も規定される．一般的に

は，LAN内部ではネットワークの構成，利用するプロトコルなどに関して管理組織が自由に決められる．複数のLANが接続され，広域範囲で利用されるネットワークはWANとなる．

コンピュータネットワークの構築方式としてOSI参照モデル，TCP/IP参照モデル，LAN参照モデルの開発によって標準的な通信方式が導入されているが，実際には使用される標準プロトコルや通信技術は各種あるため，ネットワークの拡張や複数ネットワークの相互接続のためのインターネットワーキング技術が重要となっている．この場合，異なる通信技術やプロトコルがどの階層かによってインターネットとの接続方式も変わってくる．たとえば，同一のLANの拡張は，物理層の機能に対応するリピータ装置によって実現される．しかしながら，データリンク層以上のプロトコルの相異の範囲によって，図6.7(a)～(d)に示すリピータ，ブリッジ，ルータ，ゲートウェイの方法が採用される．

6.7.1　リピータ

基本的なバス型LAN（クラシックイーサネット）のネットワーク構成の拡張は，複数のバス型LANをリピータによって接続することで行われる．リピータ(repeater)は，単一のバスケーブル（セグメントと呼ぶ）を接続するためのハードウェア装置である．これは，単に一方のセグメントからの電気信号を増幅し，他方のセグメントに電気信号を伝える電気信号レベルでの中継器である．

6.7.2　ブリッジ

ブリッジは，LAN（クラシックイーサネットなど）において同じLAN伝送方式または異なるLAN伝送方式のセグメントを相互接続するためのインターネットワーキング技術である．したがって，LANの論理リンク制御(LLC)副層から上位のプロトコルは同じである．すなわち，LLC以上の高位レベルプロトコルが同じであるということは，ブリッジにおいてLANの一方のセグメントから他方のセグメントに中継し，転送する場合，LLCヘッダ以上の情報の形式や内容を変えないことを意味する．ただし，同じメディアアクセス制御(MAC)方式のLANを相互接続する場合には，MACヘッダ以上の情報がブリッジで透過的に中継される．

同じメディアアクセス制御(MAC)方式のLANを相互接続するためのブリッジの利点は，物理的仕様の制限（たとえば，セグメント当たりの最大接続ノード数）を避けてLANの拡張ができる点である．

ブリッジの主要な利点の1つは，相互接続されるLANセグメント内のトラフィックをできる限り他方のセグメントに中継しないで，トラフィックを抑えることである．このために，データを中継する上でMACレベルのアドレスの学習やフィルタリングの処理を行う．

たとえば，一方のセグメントに接続されているノードに対するトラフィックは，他のセグメントに中継しない等の処理を行う（図6.8）．このような特徴から，LANセグメントの性能が過剰なトラフィックによって低下する場合には，ブリッジによって2つのLANセグメントに分割することでLANの性能を維持することができる．最近では，6.5節で述べたスイッチ利用

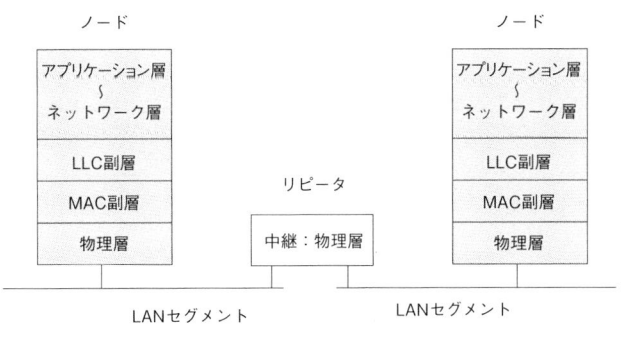

(a) リピータによるLANの相互接続

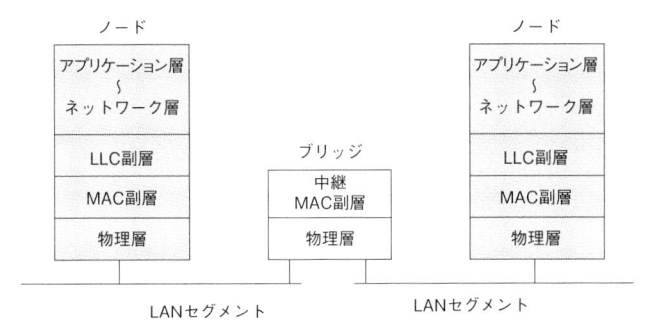

(b) ブリッジによるLANの相互接続

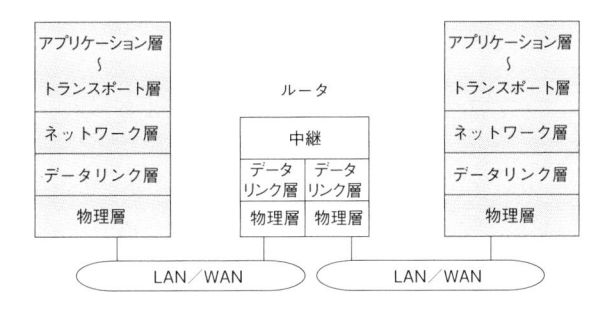

(c) ルータによるネットワークの相互接続

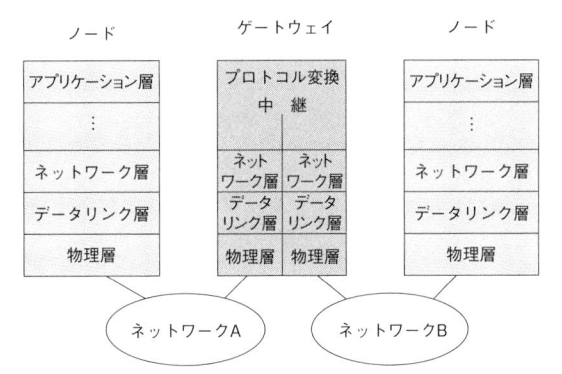

(d) ゲートウェイによるネットワークの相互接続

図 **6.7** ネットワーク接続方式

によりトラフィック分割が行われている．

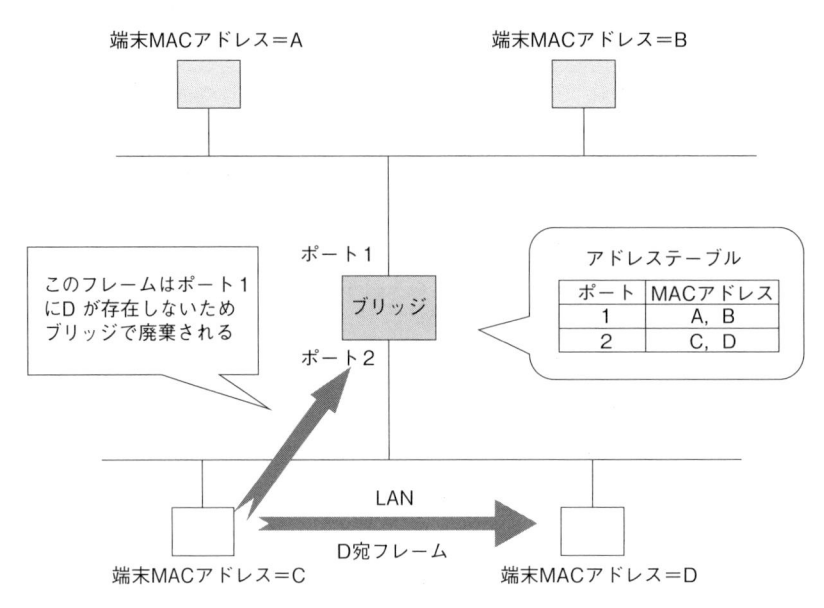

図 6.8 ブリッジでのフレームのフィルタリング

6.7.3 ルータ

　ルータは，OSI 参照モデルのネットワーク層の中継制御機能に対応する．したがって，ルータは相互接続するネットワーク（LAN もしくは WAN）の形状や伝送制御機能には関与しない．一般に，ルータは OSI 参照モデルの下位 3 層を実装するため，ネットワーク層より上位層のプロトコルが同じものであるネットワークの相互接続を行う．経路選択（ルーティング）に関しては，7.5 節で詳述する．

　LAN の導入，拡張に従ってブリッジからルータによる相互接続が進んできた．ブリッジでは，メディアアクセス制御レベルが同じであれば，上位のプロトコルを何ら気にすることなく相互接続することが可能であったが，ルータによる接続では，ネットワーク層のプロトコルによって中継制御方式が異なるため，現実問題として複数のネットワーク層のプロトコルに対応したルータが要求される．

　このようなルータを一般にマルチプロトコルルータと呼ぶ．しかしながら，TCP/IP をベースとするインターネットの普及につれてルータとしての中継制御機能は IP に集約され，また異なるプロトコルであれば IP の形式に再度包み込んで取り扱う方法（IP カプセリング）が採用されている．

　ルーティング方式には，大きく分けてスタティック（静的）ルーティングとダイナミック（動的）ルーティングの 2 つがある．前者のスタティックルーティングは，すべてのルータの中継

表 6.4 代表的なダイナミックルーティング方式の概要

名称	アルゴリズム	経路選択方式
RIP (Routing Information Protocol)	距離ベクトルアルゴリズム	宛先まで経由するルータ数を最小とする経路を選択
OSPF (Open Shortest Path First)	リンクステートアルゴリズム	伝送路の帯域をパラメタとして計算し，最適経路を選択

情報である経路制御表（ルーティングテーブル）をあらかじめ設定する方法であり，ネットワーク構成の変更に対して運用負荷が高くなるため，ネットワーク規模の点で問題となる．一方，ダイナミックルーティングは，ルータがルータ間での情報の交信に基づいて自律的に経路制御表を作成・変更する方法である．その代表的な方式を表 6.4 に示す．

ルータは，ネットワーク上に転送されるデータ（たとえば，IP パケット）に対して，次に利用するルータの位置を経路制御表によって決定する．したがって，ルータは単なるデータの中継機能に加えて，最適な経路の選択，トラフィックの状況に対応できるフロー制御機能，通信品質を保証するための帯域保証機能などを持つ通信制御装置であり，大規模なインターネットワークを構築するために欠かせないものとなっている．

6.7.4 ゲートウェイ

ゲートウェイは，ルータでは対応できないネットワークの相互接続のために，OSI 参照モデルの上位 3 層（セッション層，プレゼンテーション層，アプリケーション層）においてプロトコルの変換を伴ってデータの中継を行う．したがって，この方式は最も汎用的なインターネットワーキングの手段であり，異なった通信アーキテクチャのネットワークを相互接続するために使用される．

演習問題

設問 1　LAN と WAN の主な相違を示せ．

設問 2　LAN におけるメディアアクセス制御プロトコルの必要性を述べよ．また，メディアアクセス制御プロトコルの持つべき特徴を示せ．

設問 3　CSMA/CD 方式における (1) フレームを転送するための確認方法，(2) 衝突検出方法，(3) 検出後の衝突解決方法について説明せよ．

設問 4　LAN におけるトラフィック分割方法について述べよ．

設問 5　VLAN の種類とそれぞれの特徴を説明せよ．

参考文献

[1] A. S. タネンバウム・D.J. ウエザロール 著，水野忠則ほか 訳：コンピュータネットワーク第 5 版，日経 BP (2013)
[2] 山内雪路：よくわかる情報通信ネットワーク，東京電機大学出版局 (2010)
[3] 宇田隆哉，白鳥則郎：情報ネットワーク，共立出版 (2011)

第7章
ネットワーク層

□ 学習のポイント

OSI 参照モデルにおけるネットワーク層は上位層であるトランスポート層に対して転送元から転送先へデータ伝送をするというサービスを提供する．また，ネットワーク層は下位層であるデータリンク層に対してサービスを要求し，誤りの検出や単一の伝送路上の競合に関しては解決されていると考えてよい．転送元から転送先へデータを送信するという要求に応じてデータを転送することがこの層の仕事である．ネットワーク層の実例としてインターネットで用いられるインターネットプロトコル (Internet Protocol, IP) を取り上げる．本章では，ネットワーク層の考え方とそのポイントである経路選択，輻輳制御などの基本的な課題とその解決手法を学び，その実例として IP を学ぶ．

- 転送元から転送先へデータを転送するための経路選択（ルーティング）方式に関して学ぶ．また IP を利用した経路選択に関して学ぶ．
- IP の動作を補助するための ICMP, ARP, DHCP 等の補助プロトコルに関して学ぶ．
- 特定の箇所に通信が集中した場合に発生する通信の交通渋滞である輻輳について，その制御アルゴリズムに関して学ぶ．
- アプリケーションの要求を満足してデータを通信するための QoS に関して学ぶ．
- ネットワーク間接続について学び，実際に利用されているプライベートアドレスを用いたネットワークとインターネットを接続するための NAT (NAPT) ルータに関して学ぶ．

□ キーワード

ネットワーク層，トランスポート層，ネットワーク制御，経路選択，ルーティング，輻輳制御，QoS, Quality of Service, IPv4, IPv6, IP アドレス，IP ヘッダ，経路制御表，ARP, ICMP, DHCP, NAT (NAPT), 自律システム，OSPF, RIP, BGP

7.1 ネットワーク制御

7.1.1 ネットワーク層の仕事

ネットワーク層の下位層であるデータリンク層は，各隣接ノード間の通信を品質とともに提

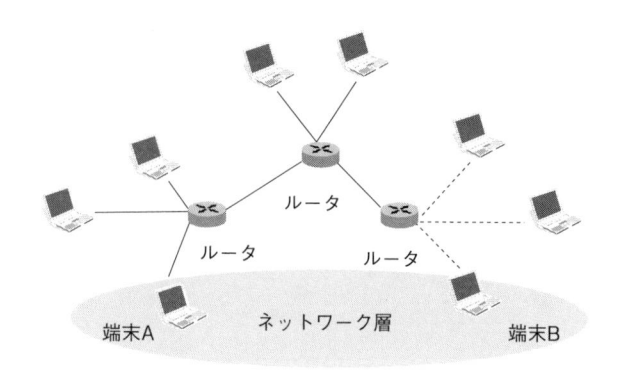

図 7.1　ネットワーク層プロトコルの動作環境

供してくれる．これを利用してネットワーク層では転送元から転送先までエンド・ツー・エンドの通信とその品質を提供する．図 7.1 に示すように，ネットワーク層は端末 A と端末 B の間の通信において要求に応じてデータを送信する．端末間の通信では，複数の経路が存在する場合があるため，経路選択や，特定のノードに通信が集中した場合に備えた輻輳制御，通信速度を確保するための QoS 機能などがネットワーク層の主な仕事である．

ノード（ルータ）間の接続に異なる方式のネットワーク（たとえば，有線であるか無線であるかなど）があっても，データリンク層によって物理層が隠ぺいされるため，ネットワーク層では無関係に接続できる．このように，ネットワーク層はエンド端末間の通信機能を提供し，上位層であるトランスポート層はアプリケーションレベルでの通信を確立する．

7.1.2　ネットワーク制御で扱うパケット

ネットワーク層のサービスは遠く離れた端末に対して通信サービスを確保することである．データを分割した最小の単位であるパケットには，通信先の端末がどこにあるのかがわかるための情報，すなわちアドレスの情報が必要である．各端末固有のアドレスの情報である MAC アドレスは，人に例えると名前であったり固有の国民背番号と呼ばれるようなもので，世の中に1つの情報である．この人に手紙を届けようとすると，一般にはその人の住む住所に手紙を出すことが多いであろう．これと同様に，パケットでも MAC アドレスではなく住所に当たるアドレス情報を使う．たとえば，IP というプロトコルでは IP アドレスがこれに当たる．IP は，次章で説明するトランスポート層のプロトコル TCP と並んでインターネットの中核となるプロトコルであり，両者をあわせた TCP/IP プロトコル・スイートという言葉がインターネットで用いられる一連のプロトコルを表すのに用いられる．

IP はルータで相互接続されたネットワークによりコンピュータからコンピュータへパケットを配送する．図 7.2 に示すように，送信元端末 A から送信されたパケットは，宛先のアドレス（IP アドレス）に従っていくつかのルータを経由して宛先へ送り届けられる．送信元端末およびルータは，それぞれが持つ経路制御表（ルーティングテーブル）に従って，宛先の IP アドレ

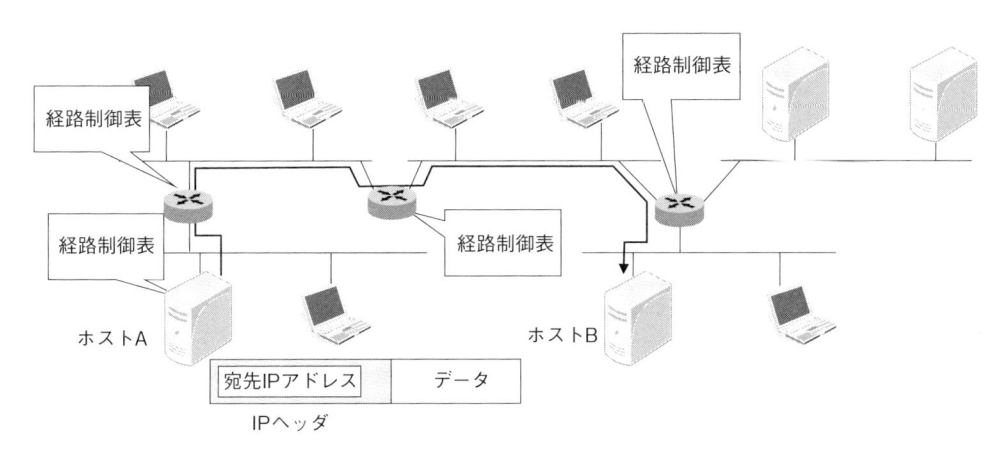

図 7.2 IP によるパケットの配送

ス応じた適切な中継先にパケットを転送する．

7.2 インターネットプロトコル (IP)

7.2.1 インターネットプロトコルとインターネット

　IP はベストエフォート型のプロトコルである．IP はできる限り障害がないように動作するものの，障害が生じたときにそれに対して何らかの補償をするわけではない．ルータ間のリンクに障害が起きたり（断線や機器の故障，外来ノイズによるビットエラーなど），ルータの送信バッファのあふれによってパケットが失われたり，同じ宛先に向かう一連のパケットの順序が入れ替わったりするが，こうした障害があっても IP は何もしない．こうした障害に関してはパケットの再送信や並べ直しが必要だが，これらの処理は上位層のプロトコル（トランスポート層，あるいはアプリケーション層）に委ねられる．ただし，ルータの持つ経路情報から明らかにパケットを宛先に配送不能であるときなどは，後述する ICMP の機能を使ってその旨が送信元に通知される．

　現在主に用いられている IP バージョン 4 (IPv4) におけるデータ配送単位には「データグラム」という言葉が用いられる．しかしながら，IPv4 の後継である IP バージョン 6 (IPv6) では単に IP パケットという言葉が用いられる．以下，本書では簡単のため，IP パケットと呼ぶことにする．IPv4 の仕様は RFC791, 919, 922 で定められている．また，IPv6 の仕様は RFC2460 に定められている．

　IP はコネクションレス型のプロトコルである．つまり，宛先にパケットを届けるにあたって，最終的なパケットの宛先との間で何も手続きを行わない．前述の通り，パケットは送信元ホスト，経路上のルータで宛先 IP アドレスに従って，1 つずつ中継処理されることで宛先に配送される．

以下，現在主に用いられているIPv4を前提として説明する．IPv6に関しては7.10節で補足する．ところで，IPv4とIPv6があるならば，IPv5は存在するのかという疑問を持つ人も多いだろう．バージョン番号5が付いたIPは歴史上存在するが，それはIPv4の後継となるプロトコルではなく別の実験的プロトコルである．ちなみにIPv4が標準化される前にもいくつかの候補があり，IPのバージョン番号を持つものもあったが，現在1～3番は欠番である．

7.2.2 IPアドレス

(1) IPアドレスの表現方法

IPアドレスはインターネット上のホストおよびルータを識別する一意の番号である．より正確には，IPアドレスはIPネットワークに接続された各ネットワークインタフェースに与えられる番号である．たとえば，あるホストが有線LANと無線LANのインタフェースをそれぞれ持っていた場合，それらには別々のIPアドレスが与えられる．パケットの中継を行うルータは必ず複数のネットワークインタフェースを持つが，それらのインタフェースはそれぞれ異なるIPアドレスを持つ．

IPv4では，IPアドレスは32ビットの値で表現される．32個の1/0を並べて書くのは実用上扱いにくいので，IPv4アドレスは以下のように8ビットごとに2進数を10進数で表し，ドットでつないだ表記（ドット付き10進表記）で表される．

$$11001011\ 00000000\ 01110001\ 00010001\ \rightarrow\ 203.0.113.17$$

(2) IPアドレスの管理

IPアドレスは世界全体の共有の資源であって，公平かつ重複なく割り当てられる必要がある．ICANN (The Internet Corporation for Assigned Names and Numbers) という民間非営利法人およびその下部組織IANA (Internet Assigned Numbers Authority) がIPアドレスやドメイン名などのインターネットで用いられる公的な資源を全世界で管理・調整している．世界の各地域にはIANAから業務を委託された地域インターネットレジストリ (Regional Internet Registry, RIR) がある．また一部の国にはRIRの下に国単位でアドレス管理を行う国内インターネットレジストリ (National IR, NIR) がある．アジアのNIRとしてAPNIC (Asian-Pacific Network Information Centre) があり，日本には日本ネットワークインフォメーションセンター (Japan Network Information Centre, JPNIC) というNIRがある．

7.2.3 IPアドレスの構成

32ビットのIPv4アドレスは，ネットワークを識別するためのプレフィックス (prefix)（あるいはネットワーク部と呼ぶ）とホストID（あるいはホスト部）から構成される（図7.3(a)）．アドレスの上位何ビットをプレフィックスにするかによってそのネットワークに含めることができるホストの数が決まる．たとえば，24ビットのプレフィックスをもつネットワークであれば，ホストの数は残った8ビット (32 − 24) のホストID部で表現可能な $2^8 (= 256)$ 個が上限

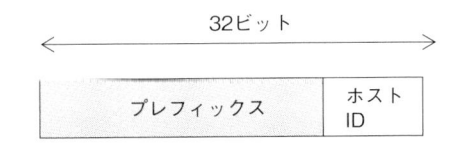

```
                     32ビット
           ┌──────────────────────────┬──────┐
           │     プレフィックス        │ホストID│
           └──────────────────────────┴──────┘

ホストのIPアドレス    11001011000000000111000101100001  203.0.113.97
プレフィックス        110010110000000001110001          203.0.113/24
サブネットマスク      11111111111111111111111100000000  255.255.255.0
ネットワークアドレス  11001011000000000111000100000000  203.0.113.0
```

(a) ネットワークが24ビットのプレフィックスを持つ場合の例

```
           ┌──────────────────────────┬──────┐
           │     プレフィックス        │ホストID│
           └──────────────────────────┴──────┘

ホストのIPアドレス    11000110001100110110010010000101  198.51.100.133
プレフィックス        11000110001100110110010010        198.51.100.128/26
サブネットマスク      11111111111111111111111111000000  255.255.255.192
ネットワークアドレス  11000110001100110110010010000000  198.51.100.128
```

(b) ネットワークが26ビットのプレフィックスを持つ場合の例

図 **7.3** IP アドレス

となる．ただし，ホスト ID がすべてゼロ，あるいは 1 のアドレスは通常のホストに割り当てるアドレスとしては使用できないので，実際には $2^8 - 2 = 254$ 個が上限である．

ネットワークの持つプレフィックスを表すために，ホスト部を 0 にしたアドレスとプレフィックスの長さをスラッシュでつなげた表現が用いられる．たとえば，24 ビットのプレフィックスを持つネットワークは，203.0.113.0/24 と表現される．また，26 ビットのプレフィックスを持つネットワークならば，たとえば 198.51.100.128/26 と表現される（図 7.3(b)）．組織に対するアドレスの発行はプレフィックス単位で行われる．より多くのホストを収容したい組織，たとえば大きな会社やインターネットサービスプロバイダは，より短いプレフィックスのネットワークの IP アドレスを取得する．

プレフィックスの長さを表す別の表現として，サブネットマスクを用いた表現方法がある．サブネットマスクとは，IP アドレスの上位からプレフィックスの長さだけ 1 を連続して並べ，残りをゼロにしたビット列である．たとえば，プレフィックスの長さが 24 ビットならばサブネットマスクは，

$$11111111\ 11111111\ 11111111\ 00000000$$

となる．IP アドレスと同じく，これを 2 進数表記のまま書くと扱いにくいので，IP アドレスと同様にドット付き 10 進表記で表される．このサブネットマスクの場合，255.255.255.0 と表される．また，プレフィックス長が 26 ビットならば，255.255.255.192 となる．

7.2.4　特殊な IP アドレス

● ブロードキャストアドレスとマルチキャストアドレス

　いくつかのアドレスが特定の用途のために用意されている．あるプレフィックスに対して，ホスト ID 部がすべて 1 のアドレスは，そのプレフィックスを持つネットワークに接続されたすべてのホストに向けたブロードキャスト用である．ただし，セキュリティの都合上このようなアドレスへのパケットの配送はルータで遮断されていることが多い．ホスト ID 部がすべてゼロのアドレスは，ネットワークを表すために用いられる．これは経路制御で用いられる．32 ビットすべてが 1 のアドレスは，同じネットワーク内の全ホストを宛先としたブロードキャストアドレスである．IP アドレスの上位 4 ビットが 1110 のアドレスはマルチキャスト用のアドレスとして予約されている．

● プライベートアドレス

　プライベートアドレスとは，「グローバルには割り当てられていない」アドレスのことであり，RIR 等に申請することなく使用できるものである．つまり，このアドレスによる通信は，そのアドレスを用いた組織の中でのみ有効であり，組織外との通信にこのアドレスを用いることはできない．プライベートアドレスに用いることができるアドレスの範囲は，以下のように RFC1918 で定められている．

$$10.0.0.8 - 10.255.255.255$$
$$172.16.0.0 - 172.31.255.255$$
$$192.168.0.0 - 192.168.255.255$$

　家庭用のルータでは典型的に 192.168 から始まる 24 ビットのプレフィックスのプライベートアドレスによるネットワーク（たとえば 192.168.1.0/24）を用いるようになっている．今日，多くの企業，学校，家庭では，組織内のホストにプライベートアドレスを割り当てて運用し，組織外との通信にあたっては，後述する NAT (Network Address Translation) を用いてプライベートアドレスとグローバルアドレスを変換している．このような運用は，IP アドレス不足対策とセキュリティ対策両面からの利点がある．

● ループバックアドレス

　127.0.0.0/24 のアドレスはループバックアドレスと呼ばれ，現在使用している機器に対して割り当てられたアドレスである．典型的には 127.0.0.1 が用いられる．このアドレスは，IP を用いるシステムが必要に応じて自分自身と通信するために用いられる．たとえばプログラムのテストや，一般的にはリモートで用いられることが想定されているが同じ機器上で動作しているサービスと接続するのに使用される．

7.3 IP パケットの構成

IPv4 パケットは，通常 20 バイト（160 ビット）のヘッダとそれに続くデータ（ペイロード＝積荷）で構成される．IPv4 パケットの構成を図 7.4 に示す．以下，各領域について説明する．

- バージョン：IP のバージョン．IPv4 の場合，4 が格納される．
- ヘッダ長：ヘッダの長さが 4 オクテット（＝ 4 バイト）単位で格納される．オプションがない場合，ヘッダ長は 20 バイトなので，5 が格納される．
- サービス種別 (Type of Service, TOS)：パケットが転送される場合に重視されるサービスを指定．今日では，元々の IP の仕様で定義された用法ではなく，DiffServ で定義された方法でのパケット種別の指定や Explicit Congestion Notification 等の指定に用いられる．
- 識別子，フラグ，断片位置：この 3 つの領域は，ルータでの IP パケットの断片化（フラグメント化）に用いられる．断片化とはデータリンク層のフレームサイズよりも大きなパケットを分割することである．断片化は必要に応じて経路上のルータで行われ，断片化されたパケットの結合は宛先のホストで行われる．識別子は断片化前のパケットにそれぞれ与えられる値であり，断片の結合はこの識別子に基づいて行われる．フラグは断片化の制御を行う 3 ビットの値であり，断片化の禁止の指定と，これ以上断片が存在するかを指定するのに用いられる．断片位置は，断片が断片化前のパケットのどの位置に対応するかを示す．
- 生存時間：生存時間 (Time to Live, TTL) パケットの余命を表す時間．ルータはパケットを転送するたびにこの領域の値を 1 減らす．この値が 0 になるとパケットは破棄される．この仕組みによって，誤った経路情報のために永遠にパケットが転送され続けることを防ぐことができる．なお，この領域は 8 ビットなので最大値は 255 だが，送信元が 255 を生存時間の初期値として与えることはほとんどない．典型的には 64 や 128 が用いられる．
- プロトコル：上位のプロトコルを指定する値が入る．TCP ならば 6，UDP ならば 17，ICMP ならば 1 が入る．

0	3 4	7 8	15 16	18 19	31
バージョン	ヘッダ長	サービス種別	全長		
識別子			フラグ	断片位置	
生存時間 (TTL)		プロトコル	チェックサム		
送信元アドレス					
宛先アドレス					
オプション（32 ビットの倍数長）					
データ（バイト単位（8 ビットの倍数））					

図 7.4　IPv4 パケットの構成

- チェックサム：誤り検出のためのチェックサムが格納される．このチェックサムは IP ヘッダのみを対象とする．
- 送信元アドレスと宛先アドレス：送信元と宛先の IP アドレスが格納される．
- オプション：IP パケットの配送に関する拡張情報を指定する．使用されることは少ない．通過したルータの IP アドレスの記録や，宛先までの経路の指定などのオプションがある．
- データ：パケットが配送するべきデータ．

7.4 IP の補助プロトコル

7.4.1 ARP

- MAC アドレスと IP アドレスの対応付け

IP パケットが物理的にケーブルあるいは無線伝送路に送り出されるためには，IP パケットはデータリンク層のフレームに格納されている必要がある．典型的なデータリンク層のプロトコルはイーサネットであり，イーサネットで用いられるフレームのヘッダには宛先と送信元の機器のハードウェアアドレス（MAC アドレス）が書き込まれる．ここで問題が生じる．IP パケットを格納するイーサネットフレームのヘッダにはどのような MAC アドレスを書けばよいのだろうか．

イーサネットフレームのヘッダの送信元アドレスには，そのフレームを送り出すホスト，あるいはルータのネットワークインタフェースの MAC アドレスを格納する．ホストあるいはルータは自分自身に搭載されているネットワークインタフェースの MAC アドレスは知っているので，このアドレスを使うのに大きな問題はない．なお，この MAC アドレスは IP パケットの元々の送信元のアドレスとは限らないことに注意しよう．

イーサネットフレームのヘッダの宛先アドレスには，パケットの転送先のルータ，あるいはホストの持つネットワークインタフェースの MAC アドレスが格納される．このアドレスも必ずしも IP ヘッダに格納されている IP アドレスを持つ機器のものとは限らない．あくまでパケットの次の転送先の機器のものである．さて，問題はこのような MAC アドレスをどのようにして得るかである．そこで用いられるのが，ARP (Address Resolution Protocol) である．

ARP とは IP アドレスに対応する MAC アドレスを知るためのプロトコルであり，RFC826にその仕様が定められている．IP アドレスに対応する MAC アドレスを知りたい機器は，データリンク層のブロードキャストによって，同じネットワーク内のすべての機器，つまりルータの中継を必要としないで通信可能なすべての機器に向けて「もしあなたがこの IP アドレスを持つ機器ならば，MAC アドレスを教えてください」という内容のメッセージを含むフレームを送る．該当する IP アドレスを持つ機器は，自分自身の MAC アドレスが書かれたメッセージを含むフレームを返送する．この結果，問い合わせを行った機器は IP アドレスと MAC アドレスの対応を知ることができる．こうして得られた対応アドレスの組（ARP テーブル）は機

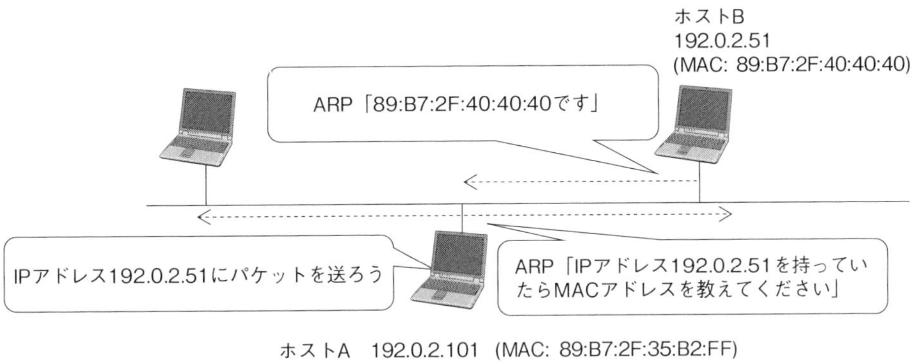

7.4 IP の補助プロトコル

```
                            ホストB
                            192.0.2.51
                            (MAC: 89:B7:2F:40:40:40)
    ARP「89:B7:2F:40:40:40です」

IPアドレス192.0.2.51にパケットを送ろう    ARP「IPアドレス192.0.2.51を持っていたらMACアドレスを教えてください」

ホストA  192.0.2.101  (MAC: 89:B7:2F:35:B2:FF)
```

図 **7.5** ARP の動作

器上に一定時間保持され，利用される．なお，ARP はイーサネットに限らず IEEE802.11 無線 LAN でも同様に用いられる．

図 7.5 の例で，ARP の動作を見てみよう．今，あるホスト A がイーサネットに接続されており，同じネットワークに接続された別のホスト B (192.0.2.51) に送ろうとしているとしよう．ホスト B の持つ MAC アドレスを調べるため，ホスト A はブロードキャストでこの IP アドレスを ARP のメッセージに含めて送信する．ブロードキャストされたパケットはルータを超えない範囲のすべてのホストに届く．この結果，ホスト B がこのメッセージを受信する．そしてホスト B は自身の MAC アドレスをホスト A に返送する．

図 7.5 の例では，宛先のホストが同じネットワークに接続されていた．したがって，IP パケットの宛先アドレスの持ち主を ARP で調べていた．では，宛先のホストが同じネットワークには接続されていなかったらどうなるのだろうか．宛先の IP アドレスの持ち主を ARP で調べようとしても，その持ち主は同じネットワークにいないので，ブロードキャストされた ARP メッセージはその持ち主には届かない．したがって IP パケットに書かれた宛先に関して ARP で MAC アドレスを調べることはない．ここで調べるべきアドレスは，ホストがパケットを転送する先のルータのアドレスである．

図 7.6 の例で，IP パケットがイーサネットのフレームに格納されて転送されていく様子を見てみよう．この例では，ホスト A はホスト C (203.0.113.17) にパケットを送るために，パケットをルータ X (192.0.2.1) に転送する必要がある．

ホスト A がホスト C の IP アドレス 203.0.113.17 に宛てたパケットを送ろうとするとき，ホスト A は自身の持つ経路制御表より，そのパケットをルータ X に転送するべきであることを知る．ルータ X は，ホスト A が接続されたネットワークと，ホスト C が接続されたネットワークの両方に接続されていて，これらのネットワークに接続されたインタフェースはそれぞれ異なる IP アドレスを持っている．ホスト A は，自身と同じネットワークに接続されたルータ X のインタフェースの IP アドレス 192.0.2.1 に向けてパケットを送ろうとする．このため，ホスト A はこの IP アドレス 192.0.2.1 に対応する MAC アドレスを調べるために ARP を用いる．

```
                MAC（ルータX→ホストB）  IP（ホストA→B）                    ホストC
                From:89:B7:2F:35:B2:33  From:192.0.2.101          203.0.113.17
                To:40:6C:8F:55:8C:6B    To:203.0.113.17        (MAC: 40:6C:8F:55:8C:6B)
      IPパケットは全く別のMACフレー  IPヘッダ上のアドレスは
      ムに載せ替えられて転送される    変わらない                203.0.113.1 (MAC: 89:B7:2F:35:B2:33)
                MAC（ホストA→ルータX）  IP（ホストA→B）
                From:89:B7:2F:35:B2:FF  From:192.0.2.101         ルータX
                To:89:B7:2F:35:A1:00    To:203.0.113.17
                                                              192.0.2.1 (MAC: 89:B7:2F:35:A1:00)

         ホストA                   192.0.2.101 (MAC: 89:B7:2F:35:B2:FF)
```

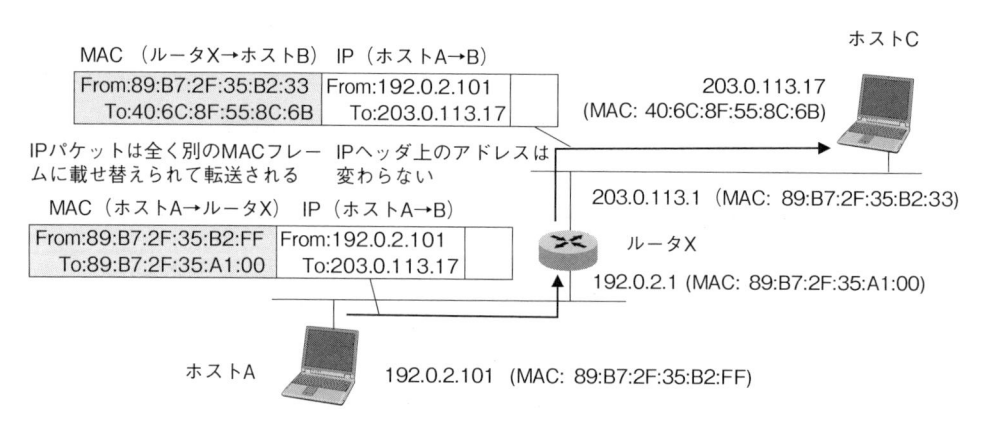

図 **7.6** IP パケット転送〜MAC アドレスと IP アドレスの役割の違い

この結果，IP アドレス 192.0.2.1 に対応する MAC アドレス 89:B7:2F:35:A1:00 を得ると，ホスト A は送信元の MAC アドレスを自身の MAC アドレス，宛先 MAC アドレスを先ほど入手したルータ X の MAC アドレスとしたイーサネットフレームに IP パケットを格納して送信する．このとき，IP ヘッダ中の宛先アドレスはホスト C のものであることに注意されたい．

ルータ X は，このパケットを受け取ると，ホスト C にこれを転送する．そしてこのとき，ホスト B の IP アドレスに対応する MAC アドレスを調べるために，自身のホスト C 側のインタフェースから ARP メッセージをブロードキャストする．この結果，ルータ X はホスト C の MAC アドレスがわかるので，送信元 MAC アドレスを自身のホスト C 側のネットワークのインタフェース (89:B7:2F:35:B2:33) 宛先 MAC アドレスをホスト C の MAC アドレス (40:6C:8F:55:8C:6B) としたフレームに，先ほど受信した IP パケットを格納して送信する．IP パケットの宛先は変わっていないことに注意しよう．IP ヘッダ中で変わっているのは，TTL およびそれに伴うヘッダチェックサムのみである．一方，イーサネットフレームの送信元と宛先アドレスは変わっている．ここでは送信元はルータ X，宛先はホスト C の MAC アドレスとなっている．これらの MAC アドレスは，ルータによって「書き換えられた」のではないことに注意しよう．ルータによって中継されるたびに IP パケットが「別のイーサネットフレーム」に載せ替えられて送出されているのである．

7.4.2 ICMP

IP は，それ自体は上位層から配送を委託されたデータを配送するだけのプロトコルである．ネットワーク越しに IP だけの機能を使って，IP そのものが何らかのメッセージを送ることはできない．しかしながら，ホストおよびルータで動作する IP が把握可能な障害，たとえば経路情報の不備や機器の障害によってパケット配送ができない場合などに関しては，障害を見つけた機器から IP パケットの送信元に通知ができると便利である．また，ホスト間の接続性の確認や遅延を調べる手段があると，ネットワークの管理上好都合である．

ICMP (Internet Control Message Protocol) は，IP 単体では送信できない管理用のメッセージを送るためのプロトコルであり，RFC792 および 950 にその仕様が定められている．ICMP によって規定されたメッセージは IP パケットに格納されて配送される．

ICMP には様々なメッセージが規定されているが，中には使用を推奨されていないものがあったり，実際にはほとんど使用されないものもある．以下，よく用いられるものに関して説明する．

- 宛先到達不可 (destination unreachable)

宛先到達不可メッセージは次のように，ルータあるいはホストの IP が宛先にパケットを届けることができないことがわかったとき送信元に送られる．経路情報の誤りや，宛先のホストが指定されたプロトコルを動作させていない，フラグメント禁止が指定されたのにパケットをフラグメント分割しない限り転送できないなどの理由がある．

- 時間超過 (time exceed)

時間超過メッセージは，パケットの生存時間が 0 になったことで，中継ルータでパケットをそれ以上転送できなくなったとき，経路上のルータから送信元に転送される．

- エコー要求とエコー応答 (echo request/reply)

エコー要求とエコー応答はペアで用いられるメッセージであり，機器間の IP での接続性や遅延を調べるのに用いられる．エコー要求メッセージは，送信元で指定された宛先へ届けられ，それを受け取った宛先の機器はエコー応答を送信元へ返送する．

エコー要求と応答を使うプログラムの例が ping である．このプログラムはネットワークの接続診断用に広く用いられている．ping とは元々潜水艦のソナー音のことを意味している．潜水艦の中からは，乗組員は海中の様子を目視で確認することはできないので，水中に音波を送出し，それが障害物に反射して戻ってくるまでの時間を計ることで周りの様子を把握するのである．コンピュータネットワークにおける ping では，ICMP のエコー要求を宛先の IP アドレスに送り，それに対するエコー応答を受け取るまでの時間を計測する．応答そのものが返ってこなければ，宛先の IP アドレスへのパケット配送に何らかの障害があることがわかるし，遅延の大きさやその変化を調べればネットワーク機器間の物理的距離の推測や経路上の混雑の度合いの推定ができる．図 7.7 に ping の実行例を示す．

ping に似ているがより詳細なネットワークの調査に用いられるプログラムに traceroute がある．traceroute は，宛先までの経路上のルータの IP アドレス，ならびにそのルータとの間の往復遅延時間を調べるプログラムである．図 7.8 に traceroute の実行例を示す．traceroute の実装には，ICMP エコー要求，エコー応答を用いるものと，そうではないものがあるが，ここでは ICMP エコー要求を用いた実装の仕組みを簡単に説明する．

図 7.8 に示すように traceroute では，ping と同じように指定された宛先の IP アドレスに向けてエコー要求を送信することは同じであるが，そのときに送信元で IP ヘッダの生存時間

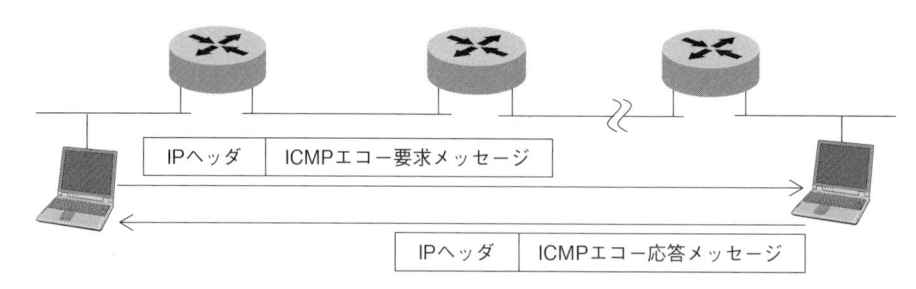

(a) ICMPエコー要求とエコー応答

```
prompt% ping www.ucla.edu
PING www.ucla.edu (128.97.27.37) : 56 data bytes
64 bytes from 128.97.27.37: icmp_seq=0 ttl=52 time=114.281 ms
64 bytes from 128.97.27.37: icmp_seq=1 ttl=52 time=113.662 ms
64 bytes from 128.97.27.37: icmp_seq=2 ttl=52 time=113.943 ms
64 bytes from 128.97.27.37: icmp_seq=3 ttl=52 time=113.572 ms
64 bytes from 128.97.27.37: icmp_seq=4 ttl=52 time=113.715 ms
64 bytes from 128.97.27.37: icmp_seq=5 ttl=52 time=113.655 ms
64 bytes from 128.97.27.37: icmp_seq=6 ttl=52 time=114.133 ms
^C
--- www.ucla.eduping statistics ---
7 packets transmitted, 7 packets received, 0.0% packet loss
round-trip min/avg/max/stddev= 113.572/113.852/114.281/0.252 ms
prompt$
```

(b) pingコマンドの実行の様子（日本国内のホストから米国の大学のWWWサーバに向けて）

図 **7.7** ICMP のエコー要求とエコー応答〜ping の実行例

(Time To Live, TTL) 領域の値を 1 から順に増やしていくという操作をする．最初は IP ヘッダ上の生存時間の値を 1 としてエコー要求を送る．すると，最初に到達したルータで生存時間が 1 減らされて 0 になる．この結果，このルータは送信元に ICMP 時間超過メッセージを送る．送信元は ICMP 時間超過メッセージの送り元の IP アドレスとそれが届くまでの時間を記録する．次に生存時間を 2 として宛先に ICMP エコー要求を送ると，2 つ目のルータで IP パケットの生存時間が 0 となり，ICMP 時間超過メッセージが送られてくる．これを繰り返すことで，宛先までのすべてのルータの IP アドレスとそのルータとの間の往復遅延時間を調べることができる．

- リダイレクト (redirect)

送信元のホストが最適ではない経路を使用していることをルータが検出すると，ルータは ICMP リダイレクトメッセージを用いて最適な経路の情報を送信元のホストに通知する．

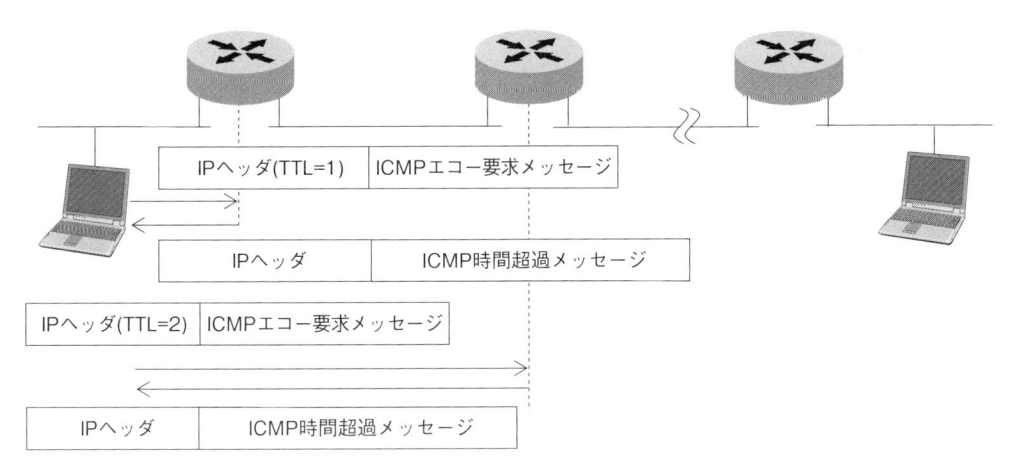

(a) TTLを1ずつ増加させて宛先にIPパケットを送信

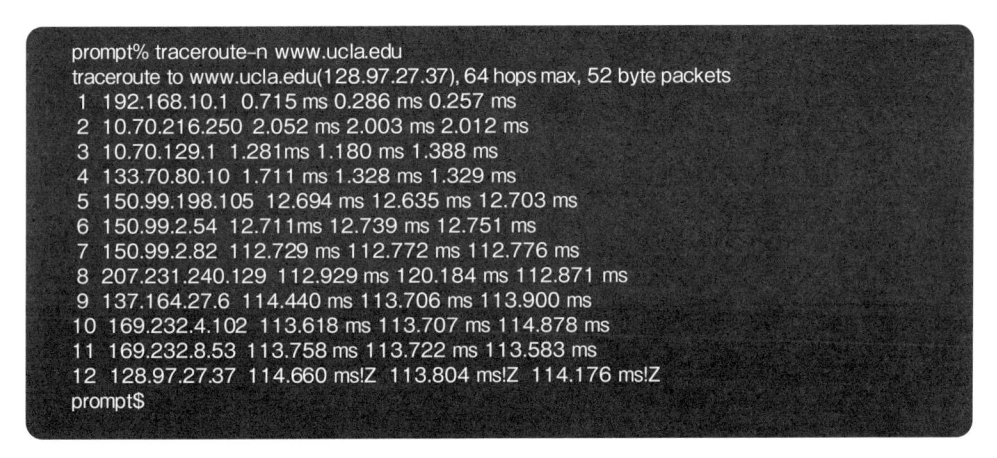

```
prompt% traceroute -n www.ucla.edu
traceroute to www.ucla.edu(128.97.27.37), 64 hops max, 52 byte packets
 1  192.168.10.1  0.715 ms  0.286 ms  0.257 ms
 2  10.70.216.250  2.052 ms  2.003 ms  2.012 ms
 3  10.70.129.1  1.281 ms  1.180 ms  1.388 ms
 4  133.70.80.10  1.711 ms  1.328 ms  1.329 ms
 5  150.99.198.105  12.694 ms  12.635 ms  12.703 ms
 6  150.99.2.54  12.711 ms  12.739 ms  12.751 ms
 7  150.99.2.82  112.729 ms  112.772 ms  112.776 ms
 8  207.231.240.129  112.929 ms  120.184 ms  112.871 ms
 9  137.164.27.6  114.440 ms  113.706 ms  113.900 ms
10  169.232.4.102  113.618 ms  113.707 ms  114.878 ms
11  169.232.8.53  113.758 ms  113.722 ms  113.583 ms
12  128.97.27.37  114.660 ms!Z  113.804 ms!Z  114.176 ms!Z
prompt$
```

(b) tracerouteコマンドの実行の様子（日本国内のホストから米国の大学のWWWサーバに向けて）

※Windowsではコマンド名はtracertである．
　上記のコマンド例の-nオプションはドメイン名を非表示にするためのもの．

図 7.8　traceroute の実行例

7.4.3　DHCP (Dynamic Host Configuration Protocol)

　機器に与えられる IP アドレスは，ネットワークを管理している組織に依存している．組織内のネットワークに接続される機器のアドレスのプレフィックスは，その組織に対して割り当てられたものだからである．したがって，同じコンピュータであってもそれを別の組織のネットワーク（より正確には，プレフィックスが異なるネットワーク）に接続したならば，別のアドレスが与えられなければならない．また接続先のネットワークが変わると，そこで利用可能な DNS サーバの IP アドレスやサブネットマスク，デフォルトゲートウェイの IP アドレスも変わる．しかし，接続先を変えるたびにコンピュータの IP アドレスなどを手動で変更するのは

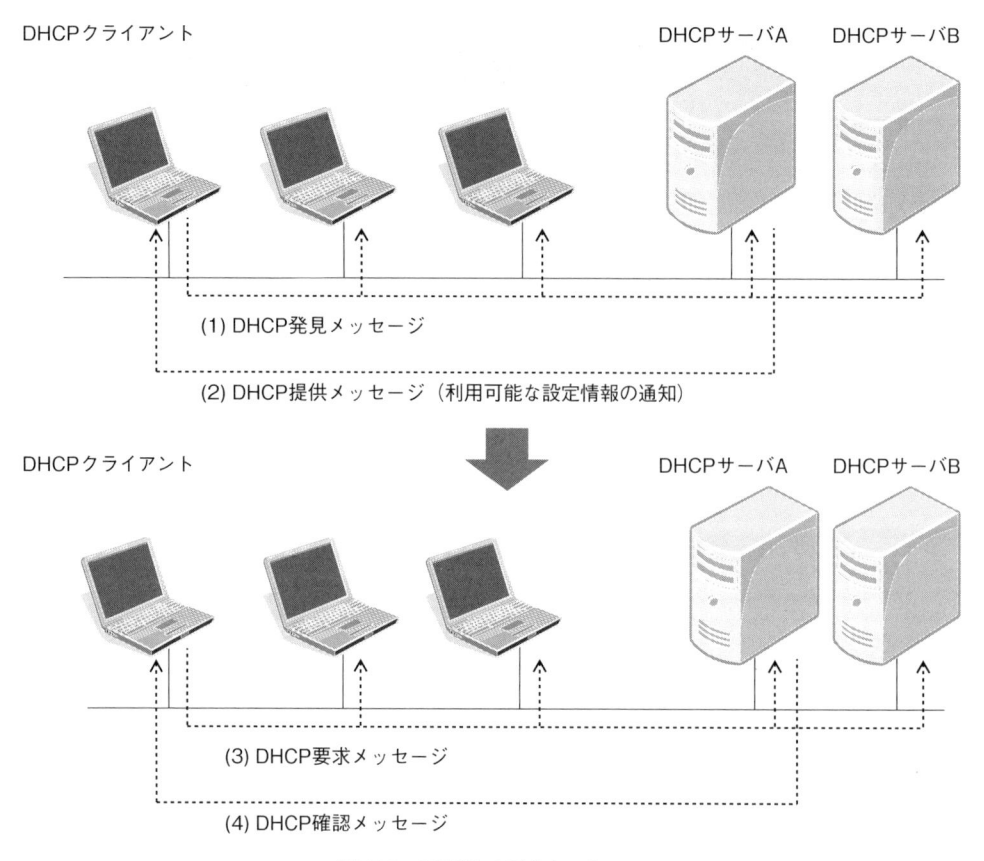

図 **7.9** DHCP の動作シーケンス

大変面倒である．このような問題を解決するのが DHCP である．

　DHCP は IP アドレス，DNS サーバの IP アドレス，サブネットマスク，デフォルトゲートウェイの IP アドレス，およびその他のネットワーク関連の設定を自動的に行うためのクライアントサーバ型のプロトコルである．DHCP の仕様は RFC2131，2132 および 3315 に定められている．今日，多くのネットワークでは DHCP サーバが稼働しており，ホストの自動設定を行うようになっている．DHCP を使って自動設定を行う対象のホスト（ノート型コンピュータ，スマートフォンなど）では，DHCP クライアントプログラムが動作している．図 7.9 に示すように DHCP クライアントは，ホストがネットワークに接続されると，ブロードキャストで DHCP 発見メッセージを送信し，同一ネットワーク（ルータを超えない範囲）の DHCP サーバを探索する．DHCP サーバはブロードキャストされた DHCP 発見メッセージを受信すると，割り当て可能なネットワークの設定を DHCP 提供メッセージに含めてクライアントに返送する．次に DHCP クライアントは，使用したい設定とその設定の提供者のサーバのアドレスを DHCP 要求メッセージに含めてブロードキャストする．設定の提供者の DHCP サーバはこのメッセージを受信すると，その要求に対する許可通知を DHCP 応答メッセージに含め

て返送する．DHCPの動作はブロードキャストを使って問い合わせを行う方法がARPに似ているが，ARPとは異なり2段階の処理が行われる．これは複数のDHCPサーバがいても正しく動作させるためである．

なお，古くはRARP (Reverse Address Resolution Protocol) というプロトコルが機器へのIPアドレスの割り当てに使われていた．RARPはその名の通り，ARPの逆の振舞いをして機器のMACアドレスに対してIPアドレスを割り当てるためのプロトコルである．RARPを用いるには，DHCPと同様にRARPサーバが必要である．RARPサーバはMACアドレスとIPアドレスとの対応表を保持している．機器の電源が入ると，その機器はブロードキャストによってRARPサーバに自身のMACアドレスを伝える．これを受け取ったRARPサーバはそのMACアドレスに対応するIPアドレスを含んだメッセージを送り返す．これに従って機器は自身のIPアドレスを設定する．RARPの機能はDHCPの機能に含まれているので，今日ではRARPが用いられることは稀である．

7.5 経路選択

7.5.1 経路選択とは

端末Aから端末Bにエンド・ツー・エンドで通信する場合には，今までの例にもあるように複数のルータを経由（ホップ）する．ルータの先のネットワークの接続状態を知らないと，どこにそのパケットを送れば通信先まで届くのかがわからない．そこで，このIPアドレスならば，どこのルータにパケットを送れば，後はそちらで配送してくれるという情報をルータが保持すればよい．この宛先情報とどこに送ればよいという情報とのペアを表にしたものが，経路制御表（ルーティングテーブル）である．

図7.10は，端末Aから端末Bに対してデータを送る際に，複数の経路が存在する例である．端末Aから端末Bにデータを送信するためには，端末Bを一意に識別できるアドレスの情報

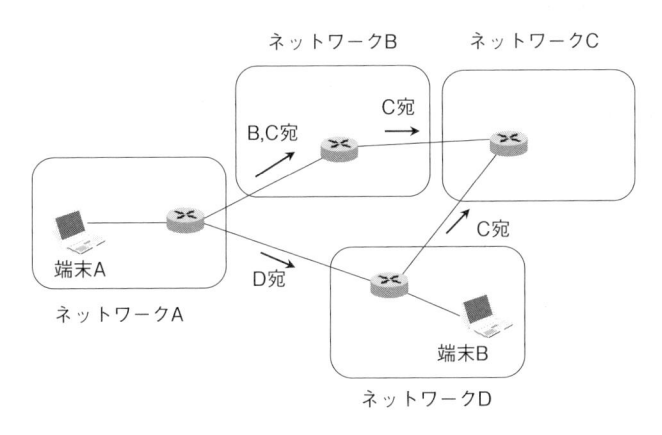

図 **7.10** 経路選択

が必要である．このアドレス情報をパケットに付与し，その情報に基づいて目的とする端末までの経路を決定することを経路選択（ルーティング）と呼ぶ．では，この表をどのようにして作成するのであろうか．この表を作成するアルゴリズムをルーティングアルゴリズム（経路制御アルゴリズム）と呼ぶ．

7.5.2 経路制御表

図 7.11 に IP パケットの配送の様子と送信元のホストと各中継ルータの持つ経路制御表を簡略化したものを示す．経路制御表には，宛先のネットワークアドレスと次にパケットを転送すべきルータのアドレスが書かれている．ホストおよびルータは，新たに IP パケットを送ろうとする場合，あるいは受け取ったパケットの宛先が自分自身ではない場合，パケットの宛先のアドレスと経路制御表の各項目の宛先ネットワークアドレスが一致するものを探す．一致するものが複数ある場合は，一致する部分がより長いもの（つまりよりプレフィックスが長いもの）を選ぶ．たとえば，図 7.11 のホスト A から送られたパケットの宛先アドレス 10.40.100.101 はルータ R3 上の経路制御表の 10.40.0.0/16 と 10.40.100.0/24 のどちらにも一致するが，よりプレフィックスの長い 10.40.100/24 が選ばれる．このような選び方を最長一致という．

ホスト A の経路制御表を見ると最上段にアドレスが 0.0.0.0/0 という項目がある．これは，デフォルトルートと呼ばれ，経路制御表中のどの項目にも一致しなかった場合に用いられる経路である．これを用いることで経路制御表に含めるべき項目数を少なくできる．なお，デフォ

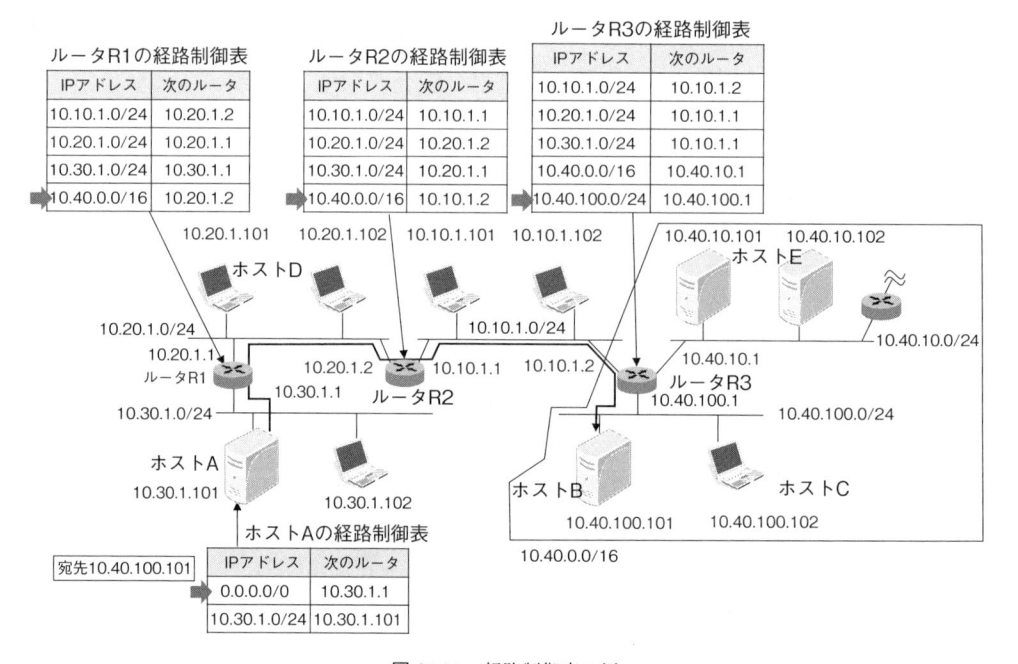

図 7.11 経路制御表の例
（この例では，ルータの経路制御表のデフォルトルートを省略している）

ルトルートに設定された宛先のルータのことをデフォルトゲートウェイという.

ルータR3とルータR2の経路制御表を比べてみると, 10.40. から始まるネットワークへの経路の項目の数が異なることに気付くだろう. ルータR3では10.40.0.0/16 および 10.40.100.0/24 それぞれに向けての経路の項目があるのに対し, ルータR2ではこれらが集約されて, 1つの項目 10.40.0.0/16 にまとめられている. これを経路の集約という. ルータR2にとっては, 10.40.0.0/16, 10.40.100.0/24 どちらのネットワークに送る場合でもルータR3のインタフェース 10.10.1.2 を経由してパケットを転送するので, このような経路の表現でよいのである. このようにネットワークアドレスの階層のビットパターンを考えて効率的に配置すると, ある組織のネットワークが複数のサブネットワークから構成されていたとしても, 外部には代表する1つのネットワークアドレスで経路制御することができる. こうすると経路制御表に含まれる項目数を少なくすることができる.

7.5.3 静的ルーティング (非適応型アルゴリズム)

図7.12に示すように, 宛先によって, あらかじめ経路が決められている方式を静的 (スタティック) ルーティングアルゴリズムと呼ぶ. 途中経路上のルータでは, 宛先ごとに次にどこにパケットを転送すればよいかを示す経路制御表 (ルーティングテーブル) を保持しており, この経路制御表に基づいてパケットを転送する. 経路制御表はネットワークの設計者によって, 最適ルート, 最短ルートを考慮してあらかじめ設計され, ルータに組み込まれる. 適切な経路が設定される半面, 障害発生時などに自動的に迂回経路に変更するといったことができない. そのため, 比較的小規模なネットワークに適している. また, 柔軟性を持たせるために, 経路表にない宛先へのパケットが到着した場合には, デフォルトで決まったところに転送することもでき, 異なるネットワークへのパケットをその接点までデフォルトで転送することもできる.

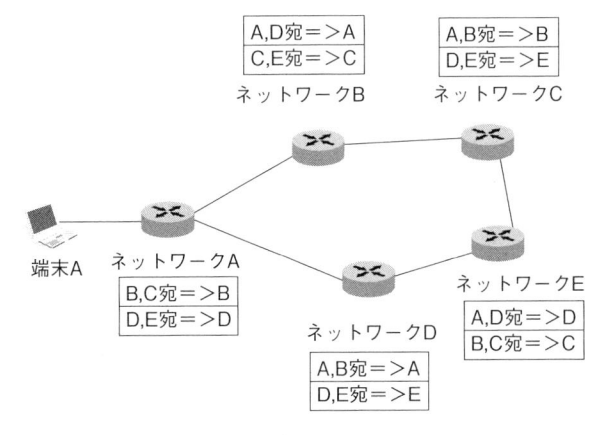

図 7.12 静的ルーティング

7.5.4 動的ルーティング（適応型アルゴリズム）

時々刻々と変わるネットワークの状態に応じて，隣接するルータ間で情報を交換することにより動的に経路を決定する方式を動的（ダイナミック）ルーティングアルゴリズムと呼ぶ．ルータ間で情報を交換することによりネットワークの状況を伝搬する．障害が発生した場合には，隣のルータと定期的な通信ができなくなることによりルータがその障害を発見，制御情報を伝搬し，自動的に迂回をさせる．動的ルーティングアルゴリズムを使えば，ネットワークの設計者は細かい設定などが不要である．したがって，動的ルーティングは流動的な大規模なネットワークに適している．

7.5.5 最短経路ルーティング

動的にせよ静的にせよ，経路を選択する上で，最短経路を求めるにはどうすればよいだろうか．ルータをノード，ルータ間の通信路をエッジと見たグラフと考えると，2つのノード間の最小の経路はダイクストラのアルゴリズムで求めることができる．このアルゴリズムでは送信元のノードは各ノードについて，それまでのわかっている経路の中でも最短の経路で重みづけしておく．最初は隣接ノード以外のすべてのノードが無限大の距離としておくと徐々に最短経路を求めていくことができる．なお，経路の長さには，ホップ数のみのほか，帯域や遅延の情報なども含めたものを使用できる．また，他の方法として，ルータが入力パケットを到着した通信線以外にすべて送り出すことを繰り返すことにより最短経路を求めることもできる．この方法をフラッディングと呼ぶが，膨大な数の重複パケットが飛び交うことになる．しかし，ホップ数の上限を超えたものは削除するといった工夫をすることにより，重複パケットの爆発を抑えながら最短経路を見つけることができる (図 7.13)．

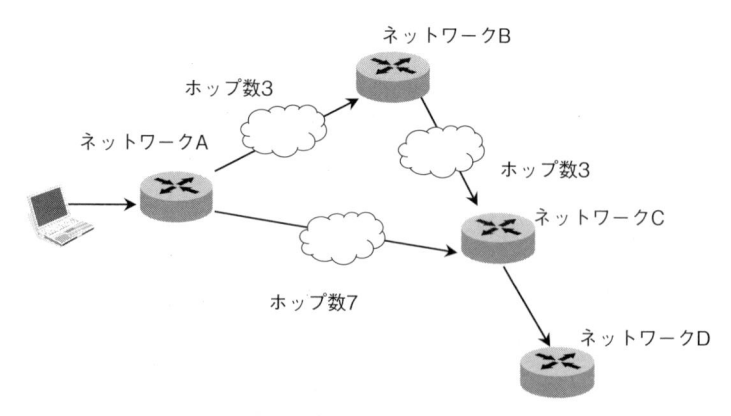

AからCへの最短経路はネットワークB経由

図 **7.13** 最短経路を求める

7.5.6 ルーティングプロトコル

ネットワーク上で適切な経路を選択するアルゴリズムは大きく2種類に分けられる．

● 距離ベクトル型ルーティングアルゴリズム (Distance Vector)

宛先までの距離（メトリック）が最小になるような経路を決めるアルゴリズムである．たとえば，距離は宛先までの間に経由するルータの数（ホップ数）で決めることができる．図7.14に示すようにルータ間で通るパケットのホップ数のフィールドに1を加えて次のルータに送ることにより，複数のルータからパケットを受け取れば，ホップ数の少ない方が適切であることがわかる．また，遅延時間も距離に入れるのであれば，タイムスタンプを見ることでより近い方を確認することができる．このアルゴリズムを用いる代表的プロトコルには，RIP (Routing Information Protocol) や IGRP (Interior Gateway Routing Protocol) がある．

● リンク状態型ルーティングアルゴリズム (Link State)

ネットワーク全体の状態を内部に記憶し，全ルータが同じ情報を保持した上で経路を決めるアルゴリズムである．一度全体で共有してしまうと，障害の発見のためにパケットは交換するが，変化がない限りは全体の状態は変更しない．このアルゴリズムを用いる代表的なルーティングプロトコルには OSPF (Open Shortest Path First) がある（図7.15）．

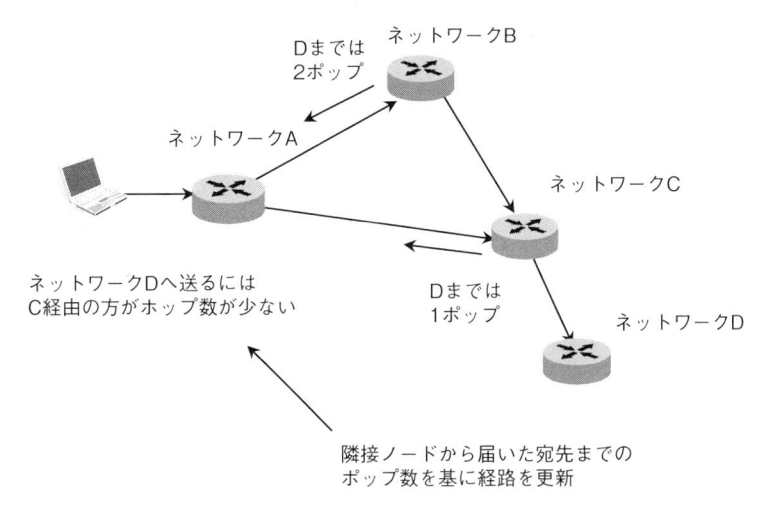

図 7.14　距離ベクトル型ルーティングアルゴリズム

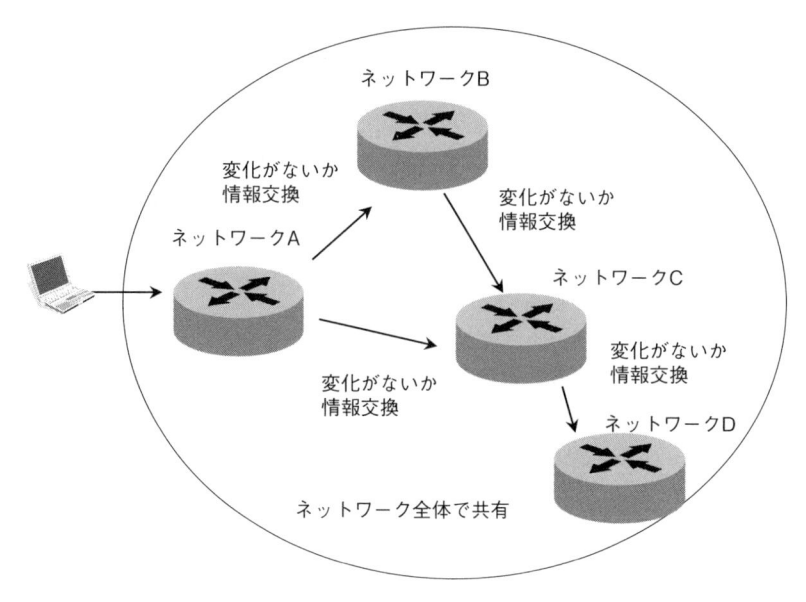

図 7.15　リンク状態型ルーティングアルゴリズム

7.6　インターネットにおける経路制御

7.6.1　自律システム内経路制御と自律システム間経路制御

　ルータは IP パケットを経路制御表に基づいて転送するが，この経路制御表は前章で解説した経路制御アルゴリズムに基づいて作成される．インターネットでの経路制御は，インターネットサービスプロバイダ等の組織内部での制御と，組織をまたがる制御の 2 階層に分かれ，それぞれについて異なる経路制御プロトコルが用いられている．この制御の単位を自律システム (Autonomous system, AS) という．インターネットは自律システム同士を相互に接続したネットワークである．図 7.16 に自律システム間の接続例を示す．同図中の IX (Internet Exchange) というのは，自律システムを 1 ヵ所で相互接続している場所のことである．IX を使うと多くの自律システムを低いコストで相互接続できる．自律システム内で用いられる経路制御プロトコルを IGP (Interior Gateway Protocol)，自律システム間で用いられる経路制御プロトコルを EGP (Exterior Gateway Protocol) と呼ぶ．各自律システムには IANA より発行された AS 番号が与えられており，EGP は AS 番号を用いて経路制御を行う．

　自律システム内の経路制御は，自律システムを管理する組織の方針に従って決められる．一方，自律システムをまたがるパケットの転送にあたっては，相互接続している自律システム間の契約形態を考慮した制御が必要となる．なぜこのような経路制御が必要となるのだろうか．次の例で考えよう．

　A と B という 2 つの小さなインターネットサービスプロバイダ（それぞれが自律システムで

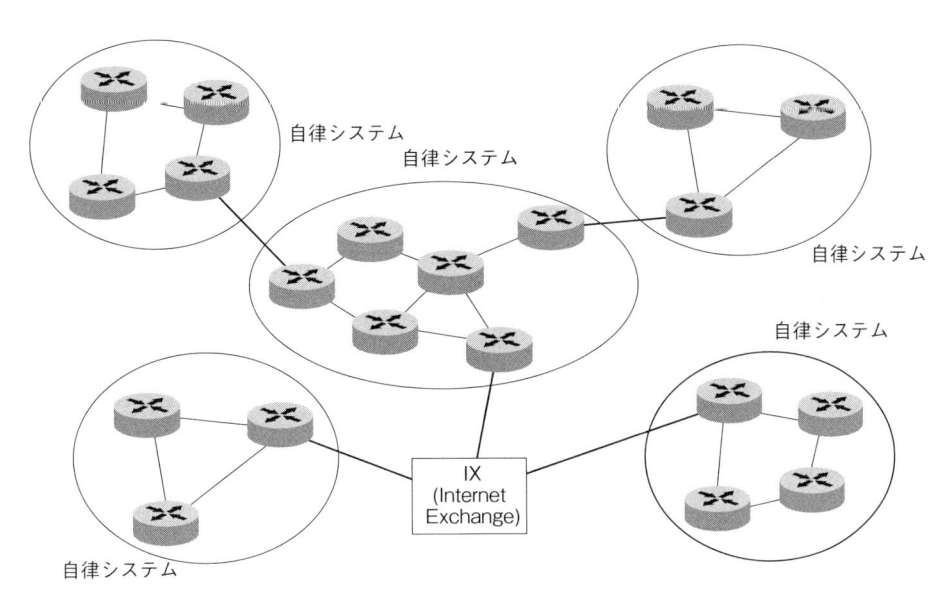

図 7.16 自律システム内経路制御と自律システム間経路制御

ある)が，Xという広域インターネットサービスプロバイダにそれぞれ接続されているとする．XにはAとBのほかにも多くのインターネットサービスプロバイダが接続している．またAとBは，Xを介した接続のほかに，直接ルータ同士で接続されているとする．このような構成のネットワークで，AはBから届いたA内のホストに向けたパケットもAの内部に転送するが，Bから届いたA以外の自律システム宛のパケットはAの内部には転送するべきではない．なぜなら，AはBからのパケットの転送のためにお金を出して広域インターネットサービスプロバイダと契約をしているわけではなく，そのようなパケットを送るのであれば，BはA経由ではなくXにパケットを送るべきであるからである．このように，自律システム間のパケットの転送にあたっては，単に経路長が短い，あるいは経路の総コストが低いという機能的な基準だけではなく，接続契約に基づいて経路上にどんな自律システムがあるかを考慮して経路制御を行う必要がある．

7.6.2 自律システム内経路制御プロトコル (IGP)

自律システム内では，それぞれの方針に基づいて経路制御プロトコルを使用できる．自律システム内用の経路制御プロトコル (Interior Gateway Protocol, IGP) として RIP (Route Information Protocol) と OSPF (Open Shortest Path First) の 2 つのインターネットの標準がある．RIP は距離ベクトルアルゴリズムに基づくプロトコルであり，OSPF はリンク状態型アルゴリズムに基づくものである．RIP と OSPF のほかに大手ルータベンダによる独自のプロトコルも用いられている（図 7.17）．

RIP（バージョン 2）は RFC2453 でその仕様が定められている．RIP が経路の選択に用いる

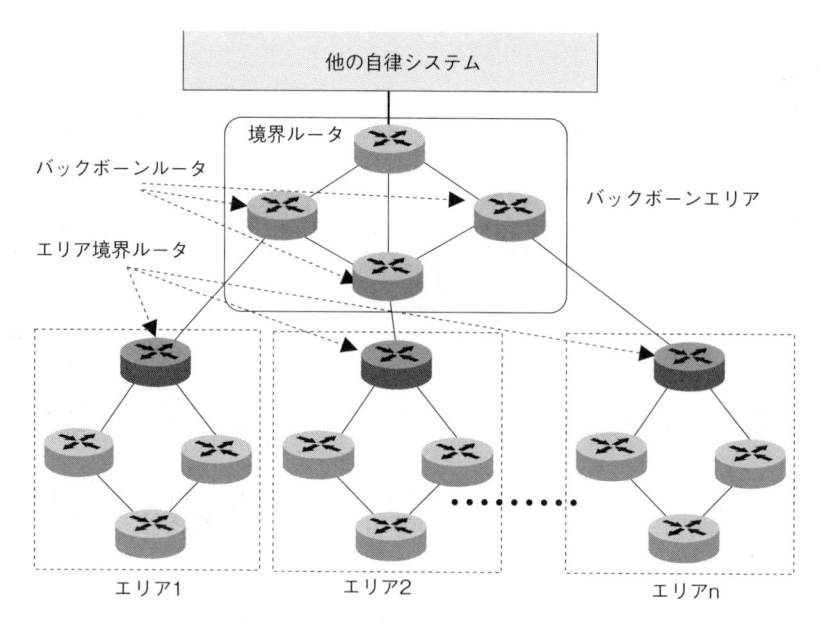

図 7.17 OSPF による階層型経路制御

経路のコストはホップ数である．RIP は利用できるホップ数に制限があるほか，距離ベクトルアルゴリズムを用いていることに起因して，特にループが多く含まれるネットワークで経路の収束に時間がかかるという問題があるので，小規模なネットワークで利用される．OSPF（バージョン 2）はその仕様が RFC2453 で定められたプロトコルである．RIP に比べて経路の収束が速いという特徴があるほか，大規模ネットワークに対応するために 2 階層の階層型経路制御に対応している．OSPF は今日のインターネットでの推奨 IGP であり，多くのインターネットサービスプロバイダは OSPF を使用している．なお，OSPF のプロトコル実装は RIP に比べて複雑であり，低価格の機器には搭載されていないことが多い．

7.6.3 自律システム間経路制御プロトコル (EGP)

自律システム内の経路制御と異なり，自律システム間の経路制御に関してはすべての自律システムで同じものを使う必要がある．自律システム間のルーティングプロトコル (Exterior Gateway Protocol, EGP) として BGP (Border Gateway Protocol) が用いられている．現在の BGP の仕様（バージョン 4）は RFC4271 で定められている．図 7.18 に BGP を用いた自律システム間の経路制御にかかわるプロトコルの適用例を示す．BGP は自律システム同士を接続する境界のルータ上で動作する．これらの BGP によって経路情報を交換しているルータを BGP スピーカと呼ぶ．隣接する異なる自律システム上の BGP スピーカは BGP の中でも Exterior-BGP (E-BGP) と呼ばれるプロトコルに従って経路情報を交換する．自律システムは異なる BGP スピーカを介して複数の他の自律システムと接続することもある．この場合，

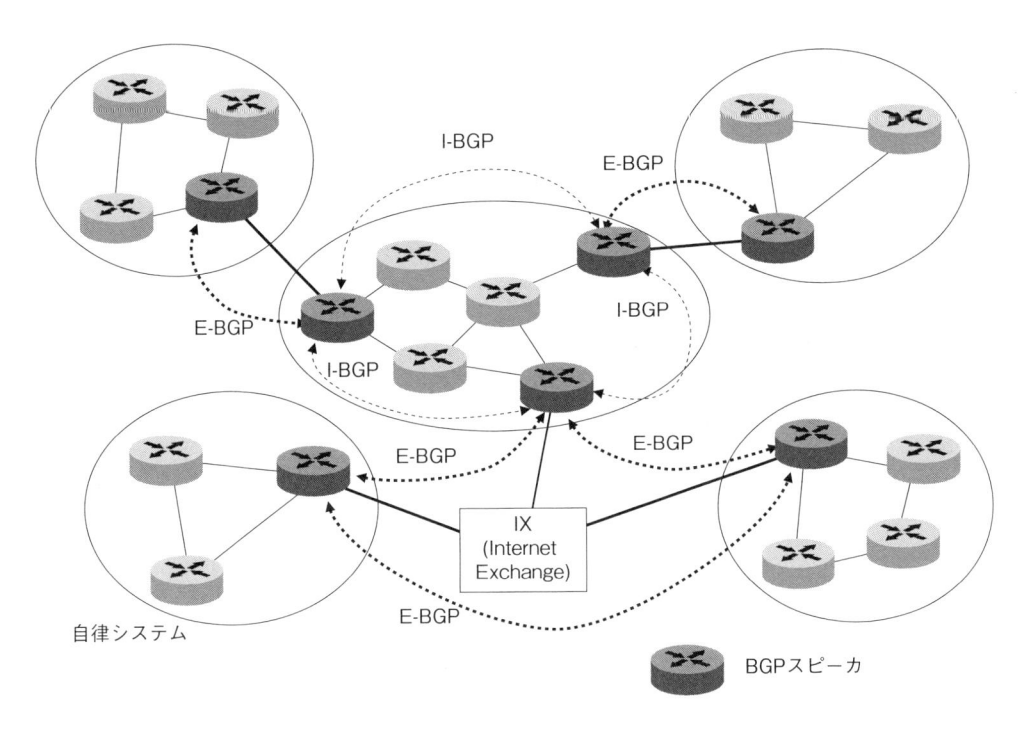

図 7.18 BGP による経路制御

同じ自律システム内の複数の BGP スピーカ間で経路情報を交換する必要がある．この用途には Interior BGP (I-BGP) と呼ばれるプロトコルが用いられる．

BGP における経路制御アルゴリズムは経路ベクトルアルゴリズムと呼ばれる．これは距離ベクトルアルゴリズムを改良したもので，BGP スピーカは，自身が知っている宛先のネットワークに至るまでに通過する自律システムの AS 番号のリストを，隣接する自律システムの BGP スピーカに伝える．基本的には，こうして得られた宛先までの通過する自律システムの数が少ない経路が選ばれるが，経路に含まれる AS 番号に従って柔軟に経路を選択できる．たとえば，ある経路に途中に利用すべきではない自律システムがある場合，その経路を利用しないようにすることができる．また，BGP スピーカは経路上のすべての AS 番号を経路情報として持つので，経路のループを容易に検出できる．したがって距離ベクトルアルゴリズムを用いる場合のように経路の収束時間が長くなることはない．

7.7 輻輳制御

7.7.1 輻輳制御とは

ネットワーク上の通信量が増加すると，通信の競合が発生しやすくなる．競合が発生し始めるとデータリンク層において再送などを行いルータ間でのパケットの伝送が保証される．しか

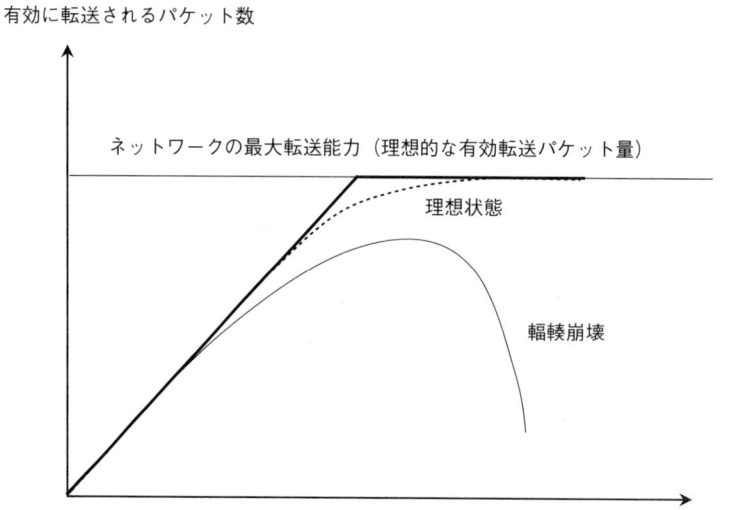

図 7.19 ネットワーク輻輳制御

し，端末間でのデータの転送から見ると，一部の区間でもデータの再送が起こり始めるとデータの転送速度は遅くなる．さらにネットワークに入るパケットが増加すると再送も失敗する可能性が高くなり，図 7.19 に示すようにどんどん悪化の一途を辿ることになる．上位層から見ると，一定時間にデータが転送されなくなり，上位層からも再送の要求をされることになる．このようにネットワークの許容量を超えた状態になることを輻輳するという．この輻輳を制御し，ネットワーク全体が輻輳による崩壊を起こさないように，かつ公平に利用できるようにすることが輻輳制御である．一方，端末間の通信で，受信側が転送されてくるデータ量に対して処理しきれなくなることを防ぐために転送速度を制御する処理はフロー制御と呼ばれ，輻輳制御とは区別される．

7.7.2 輻輳に対する対策

輻輳を制御するためには，次の 3 点を原則として行う必要がある．

1. いつ，どこで輻輳が起こったかを監視する．
2. 通信を行おうとしている場所に輻輳が起こったことを伝える．
3. システム全体で，輻輳制御を行う．

輻輳の監視には，パケットの到着遅延率や再送されたパケットの数を経路上で処理するためにキューにデータを入れるが，その長さなどのように大きな値になれば輻輳の可能性を示す数値が多数存在する．輻輳の可能性を検知したらすぐに通信を行っている場所に通知し，フィードバックをかけることにより輻輳制御を実現することができる．輻輳制御はネットワークの特性に応じて様々なアルゴリズムおよびその実装がある．

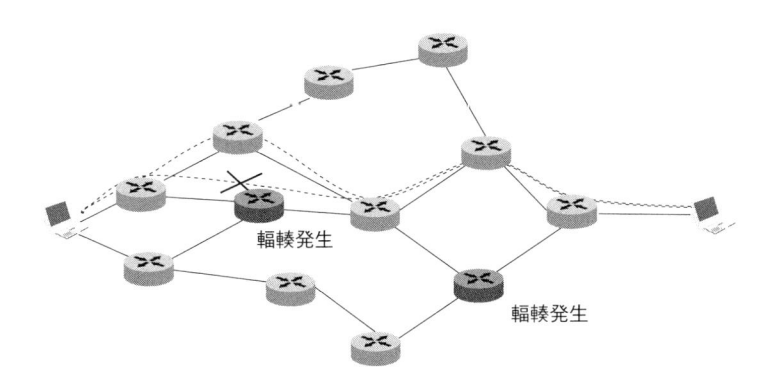

図 7.20　トラフィックアウェアルーティング

輻輳に対する具体的な対策はネットワークのリソースを増加させるか，負荷を軽減させるかのどちらかである．いわゆる交通渋滞の回避と同じで，道路を拡張するか，自動車を別の道路に誘導するかというのと同じである．

● トラフィックアウェアルーティング

ネットワークのルーティングアルゴリズムでホップ数だけでなく，遅延時間など混雑の度合いを入れ，動的に変わることを前提にすることにより，混雑してきたルートは距離が遠くなるようにして扱う．これによって経路が変わり，トラフィックを迂回させる方式をトラフィックアウェアルーティングという（図 7.20）．しかし，どうしても通過せざるを得ないノードがあると，この方法では輻輳は回避できない．

● 流入制御

流入制御とは，新たな流入を防いでしまう方式で，高速道路の入口閉鎖と同じである．一部のアプリケーションで通信不能が発生するかもしれないが，全部が輻輳崩壊で潰れてしまうよりもよい．高速道路と違い，トラフィックはいつ急激に多発するか推測するのが難しい．またネットワーク全体での許容量の見積もりも難しい．したがってトラフィックの統計的な性質を把握することでそのネットワークの性能を知り，流入制御する必要がある．

● トラフィック抑制

送信者が，出力トラフィックを抑え調整することにより輻輳を回避する方式である．パケットを送出するスピードの様子を見ながら徐々に多くしたり，少なくしたりすることにより実現する．このような抑制のことを輻輳回避と呼ぶことがある．この方法もトラフィックの統計的な変動を見て，トラフィックの遅延時間が敷居値を超えた場合に，輻輳回避の動作を始めることになる．輻輳の原因となっているノードに対してフィードバックをして抑制することになる．

これらの具体的なプロトコルはトランスポート層とネットワーク層が協力して行うことにより実現される．第 8 章にてその一部を紹介する．

7.8 QoS (Quality of Service)

7.8.1 QoSとは

輻輳制御では，輻輳が起こり始めるとそれを検知し，公平に転送速度を落として，輻輳にならないようにすることに主眼が置かれる．しかし，ビデオデータの転送などでは転送レートが遅くなると見るに堪えないような場合もあり得る．このように利用者やアプリケーションの要求を満足しているかどうかという尺度をサービスの品質 (Quality of Service, QoS) と呼ぶ．QoS を決めるパラメタとしては，パケットが確実に転送されるかどうか（信頼性），パケットの到着がどの程度遅れるか（遅延），パケットの到着時間のばらつき（ジッタ (jitter)），帯域幅などがある．アプリケーションによって，これらのパラメタの何を強く要求するかが変わる．たとえば，動画を見るアプリケーションであれば，帯域幅とジッタが最も強い要求と考えられる．一方，リモートデスクトップで遠隔でコンピュータを使うような場合には，遅延時間，信頼性が問題となり得る．

これらの問題を解決するためには様々な工夫が考えられる．遅れ時間が気にならない場合には，一定のデータ転送を受けてから，アプリケーションにデータを渡すというバッファリングが有効である．あるいは，ジッタが大きいような場合には，中継ノードが一旦受けてからジッタを少なくなるようにして送り出す方法が有効な場合もある．また，一定の帯域という資源を予約してしまうことにより品質の保証をするという手法も有効な場合がある．このように様々なアイデアが要求に応じて考えられる．

7.8.2 QoSの実現方式

QoS を実現するには，対象となるトラフィックがどういう特性を持つのかを知った上で処理する必要がある．たとえばファイルの転送であれば，先に到着したパケットを捨ててしまい後からきたパケットを優先したとしても，届いたデータは途中の抜けた状態になるため，意味がなくなってしまう．一方，画像データを視聴している場合であると，途中のフレームを表す画像データの差分データが抜けたとしても，数フレームに対して1つある全画面データが抜けなければ大丈夫という場合もある．このように QoS を実現する上ではアプリケーションの特性を知る必要がある．

たとえば，電話の音声データは 64kbps の帯域を必要とし，固定ビットレートで送られる．圧縮ビデオ会議では，リアルタイムで可変ビットレートとなる．このほかに，映画の視聴などでは非リアルタイムで可変ビットレートである．このような特性を把握し利用する方法としてトラフィックシェイピングという手法がある．

このほかにも，流れてくるデータを一旦受け止めて，穴があいたバケツから流れるように一定速度でデータを送り出す方式がある．これをリーキー・バケツ方式（穴あきバケツ方式）と呼ぶ．バケツが満タンのときにはデータは送られず，データは破棄される．一方，同様の方式で

バケツの中に一定量のデータが溜まらないと外に出さない方式として，トークン・バケツ方式がある．こういった方式で出口を抑えることによりQoS制御を行うとともに，輻輳を抑えることができる．このほか，転送するためのネットワーク帯域を予約する方式など様々な方式が提案されている．

7.9 ネットワーク間の接続とNAT（およびNAPT）

　家庭や小規模オフィスではインターネットサービスプロバイダとの接続契約上，割り当てられるグローバルIPアドレスの数は限られている．家庭向けのインターネット接続サービスでは通常割り当てられるグローバルIPアドレスは1つだけである．したがってグローバルIPアドレスを使ってインターネット上のほかに通信できる機器は1つだけとなり，複数の機器を同時にインターネットに接続することができず不便である．そこで，図7.21のように家庭やオフィス内に自前のプライベートネットワークを作って各機器にはプライベートIPアドレスを割り当てておき，各機器がプライベートネットワーク外（つまりグローバルIPアドレスで通信するネットワーク）の機器と接続するときには，ルータを介してプライベートIPアドレスをルータに割り付けられたグローバルIPアドレスに変換して通信する方法が考え出された．プライベートIPアドレスを宛先／送信元としたパケットはプライベートネットワーク以外では遮断されるので，このようなアドレス変換処理が必要である．

　パケットに含まれるIPアドレスを別のアドレスに変換する処理のことをNetwork Address Translation (NAT) という．家庭や小規模オフィス用のルータの多くはこのNAT機能を備えている．単にアドレスを1対1で変換すると，1つのグローバルアドレスに対して1つの機器し

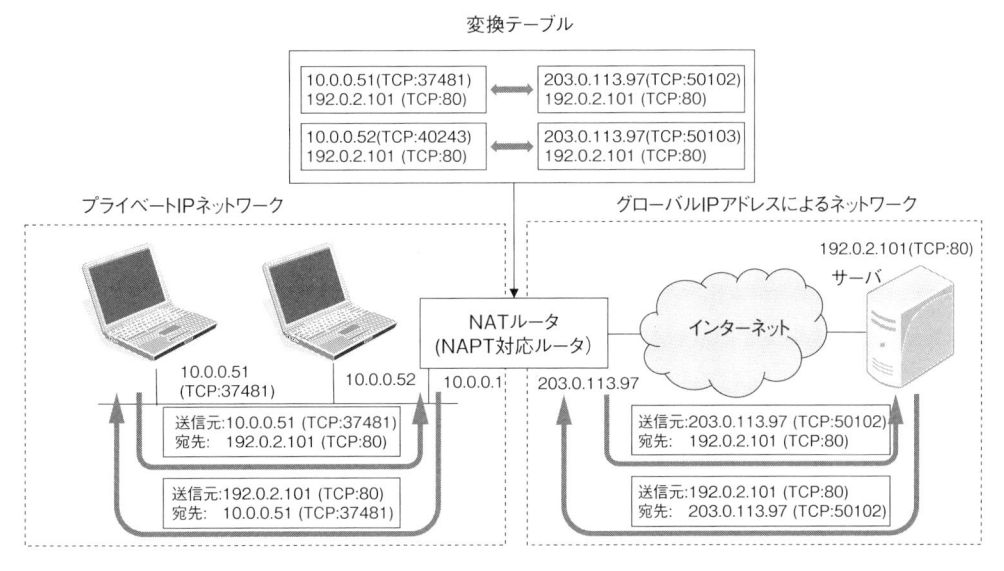

図 **7.21** NAT (NAPT) の仕組み

か割り当てることができないので，実際には IP アドレスだけでなくポート番号（同一ホスト上の異なる通信の組を識別するための番号．第 8 章で述べる TCP および UDP が使用する）も変換する処理（Network Address Port Translation, NAPT）に用いられることが多い．NAT といえば実際には NAPT のことを指していることが多い．家庭や小規模オフィス用のルータは通常 NAPT に加え前述の DHCP の機能を持つ．NAT/NAPT の機能を備えたルータを通常 NAT ルータと呼ぶ．

NAT/NAPT を使うと，1 つのグローバルアドレスを用いて多くの IP 機器をインターネットとの通信に用いることができるので，この仕組みは後述する IP アドレスの不足に対する 1 つの対策となる．当初は家庭や小規模オフィスでの利用が主だった NAT/NAPT は，この用途のために大規模な組織やインターネットサービスプロバイダ単位で用いられることも増えている．加えて，NAT/NAPT はセキュリティ面での効果がある．プライベートアドレスを宛先としたパケットはプライベートネットワーク以外では遮断されるので，NAT/NAPT を使うとプライベートネットワークで動作している機器に向けた不正アクセスを抑制することができるのである．

NAPT 機能を備えたルータは，グローバル IP アドレスとプライベートアドレスとを変換するための表を保持している．この表は，図 7.21 内に示すように，プライベートネットワーク内の機器が使用している IP アドレスとポート番号の組と，ルータの持つグローバル IP アドレスとポート番号の組の対応付けを表している．ルータは，プライベートネットワーク側からグローバルネットワーク宛に送られたパケットに対し，IP ヘッダ中の送信元 IP アドレス，および TCP あるいは UDP ヘッダ中の送信元ポートアドレスを表に従って書き換え，グローバルアドレス側のネットワークに向けて転送する．また，グローバルネットワーク側から到着したパケットに対しては，その IP ヘッダ中の宛先 IP アドレス，TCP および UDP ヘッダ中の宛先ポート番号を表に従って書き換えて，プライベートネットワーク側に転送する．

7.10　IPv6

7.10.1　IP アドレス枯渇問題

32 ビットの IPv4 アドレスで表現可能なアドレスの数は約 43 億個である．これは十分大きな数に見えるが，地球上の全人口約 70 億人に比べると少ない．1 人 1 人が 1 台以上の IP 機器を持ち歩いたり，様々な機械が IP アドレスを持ったりすることを想定すると十分な数ではない．また，IPv4 アドレス空間は必ずしも効率的に使われているわけではない．古くから IP アドレスプレフィックスを持つ組織には，収容可能なホスト数に大きな余裕があるプレフィックス（つまりより短い）を持つところも多い．すでに 2011 年 2 月に IANA が RIR に割り当てる未使用アドレス領域の在庫がなくなり，同年 4 月には APNIC が通常割当可能なアドレスの在庫がなくなっている．

IPアドレスの不足に対する問題を解決するために，IPv4 の次のバージョンとして IPv6 が開発されている．すでに IPv6 は完成し，主たるオペレーティングシステム，ネットワーク機器で利用可能となっており，運用が可能な状態になっている．IPv6 は IPv4 と似たプロトコルではあるものの，互換性はない．したがって，主流である IPv4 から IPv6 への移行が課題となっている．

7.10.2　IPv6 アドレス

IPv6 のアドレスは 128 ビット長である．32 ビット長の IPv4 に比べて収容可能なアドレスの数は 2^{96} 倍であり，アドレス枯渇の心配はない．アドレスの表記にあたっては，IPv4 とは異なり 4 桁の 16 進数をコロン (:) で区切って 8 つ並べる方法が用いられる．これは 10 進数では表記に要する桁が多くなりすぎるからである．次に表記方法の例を示す．

- 2001 : DB8 : 1234 : 56 : ABCD : 0 : 78 : 9（16 進数先頭の 0 は省略する）
- 2001 : DB8 :: 78 : 9 （= 2001 : DB8 : 0 : 0 : 0 : 0 : 78 : 9）
- :: 1 （= 0 : 0 : 0 : 0 : 0 : 0 : 0 : 1）

  連続する 0 は :: 省略できる（ただし 1 回だけ）

IPv6 のアドレスは上位 64 ビットのネットワークプレフィックスと下位 64 ビットのインタフェース ID から構成される．インタフェース ID は機器のハードウェアアドレスから生成される．イーサネットや 802.11 無線 LAN 機器の場合，48 ビットの MAC アドレスからあるルールに従って生成された 64 ビット値 (Modified EUI-64 Format) が用いられる．ネットワークプレフィックスはネットワークごとに割り当てられる．ホストがネットワークに接続されるとルータからそのネットワークのネットワークプレフィックスが通知されるので，各ホストはそれを基に自身の IPv6 アドレスを決定する．

7.10.3　IPv6 の特徴

アドレス空間の拡大のほか，IPv6 は次のような特徴を持つ．

- アドレス能力の拡張：自動的なアドレス割り当て，エニーキャストアドレスの導入など．
- IP ヘッダの単純化，固定化によるルータ負荷の軽減．
- IP でのエンド・トゥ・エンドでのセキュリティ機能の提供：認証，改ざん防止，暗号化が可能．
- 洗練された QoS の取扱い：ルータは IPv6 ヘッダ中のサービスタイプ領域に記載された情報に従って，パケットのサービスの種別，優先度を識別し，QoS 制御を行う．また，ある送信元と宛先の組における，あるアプリケーションの一連のデータの流れをフローと呼ぶが，IPv6 ではヘッダ中のフローラベル領域を用いることで，ペイロードが暗号化されたパケットに関してもフローを識別でき，QoS 制御が可能となっている．

7.10.4 IPv6 ヘッダ

図 7.22 に IPv6 パケットの構成を示す．また各ヘッダの意味について表 7.1 に示す．IPv4 の場合に比べてヘッダの構造は単純である．この単純化によってルータの処理負荷を軽減している．

IPv6 ヘッダには IPv4 にはあった断片化（フラグメント化）に関する領域が存在しない．これは IPv6 では中継ルータでの断片化を許していないからである．後述するが断片化は TCP の性能を悪化させるので，TCP は IP での断片化が起きないように送信データサイズを調整している．送信元で最初から十分に小さくデータを分割して送信すれば，中継ルータでの断片化は必要ない．したがって，IPv6 では中継ルータでの断片化を許さず，それに伴うヘッダ領域も設けられていない．

IPv4 ヘッダにあったヘッダ長とチェックサム領域は，IPv6 ヘッダには存在しない．IPv6 のヘッダそのものは，後述する拡張ヘッダを含んでおらず，長さは常に一定である．したがっ

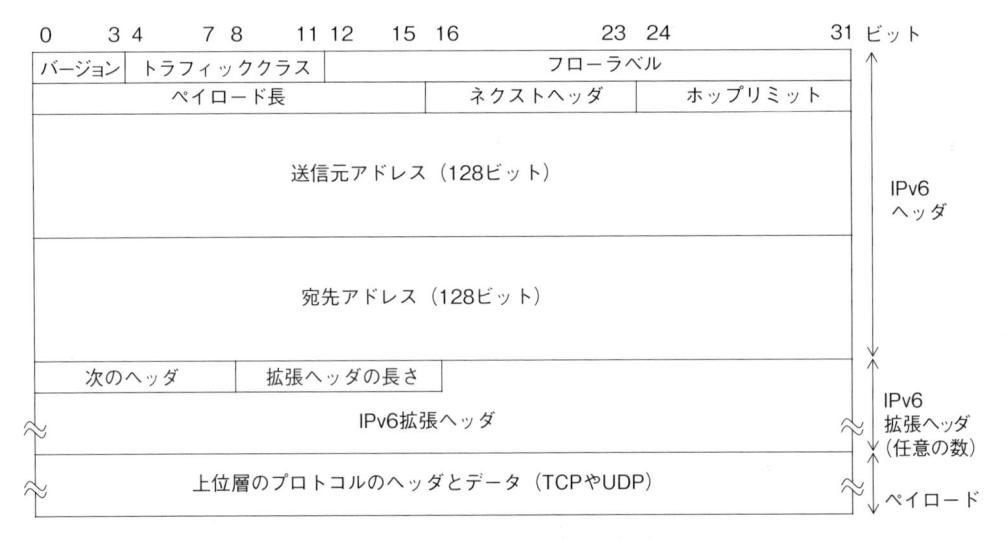

図 7.22 IPv6 パケットの構成

表 7.1 IPv6 ヘッダの意味

フィールド	意味
バージョン	IP のバージョン（6 が入る）
トラフィッククラス	転送の優先順位．IPv4 の TOS に相当．
フローラベル	品質制御（QoS）に用いられるフロー識別用ラベル
ペイロードの長さ	ペイロードの長さ
次のヘッダ	TCP や UDP などのプロトコル，IPv6 拡張ヘッダの番号．
ホップリミット	通過できるルータの数．IPv4 の TTL に相当．
送信元アドレス	送信元の IPv6 アドレス
宛先アドレス	宛先の IPv6 アドレス

表 7.2 IPv6 の拡張ヘッダ

拡張ヘッダ	意味
ホップバイホップオプション	経路上すべてのノードで処理すべきオプション情報
ルーチング	中継すべきルータを指定する
フラグメント	フラグメントの処理用
宛先オプション	宛先ノードでのみ処理される情報
認証	受信側で，パケットが送信者本人から送られたことを確認できるようにする
暗号ペイロード	パケット内容の暗号化用
モビリティーヘッダ	Mobile IPv6 で使用
ヘッダの終わり	後ろに拡張ヘッダも上位プロトコルのヘッダもないことを示す

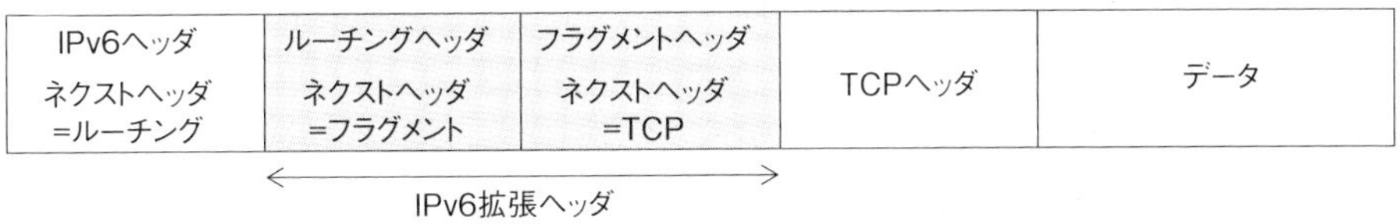

IPv6ヘッダ ネクストヘッダ =ルーチング	ルーチングヘッダ ネクストヘッダ =フラグメント	フラグメントヘッダ ネクストヘッダ =TCP	TCPヘッダ	データ

　　　　　　　　← IPv6拡張ヘッダ →

図 7.23　拡張ヘッダを持つ IPv6 パケットの例

て，ヘッダ長を指定する必要がない．また，チェックサムの機能は下位層のプロトコル（たとえばイーサネット），および上位層のプロトコル（TCP や UDP）にも含まれているので IP で行うのは冗長である．したがって IPv6 ではこの機能が取り除かれている．IPv6 のヘッダには IPv6 パケットの中継にかかわるすべての機器（両端のホスト，中継ルータ）が常に必要とする情報のみが含まれており，その他の情報に関しては，拡張ヘッダに格納されるようになっている．表 7.2 に IPv6 の拡張ヘッダの一覧を示す．拡張ヘッダは必要に応じて加えられる．拡張ヘッダに関連する機能にかかわらない機器は，そのヘッダの情報を参照する処理を省くことができる．このような仕組みによって，IPv6 では中継機器の処理負荷を軽減している．

演習問題

設問 1　経路選択において距離をホップ数としているが，これ以外にも距離と考えてよい要素があるとしたらどのようなものが考えられるか列挙せよ．

設問 2　なぜ ARP が必要なのかを説明せよ．

設問 3　自分が使っているコンピュータのデフォルトゲートウェイの IP アドレスを確認せよ．次に自分自身のコンピュータの ARP テーブルを確認する方法を調べ，デフォルトゲートウェイに対する ARP テーブルのエントリを確かめよ．さらに，一旦そのエントリを削除してからデフォルトゲートウェイに ping を行い，再びデフォルトゲートウェイに対する ARP テーブルのエントリが生成されていることを確かめよ．

設問 4　日本国内，アジア，北米，欧州に設置されているホスト（たとえば大学の Web サーバ．http://traceroute.org で Web 検索して調べるとよい）に対して traceroute を行い，往復遅延時間の違いを調べよ．また遅延が大幅に増加している箇所はどこなのか，ドメイン名から推定せよ．

設問 5　自律システム内と自律システム間経路制御に異なるプロトコルを使用するべき理由を説明せよ．

設問 6　192.168.0.0/23 のネットワークに配置できるホスト数はいくつか．

設問 7　ネットワークの構成が頻繁に変わるようなネットワークではなぜ動的ルーティング方式がよいか説明せよ．

設問 8　輻輳制御とフロー制御の違いを述べよ．

設問 9　図 7.11 に示すネットワークのホスト C からホスト D およびホスト E へ送られたパケットが各ルータでどのように経路表を参照して配送されるかを説明せよ．なお，ホスト C のデフォルトゲートウェイは 10.40.100.1 である．

設問 10　DHCP クライアントが DHCP サーバを発見するためにどのような処理をしているのか説明せよ．

参考文献

[1] 堀良彰ほか：岩波講座インターネット 第 2 巻 ネットワークの相互接続, 岩波書店 (2001)

[2] A. S. タネンバウム・D. J. ウエザロール 著, 水野忠則ほか 訳：コンピュータネットワーク第 5 版, 日経 BP (2013)

[3] 竹下隆史ほか：マスタリング TCP/IP 入門編 第 5 版, オーム社 (2012)

[4] James F. Kurose, Keith W. Ross: Computer Networking, 6th Ed., Pearson Education (2012)

第8章
トランスポート層

□ 学習のポイント

　この章ではネットワーク層の上位で動作するトランスポート層プロトコルについて学ぶ．トランスポート層のプロトコルは，ホスト間のデータの転送処理はネットワーク層のプロトコルに任せた上で，プログラムとプログラムの間のデータのやりとりに必要な処理を行う．インターネットで用いられるトランスポート層のプロトコルには TCP (Transmission Control Protocol) と UDP (User Datagram Protocol) がある．TCP も UDP もポート番号で同じホストを出入りするフローを識別するという共通点があり，TCP はコネクション型のプロトコルで信頼性を保証するが，UDP はコネクションレス型のプロトコルで信頼性を保証しないという違いがある．TCP は確認応答と再送信によってパケットの損失に対する補償を行うほか，フロー制御，輻輳制御の機能を持っている．

- トランスポート層プロトコルの役割を理解する．
- TCP と UDP の共通点と違いを理解する．
- TCP，UDP それぞれの用途を理解する．
- TCP が行う信頼性保証の仕組み（確認応答，再送信，再送タイムアウトの設定）について学ぶ．
- TCP のウィンドウによるフロー制御と輻輳制御の仕組みを理解する．

□ キーワード

　TCP，UDP，ポート番号，確認応答，再送信，コネクション，フロー制御，ウィンドウ，輻輳制御，スロースタート，輻輳回避

8.1　トランスポート層の役割

　トランスポート層は OSI の 7 階層モデルの第 4 層に位置し，プログラムとプログラムの間の通信を担う．OSI 階層モデルの第 5 層と第 6 層に当たるセッション層とプレゼンテーション層は，明示的なものが使われなかったり，実質的にアプリケーションプログラムの内部に含まれていたりすることがほとんどなので，第 4 層より上位の階層は通常すべてアプリケーションプログラムであると見なしてよい．

　第 3 層のネットワーク層はホストからホストへのパケットの配送を担当するが，配送するパ

ケットがホスト上でどのプログラムのために送られたものなのかは感知しない．ホストで動作する複数のプログラムの適切なものにデータを送り届けるのはトランスポート層の役割である．インターネットにおけるネットワーク層プロトコルである IP は，ベストエフォート型のプロトコルであり，パケット配送の信頼性を保証しない．

信頼性が保証されないネットワーク層プロトコルを使いながらも，プログラムに対してはあたかも信頼性のある通信路があるように見せるのもトランスポート層の役割である．ただし，すべてのアプリケーションプログラムがトランスポート層プロトコルに関して信頼性の保証を期待しているわけではないので，インターネットにおいては信頼性を保証するトランスポート層プロトコルと，そうではないものの両方が用いられている．

以下，インターネットで用いられている TCP (Transmission Control Protocol) と UDP (User Datagram Protocol) について説明する．両者はともにトランスポート層プロトコルとして期待されるプログラム間の通信のための機能を持つ一方で，信頼性の保証の有無に違いがある．TCP は信頼性を保証し，UDP は信頼性を保証しない．

8.1.1 TCP と UDP の共通の機能：ポート番号によるフローの識別と誤り検出

相互に通信するプログラム間の一連のデータの流れをフローという．TCP も UDP もトランスポート層共通の機能として，同一のホストを出入りするフローを識別する機能を持つ．また両者ともに受信したデータの誤り検出機能を持つ．

ポート番号は 16 ビットの識別番号である．ポート番号の空間は，TCP と UDP で別のものが用いられる．つまり，TCP の 25 番と UDP の 25 番は別のポートである．一般的なプロトコルが使用するポート番号は決められている．これを Well-Known ポート番号という．表 8.1 に代表的な Well-Known ポート番号を示す．たとえば Web サーバは HTTP でのやりとりの

表 8.1 Well-known ポート番号

アプリケーション層プロトコル	ポート番号
File Transfer Protocol (FTP) データ	20/TCP
File Transfer Protocol (FTP) 制御	21/TCP
Secure Shell (SSH)	22/**TCP**, UDP
Simple Mail Transfer Protocol (SMTP)	25/**TCP**, UDP
Hyper Text Transfer Protocol (HTTP)	80/**TCP**, UDP
Post Office Protocol 3 (POP3)	110/TCP
Internet Message Access Protocol (IMAP)	143/**TCP**, UDP
DNS	53/TCP, **UDP**
DHCP	546/TCP, **UDP**

0〜1023　　　Well-known ポート番号
1024〜49151　　登録ポート番号
49152〜65535　　動的割り当て，私的利用（主にクライアントプログラムが使用）

※ TCP と UDP の両方が予約されていても，実際に用いられるのはどちらかのみ（太字）．

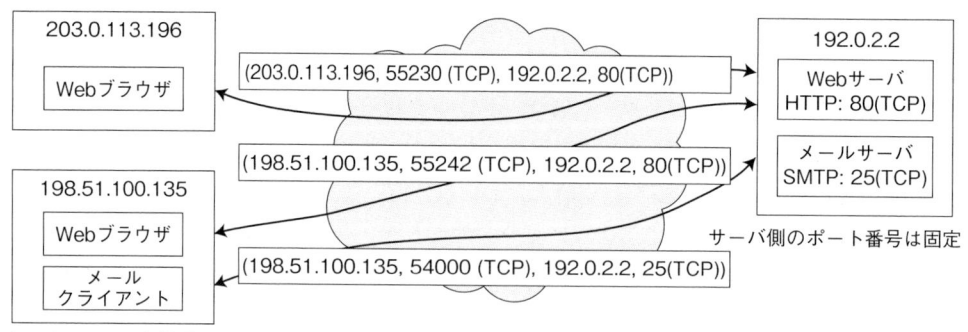

```
203.0.113.196                                          192.0.2.2
┌─────────┐    (203.0.113.196, 55230 (TCP), 192.0.2.2, 80(TCP))    ┌─────────┐
│Webブラウザ│◄──────────────────────────────────────────────────►│Webサーバ │
└─────────┘                                                        │HTTP: 80(TCP)│
                                                                   ├─────────┤
198.51.100.135  (198.51.100.135, 55242 (TCP), 192.0.2.2, 80(TCP))  │メールサーバ│
┌─────────┐◄──────────────────────────────────────────────────►│SMTP: 25(TCP)│
│Webブラウザ│                                                        └─────────┘
├─────────┤                                                    サーバ側のポート番号は固定
│ メール   │   (198.51.100.135, 54000 (TCP), 192.0.2.2, 25(TCP))
│クライアント│◄──────────────────────────────────────────────►
└─────────┘
```

クライアントは未使用のポート番号を割り
当てて，サーバとの通信に使用する．

図 8.1　ポート番号によるフローの識別

ために TCP の 80 番ポートを使用する．通常，クライアント側のポートには特に決まったものがなく，通信時に未使用のポートが割り当てられる．TCP と UDP は，通信する両端のコンピュータの IP アドレス（2 個）とポート番号（2 個）の計 4 つの値（4 つ組）によってフローを識別する．

あるコンピュータで複数のクライアントプログラムが同じホスト上の同じサーバと通信をする場合，サーバ側のポート番号は同じであるが，クライアント側のプログラムはそれぞれ別のポート番号を用いる．したがって，IP アドレスとポート番号の 4 つ組は異なるものになるので，フローは別々のものとして区別される．なお，ポート番号を別にしておけば，1 つのプログラムの中で異なる複数のフローを用いて，同じサーバと通信することができる．

8.1.2　TCP と UDP の違い〜コネクション指向とコネクションレス指向，信頼性の保証

TCP/IP ネットワークにおける 2 つのトランスポート層プロトコル TCP と UDP の違いは，TCP がコネクション指向型のサービスを提供し，かつ通信の信頼性を保証するのに対し，UDP はコネクションレス型のサービスを提供し，通信の信頼性を保証しないことである．

TCP は，アプリケーションがやりとりするデータを送信する前に，相手側の TCP とコネクション（接続）を確立する．この段階でコネクション管理のための各種パラメタを交換する．こうしてやりとりされたパラメタを基に，TCP は欠落したデータを送り直したり，データの到着順序の逆転を修正したり，データの送信速度の調整（フロー制御・輻輳制御，詳細後述）をしたりする．

TCP がコネクション指向のサービスを提供するのに対し，UDP はコネクションを使用しない．つまりコネクションレスサービスを提供する．コネクション指向のプロトコルでは，コネクションを作るための制御用のデータをやりとりすることになる．TCP の場合，短いパケットを一往復半やりとりする．したがって，アプリケーションがやりとりするデータの量が非常に少ない場合，相対的に制御用のデータの割合が増えて効率が悪くなる．UDP ではコネクション

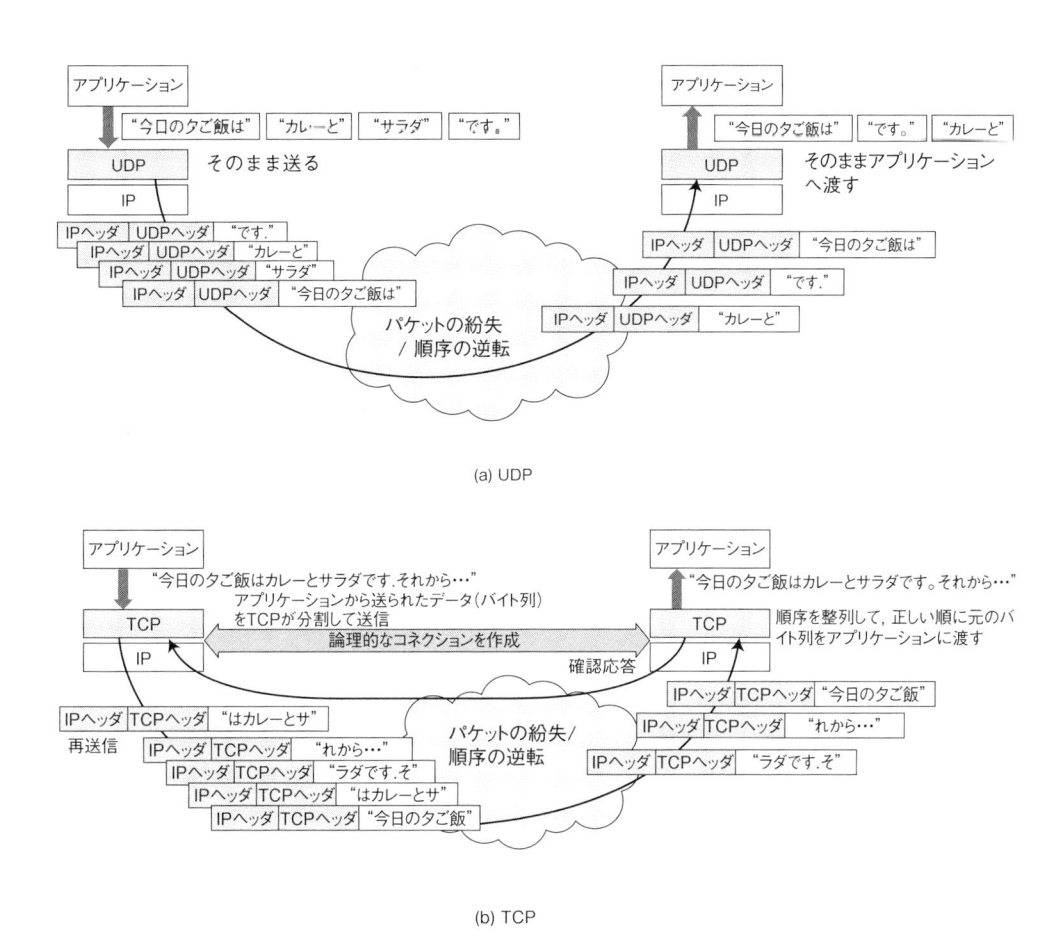

図 8.2 TCP と UDP の違い

を使用しないので，このような効率の悪化はない．一方で UDP は，データの再送信や順序逆転の修正，フロー制御や輻輳制御の TCP が行う信頼性を保証するための仕組みを持たない．

8.2 UDP

UDP は，アプリケーション層にポート番号と誤り検出のためのチェックサムを含む UDP ヘッダを付けて IP に渡すだけのプロトコルである．UDP の仕様は RFC768 で定められている．図 8.3 に UDP ヘッダのフォーマットを示す．チェックサムとは UDP ヘッダとデータの誤り検出のために計算される値である．

このように書くと，UDP は何の役にも立たないように見えるかもしれないが，コネクション確立処理のために生ずる遅延がないことや，データの再送信処理に伴うデータの到着遅延のばらつきが生じないという利点がある．また，TCP では 1 対 1 の通信しかできないが，UDP ではブロードキャストやマルチキャストが使用できるという特徴もある．UDP に欠けている機

```
0                          15 16                        31
┌──────────────────────────────┬──────────────────────────────┐
│       送信元ポート番号        │        宛先ポート番号        │
├──────────────────────────────┼──────────────────────────────┤
│         長さ[バイト]          │         チェックサム         │
├──────────────────────────────┴──────────────────────────────┤
│                            データ                           │
│                             . . .                           │
└─────────────────────────────────────────────────────────────┘
```

図 8.3　UDP ヘッダフォーマット

能，つまりデータの信頼性を保証する仕組みをアプリケーション側で用意することができるならば，UDP は有用である．

たとえば，DNS での問い合わせ処理には UDP が用いられる．この処理では，短い問い合わせとそれに対する応答メッセージをサーバとクライアント間で一往復やりとりするだけなので，TCP がコネクションを確立する手続きよりも短い時間で処理が完了してしまうのである．メッセージが配送中に失われてしまったときには，適当な待ち時間の後，クライアントが問い合わせをやり直せばよい．このほか，DHCP や SNMP が同じ理由で UDP を用いている．

双方向の音声通話 (Voice over IP, VoIP) やビデオ会議でも UDP がよく用いられる．これは音声通話やビデオ会議ではデータの一部欠落よりも，データの到着遅延の影響が大きいためである．会話音声データのやりとりの間に少量のデータが失われても，その影響は一時的に音声に乱れが生じる程度である．一方で，その失われたデータをいちいち送り直しをすると，データは到着するものの，到着までの遅延が長くなってしまう．その上，後続のデータの到着も遅れることになる．この結果，受信側では相手の声が一旦途切れた後に遅れて再生されることになり，会話が成り立たなくなる恐れがある．

8.3　TCP

8.3.1　アプリケーションから見た TCP

TCP は信頼性を保証した通信を行うトランスポート層のプロトコルである．アプリケーションが TCP にデータの転送を託してしまえば，たとえインターネットのどこかでパケットが失われても，順序が入れ替わったとしても，TCP が相手側のアプリケーションに向けてデータの一部の欠落もなく順序通りに届けてくれるのである．アプリケーションからすると，TCP は有能な秘書のような存在である．したがって，信頼性のある通信を必要とする多くのアプリケーション層プロトコル，たとえば HTTP, SMTP, FTP, SSH などがトランスポート層に TCP を使用している．なお，TCP の仕様は，RFC793, RFC1122, RFC1323, RFC2018, RFC2581 で定められているほか，多くの RFC で TCP の拡張機能の仕様が定められている．

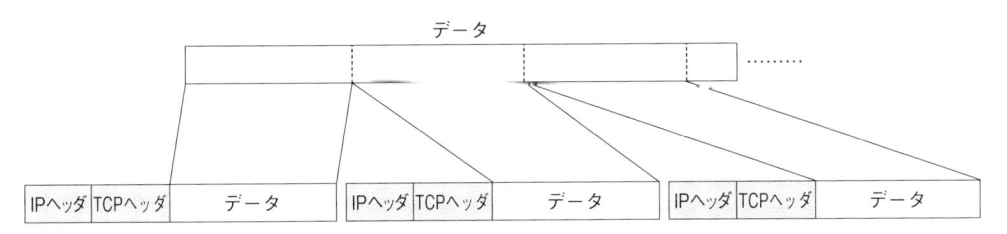

図 8.4 TCP におけるデータのセグメントへの分割

8.3.2 TCP によるデータの送信

前述したように TCP はコネクション指向のサービスを提供する．アプリケーション層プロトコルに委託されたデータのやりとりの前に，TCP はいくつかの制御用のメッセージをやりとりして相手側のホストで動作する TCP との間のコネクションを確立する．

コネクションの確立時にやりとりされたデータに基づいて，TCP は信頼性を保証したデータ通信を行う．具体的には，失われたデータの再送信，順序逆転して到着したパケットの整列，フロー制御を行う．また，TCP は，ネットワークの混雑を防ぐための輻輳制御と呼ばれる処理を行う．

TCP はアプリケーション層から渡されたデータを適当な大きさに分割して，それらに TCP ヘッダを付けて，IP へ渡す．この TCP でのデータ送信単位のことをセグメントという．さて，この「適当な大きさ」というのは，IP ネットワークでの転送の間でフラグメント化（パケットの分割）を必要としないサイズのことである．このサイズより大きいと，データが途中のルータでフラグメント化されて，IP ヘッダが加えられるので，通信の効率が悪くなる．また，フラグメントの一部のみが失われても TCP が再送信をするのはセグメント単位なので，効率がよくない．一方，これよりもサイズが小さいと，送りたいデータに対する TCP ヘッダと IP ヘッダの比率が大きくなって通信の効率が悪くなる．

8.3.3 TCP ヘッダフォーマット

TCP ヘッダのフォーマットを図 8.5 に示す．送信元と宛先のポート番号，チェックサムがあるのは UDP ヘッダと同じである．ここで重要なのはシーケンス番号，確認応答番号，ウィンドウサイズおよび制御用のフラグ（ACK，SYN，FIN など，各 1 ビット）である．

シーケンス番号とは送信する一連のデータのバイト列にバイト単位で付けられた番号である．セグメントに含まれるデータの先頭バイトのシーケンス番号が TCP ヘッダに格納される．確認応答番号は，相手方から送られたデータのどこまでを受け取ったかを通知するための値である．具体的には，データの欠落や順序の入れ替えがなく正しく受け取ったバイト列の最後のバイトのシーケンス番号に 1 を加えたものである．つまり，相手から次に受け取るべきバイトのシーケンス番号がここに書かれる．

ウィンドウサイズはフロー制御のために使用されるものであり，相手側からのデータを受け

```
0       3 4         9 10        15 16                            31
```

送信元ポート番号(Source port)	宛先ポート番号(Destination port)
シーケンス番号(Sequence number)	
確認応答番号(Acknowledgement number)	

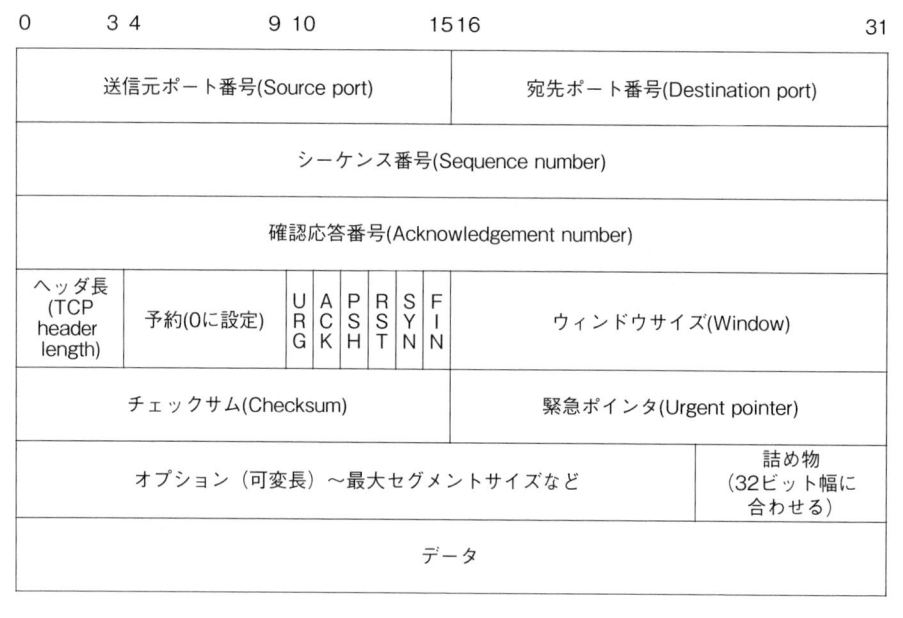

ヘッダ長 (TCP header length)	予約(0に設定)	U R G	A C K	P S H	R S T	S Y N	F I N	ウィンドウサイズ(Window)

チェックサム(Checksum)	緊急ポインタ(Urgent pointer)
オプション（可変長）〜最大セグメントサイズなど	詰め物 (32ビット幅に 合わせる)
データ	

図 8.5　TCP ヘッダフォーマット

表 8.2　TCP ヘッダのフラグの意味

略号	意味
URG	Urgent Pointer（緊急ポインタ）フィールドが有効 …上位層に緊急ポインタで示されるデータまでを至急処理することを通知
ACK	Acknowledgement（確認応答）フィールドが有効
PSH	Push（プッシュ）機能 …上位層に直ちにデータを処理することを通知
RST	Reset（リセット） …コネクションをリセットする
SYN	Synchronize sequence numbers（シーケンス番号の同期） …コネクションの開始を通知
FIN	Finish（送信するデータがもうないことを通知） …コネクションの終了を通知

取るためのメモリの空き容量の値（バイト単位）が書き込まれる．制御用のフラグはコネクションの確立や終了，セグメントの受信確認応答などのために使用される．詳しい説明を表 8.2 に示す．

8.3.4　TCP のコネクションの確立と切断

　TCP のコネクションの確立は，サーバ側の TCP が待ち受けの状態でクライアントからの接続を待つところから始まる．クライアントは SYN フラグを 1 としたデータを含まないセグメント（つまり TCP ヘッダのみ）をサーバに向けて送信する．このとき，このセグメントのシー

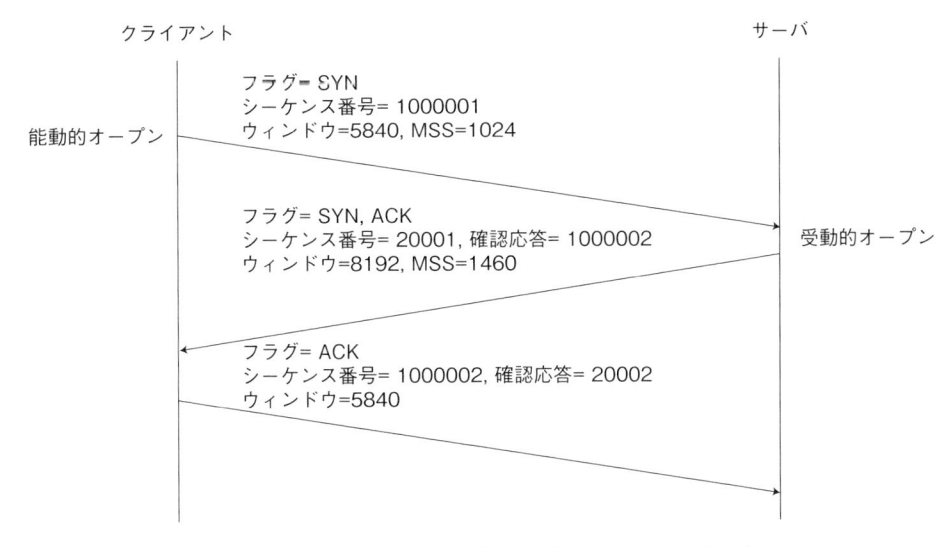

```
クライアント                                                    サーバ

能動的オープン   フラグ= SYN
                シーケンス番号= 1000001
                ウィンドウ=5840, MSS=1024

                            フラグ= SYN, ACK
                            シーケンス番号= 20001, 確認応答= 1000002     受動的オープン
                            ウィンドウ=8192, MSS=1460

                フラグ= ACK
                シーケンス番号= 1000002, 確認応答= 20002
                ウィンドウ=5840
```

SYNフラグが付されたセグメントはデータを含まなくても，長さ1バイトのデータを含んでいるものと同様に扱う．データを含まないACKのみのセグメントは長さ0である．

図 8.6　TCP のコネクションの確立

ケンス番号には，コネクションで使用するシーケンス番号の初期値を格納する．

障害からの回復やセキュリティ上の理由により，コネクション開始時のシーケンス番号はいつも決まった番号では始まらないようになっている．このほか，この最初のパケットでフロー制御に使用するウィンドウの値，使用するセグメントの最大の大きさ（最大セグメントサイズ = Maximum Segment Size, MSS）などがサーバ側に送られる．

サーバ側の TCP は，クライアントからの SYN が 1 となったセグメントを受け取ると，SYN と ACK フラグを 1 としたセグメントをクライアントに送る．このとき，サーバ側のシーケンス番号の初期値がセグメントに格納される．また，ACK フラグが 1 にセットされ，確認応答フィールドの値にはクライアントから受け取ったセグメントのシーケンス番号+1 が入る．

クライアントがサーバから SYN と ACK が 1 となったセグメントを受け取るとクライアントがそのセグメント (SYN+ACK) に対する確認として ACK フラグを 1 にし，確認応答フィールドにサーバ側からのシーケンス番号+1 が送られる．これがサーバによって無事受け取られると，サーバとクライアントの双方がコネクションに関する初期設定情報を相手に伝え，それが受信されたことが確認できたことになるので，コネクションの確立が完了する．こうしてできたコネクションは，両端の TCP の双方向のデータに用いられる．つまり，TCP で用いられるコネクションは全二重のコネクションである．

コネクションの終了時には，FIN フラグを用いて（つまり FIN の値を 1 にして）コネクションを閉じたい側の TCP がその旨を相手側 TCP に伝える．相手側がこれに対する確認応答 (ACK)

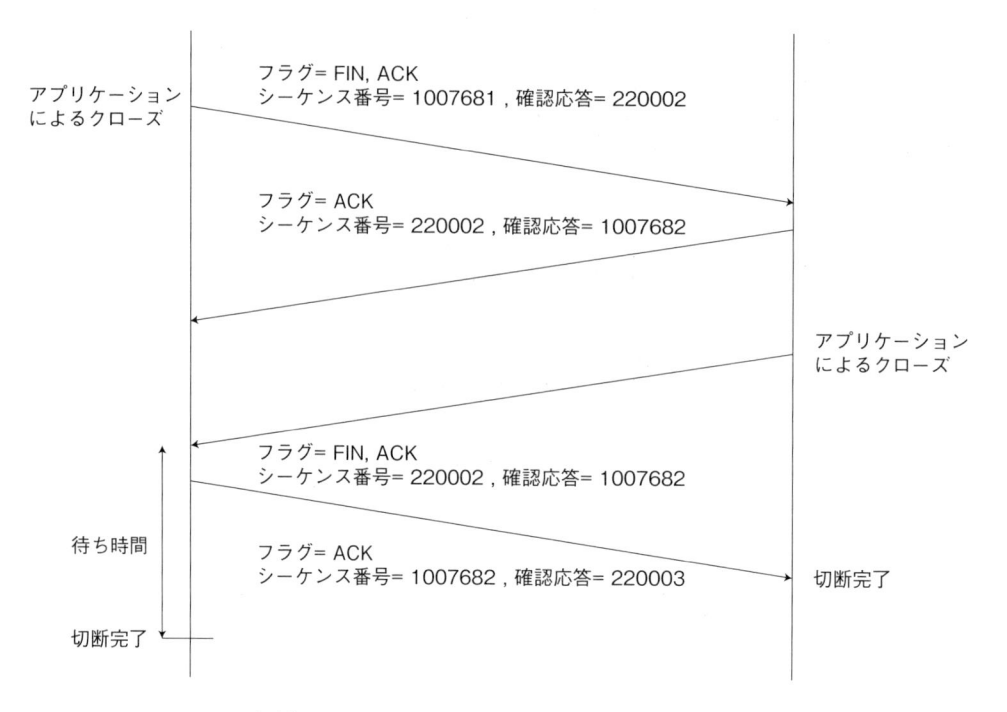

```
アプリケーション          フラグ= FIN, ACK
によるクローズ           シーケンス番号= 1007681，確認応答= 220002

                        フラグ= ACK
                        シーケンス番号= 220002，確認応答= 1007682

                                                          アプリケーション
                                                          によるクローズ

                        フラグ= FIN, ACK
                        シーケンス番号= 220002，確認応答= 1007682

待ち時間                 フラグ= ACK
                        シーケンス番号= 1007682，確認応答= 220003     切断完了
切断完了
```

SYNフラグが付されたセグメントはデータを含まなくても，長さ1バイトのデータを含んでいるものと同様に扱う．データを含まないACKのみのセグメントは長さ0である．

図 8.7　TCPのコネクションの切断

を返し，それをFINの送信側が受信することで，FINを送信した側から受信した側へのデータ送信が終了する．FINを自分から送らなかった方のTCPはまだデータを送る可能性があるので，そちらは自身が送るべきデータを送り終えた後にFINを相手側に送り，それに対する確認応答を受信すると，コネクションの終了となる．

このように，コネクションの終了は双方向のデータの流れの一方ずつで行われる．なお，FINを後に受信した側では，FINの受信後直ちにコネクションを終了するのではなく，決められた時間待ってからコネクションを終了する．これは，FINに対するACKが失われた結果，FINが再送されたときに応答できるようにするためである．この仕組みがないとFINに対するACKを待っている側がコネクションを終了できなくなってしまう．この待ち時間は通常30秒〜2分となっている．

8.3.5　TCPでのセグメントの再送信

● TCPにおける確認応答

TCPでは，ACKフラグを1としたセグメントに確認応答番号を含めて相手に送ることで，その確認応答番号よりも小さいシーケンス番号のデータをすべて受信できたことを相手側に伝

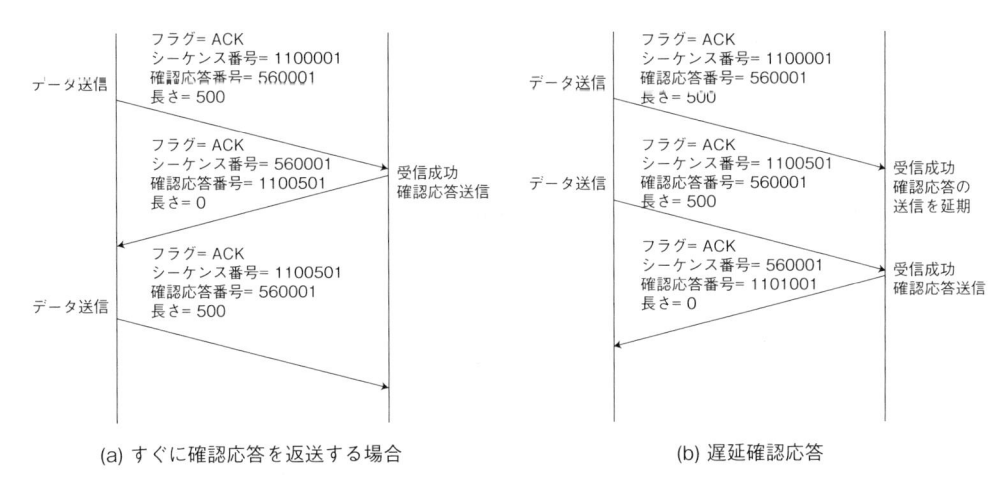

8.3 TCP

図 8.8 (a) すぐに確認応答を返送する場合 　(b) 遅延確認応答
図 8.8 TCP の確認応答〜累積確認応答

える．図 8.8(a) にその例を示す．複数のデータセグメントがやってきた場合は，その一連のデータの最後尾のバイトのシーケンス番号+1 のみを送れば，相手側に対してそれらのデータすべてを受信したことを伝えられる．このような仕組みを累積確認応答という．

累積確認応答の仕組みを使うと，複数のセグメントの到着に対してまとめて 1 つの確認応答を返すことができる．これを遅延確認応答という．遅延確認応答の例を図 8.8(b) に示す．ただし，TCP では通常データセグメントを 1 つ受信するたびに確認応答セグメント（ACK フラグが 1 のセグメント）を送り出す．したがって，一部の確認応答セグメントが失われたとしても，より大きな確認応答番号を含む確認応答セグメントが届いているならば，データの到着を正しく相手に通知できる．

データを含むセグメントを送っても，相手側からすべての送信済データに対する確認応答が得られない場合，TCP は確認応答を得られていないデータを再送信する．データの再送信のタイミングを決めるために，TCP は再送用のタイマを用いる．一連のデータを送信するときにこのタイマがセットされ，タイマが終了するまでに送信済のデータに対する確認応答が得られないと，再送が行われる．図 8.9(a) にこの例を示す．

このタイマの値はネットワークの状況に応じて適切に決められる必要がある．この値が小さすぎると，相手にデータが届いていて，確認応答が送り返されてくるよりも前に再送を始めてしまうことになる．一方，この値が大きすぎると，データセグメント，あるいは確認応答セグメントが通信路上のどこかで失われているにもかかわらず，データの再送信がなかなか行われないことになり，通信路にデータ送られていない状況を招いてしまう．つまり，通信路の能力を浪費していることになる．

TCP におけるデータの再送は，再送タイムアウトのほかに，重複した確認応答の受信によっても引き起こされる．図 8.9(b) に示すように，連続して送られたセグメントの一部のみが届かず，後続のセグメントが受信されると，同じ確認応答番号を持つ確認応答セグメント（重複確

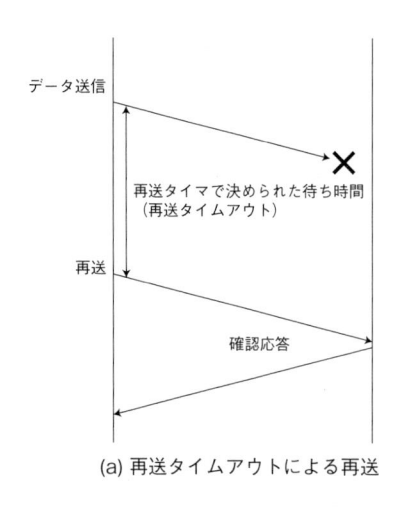

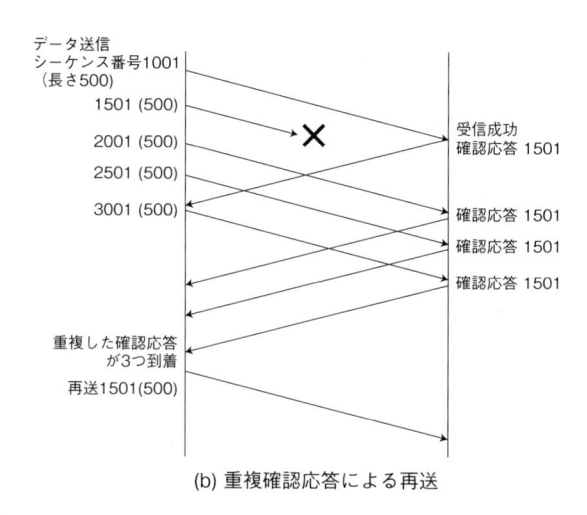

(a) 再送タイムアウトによる再送
(b) 重複確認応答による再送

図 8.9 データの再送

認応答）が相手から到着する．重複確認応答を複数受信（通常は 3 個）すると，TCP は再送を行う．この処理については，後で詳しく述べる．

● 再送タイムアウト時間の計算

再送用のタイマの待ち時間は再送タイムアウト時間と呼ばれ，データセグメントを送って，それに対する確認応答が返ってくるまでの時間，つまり往復遅延時間に基づいて設定される．TCP は一連のデータを送信するときにタイマをセットし，確認応答が得られるまでの時間を測定する．ネットワークに流れる他の TCP コネクションや他のホストに関するパケットの影響によって，往復遅延時間は常に変化する．したがって，TCP では測定した往復遅延時間そのものではなく，これらの平均的な値とその変動の大きさを考慮して再送タイムアウト時間を計算する．再送タイムアウト時間の計算方法は実装依存であるが，一般には次のような方法が用いられている．

TCP では往復遅延 (Round Trip Time, RTT) の測定のたびに，次のようにして平滑化された往復遅延 (Smoothed Round Trip Time, SRTT) を計算する．次の式における RTT は，最新の RTT の測定値を表す．$SRTT_i$ および $SRTT_{i-1}$ はそれぞれ更新後，更新前の SRTT の値を意味する．α は更新後の SRTT の値に反映させる新しい RTT 測定値の寄与分を表す．この式によって，RTT の一時的な変動の影響にとらわれず，過去の平均的な RTT の値を得ることができる．α の推奨値は 1/8 である．

$$SRTT_i = (1 - \alpha) \cdot SRTT_{i-1} + \alpha \cdot RTT \tag{8.1}$$

さらに次の式によって，RTT の SRTT に対する偏差について平滑化した値を求める．β の推奨値は 1/4 である．

$$RTTVAR = (1 - \beta) \cdot RTTVAR_{i-1} + \beta |SRTT_i - RTT| \tag{8.2}$$

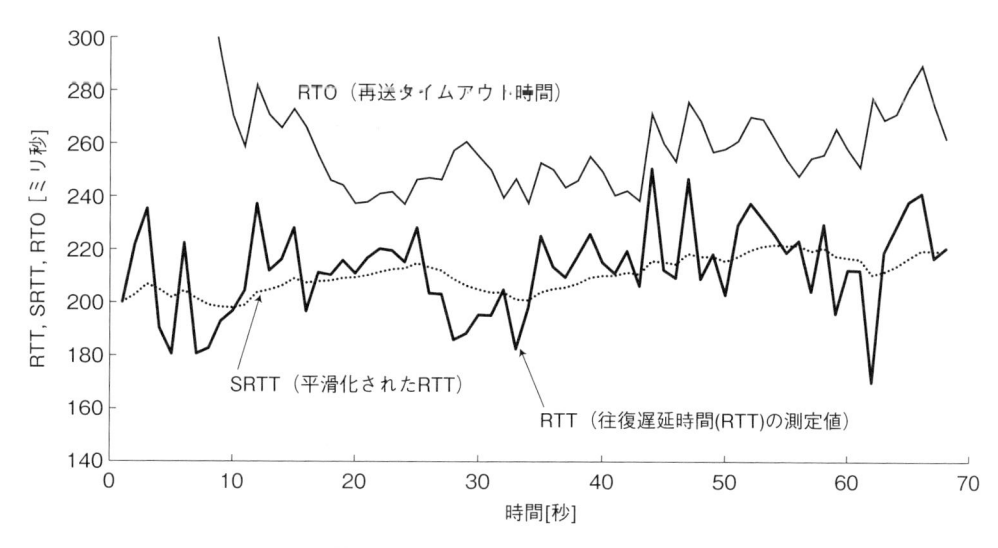

図 8.10 再送タイムアウト時間の計算

この値を用いて，再送タイムアウト時間 (Round Trip Timeout, RTO) を以下のようにして得る．

$$\text{RTO} = \text{SRTT}_i + 4 \cdot \text{RTTVAR} \tag{8.3}$$

図 8.10 に RTT の測定値と RTO の一例を示す．RTT の測定値 1 つ 1 つはばらつきが大きいが，(8.1) 式によって平滑化を行うことで，SRTT はなだらかに変化する．SRTT の値に，平滑化された SRTT と RTT の偏差の定数倍を加えることで，RTT のばらつきを考慮に入れた適切な再送タイムアウト時間が計算される．

8.3.6 フロー制御

フロー制御とは送信元がデータを送信する速度を調整することで，受信側がデータ受信しきれない状態になるのを防ぐための制御である．たとえば，図 8.11(a) に示すように，非常に低速なホストに向けて，高速なホストがデータを送信するものとしよう．両者の間には十分に高速なリンクが用意されているものとする．

高速なホストはどんどんデータを送り出していくが，低速なコンピュータは受け取ったデータを処理することができないので，未処理のデータが受信バッファ（データの一時保存用に用意したメモリ領域）に溜められていく．それにもかかわらずデータを送り続けると，そのうち，バッファの容量を超えてデータが届くようになるので，受信側では届いたデータを捨てざるを得ない．このような状態に陥らないように，送信側のデータ送信スピード（送信レートという）を調節するのがフロー制御の役割である．

送信側に対して，過度にデータを送らせないようにするには，受信側が送信側に対して自身の受信バッファの空き容量を伝えればよい（図 8.11(b)）．つまり，受信側がどれだけデータを

(a) 低速なホストへのデータの送信

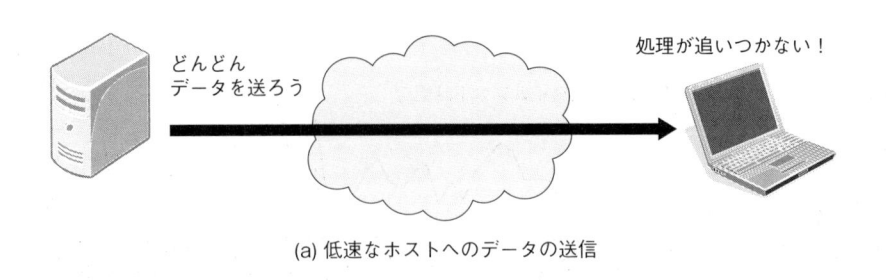

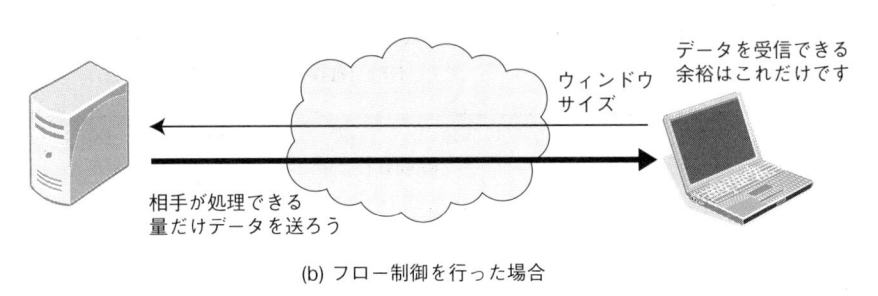

(b) フロー制御を行った場合

図 8.11 フロー制御

受信できる余裕があるかを送信側に伝えるのである．そうすれば，空きが少なければ送信側はデータの送信を控えることができるし，空きが多ければデータを送信可能であると判断できる．

TCP ヘッダ中の「ウィンドウ」フィールドが受信側のバッファの空き容量の通知に用いられる．空き容量の値がバイト単位でこのフィールドに書き込まれる．こうして TCP ヘッダのウィンドウフィールドを介して相手に伝えられる値のことを広告ウィンドウという．TCP は相手から受け取った確認応答番号と広告ウィンドウの値を用いて，自身があとどれだけのデータを相手からの確認応答を待たずに送ることができるかを判定する．

図 8.12 で，SND.UNA が相手から受け取った最新の確認応答番号（つまりこの番号以降はまだ受け取られていない），SND.WND が相手から届いた最新の広告ウィンドウの値（つまりバッファの空き容量）だとする．また，SND.NXT が次に送るべきデータのシーケンス番号だとする．このとき，TCP は SND.NXT から SND.UNA+SND.WND までのシーケンス番号のデータを相手に送信できる．つまり，TCP は SND.UNA+SND.WND までのデータを送信するセグメントを作って，相手に送り出す（実際には IP に渡す）．この結果，SND.NXT はそれまでの SND.UNA+SND.WND に等しくなる．

その後 TCP は新しく相手から確認応答が届くのを待つ．新しく届いた確認応答に含まれている確認応答番号とウィンドウの値を取り出し，SND.UNA と SND.NXT を更新する．この結果，SND.UNA+SND.WND が SND.NXT よりも大きくなると，新たに相手にデータセグメントを送れるようになる．

なお，TCP ヘッダにおけるウィンドウフィールドのビット幅は 16 ビットしかないので，最

図 8.12 ウィンドウとシーケンス番号

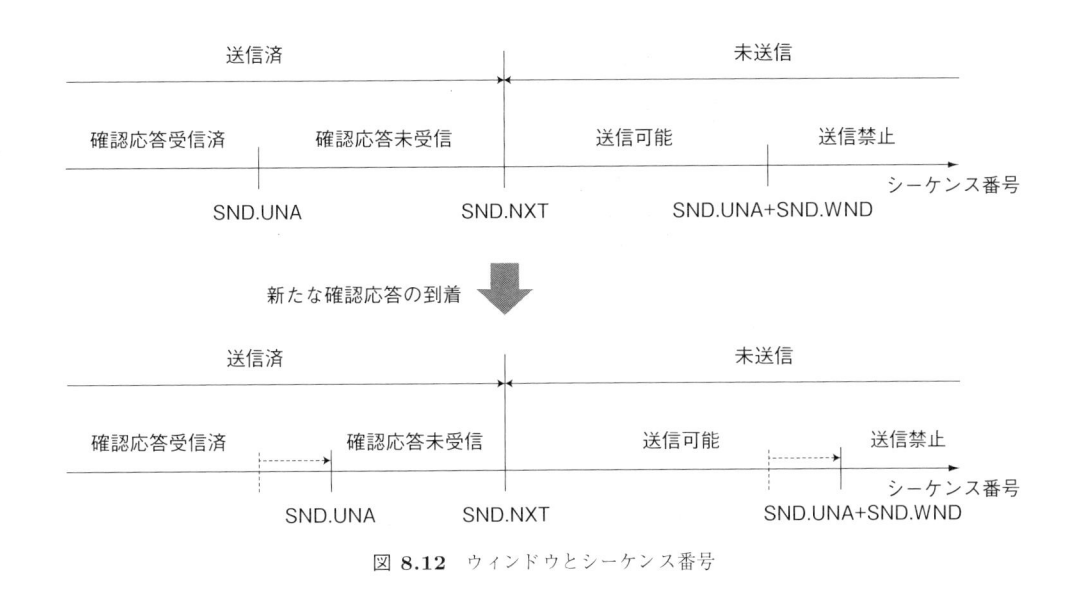

大 $2^{16} = 65536$ バイトの空き容量しか伝えられない．そのため，ウィンドウフィールドに書き込み可能な値を実質的に大きくする拡張が用いられている．具体的には TCP ウィンドウスケールオプションという拡張を用いて，TCP ヘッダにウィンドウフィールドに書き込まれた値に対する倍数を，2 のべき乗単位で指定できるようになっている．

送信レートの制御で用いられるウィンドウの値は後述する輻輳制御によっても影響を受ける．次節で輻輳制御について詳しく説明する．

8.3.7 輻輳制御

● 輻輳とは何か

送信側，受信側のホストがいずれも高速で動作したとしても，それらをつなぐネットワークの速度が遅ければ，高速にデータを転送することはできない．ネットワークの速度が遅い，あるいは混雑しているにもかかわらず，どんどんセグメントをネットワークに送り出すと，ネットワークはさらに混雑してしまう．すると，ネットワーク上のルータ上では送信待ちのパケットがメモリ上に蓄積され，いずれ新たにパケットを受け取ることができなくなってしまうだろう．この結果，パケットの配送遅延は増大し，パケットの廃棄が起きてしまう．このような状態を「輻輳（ふくそう）」と呼ぶ．平たくいうとネットワーク上の混雑のことを輻輳という．英語で書くと混雑も輻輳もどちらも "congestion" である．

図 8.13 に輻輳が発生している例を示す．この例では，ルータに接続された最大伝送速度 10 Mbps のリンクに向けて，ルータのあるインタフェースからは 16 Mbps，もう一方のインタフェースから 7 Mbps の速度で到着している．これらの合計 23 Mbps は転送先のリンクの伝送速度 10 Mbps よりはるかに大きい．したがって，転送待ちのパケットがルータの送信バッファに蓄積され，いずれは廃棄されてしまう．

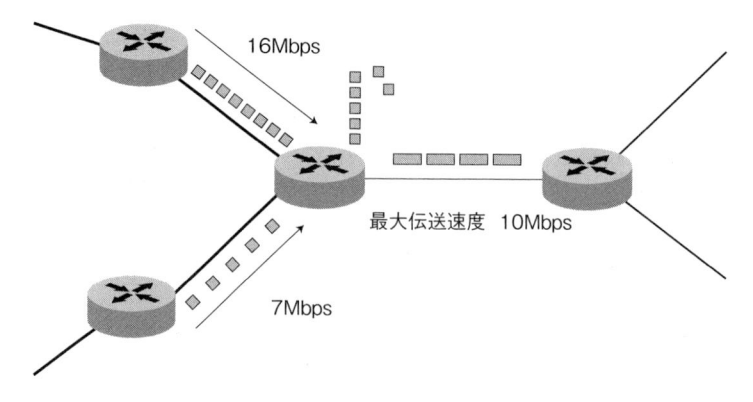

図 8.13 ネットワークの輻輳

輻輳が起きると，ネットワーク利用者はデータの転送がうまく行われていないことに気付いて，データの送信を改めて行ったり，複数のアプリケーションを使ってデータの送信を試みたりする．この結果，ますますネットワークは輻輳の度合いを高めていく．したがって，未然に輻輳を防ぐ仕組みが必要である．

● 適切な送信レート～適切なウィンドウサイズ

さて，輻輳を防ぐには，TCP はどのような速度でデータを送信すればよいのだろうか．物理的な伝送速度は，両端のホストの間の経路上にある様々なリンクによって制限されるので，TCP が制御可能なのは，どのようなタイミングで 1 つ 1 つのデータセグメントを送り出すかである．ここではまず，単純な場合から，適切な通信速度について考えてみることにしよう．

図 8.14 のように，あるリンクで接続されたホスト A と B の間のフローを考える．両者の間の RTT が 24 ミリ秒，リンクの帯域幅は 1 Mbps であるとする．TCP のセグメントと TCP 以下の階層のプロトコルのヘッダをすべて含めて 1500 バイトのパケットを送ったとすると，このパケットの先頭を送り出してから末尾が送り出されるまでの時間は，$1500 \text{バイト} \times 8 \text{ビット}/\text{バイト} \times 1/(1 \times 10^6 [\text{ビット}/\text{秒}]) = 0.012 \text{秒} = 12 \text{ミリ秒}$ である．RTT が 24 ミリ秒なので，1 つ目のデータセグメントを送ってそれに対する確認応答セグメントが相手から返ってくる間に，最初のデータセグメントを含めて 2 つを送ることができることになる．

もし，ここで 1 つしかデータセグメントを送らないと，24 ミリ秒の RTT のうち半分は何もデータを送らないでリンクを遊ばせておくことになり，効率がよくない．一方，2 つよりも多くのデータセグメントを一度に送ろうとすると，3 つ目以降のセグメントは，先に送られた 2 つのセグメントの送信のためにリンクが使用されているので，結局相手からの 1 つ目のセグメントに対する確認応答が届くまで，リンクに送り出されることがないままとなってしまう．

相手からの確認応答を待たないで一度に送ってよいデータの量がウィンドウサイズである．ウィンドウサイズが適当だと通信路を遊ばせることなく効率よくデータを送り続けることができる．先の例では 2 セグメント分が適当なウィンドウサイズだった．では，この適当なウィン

(a) ウィンドウサイズが1セグメント分の場合　(b) ウィンドウサイズが2セグメント分の場合

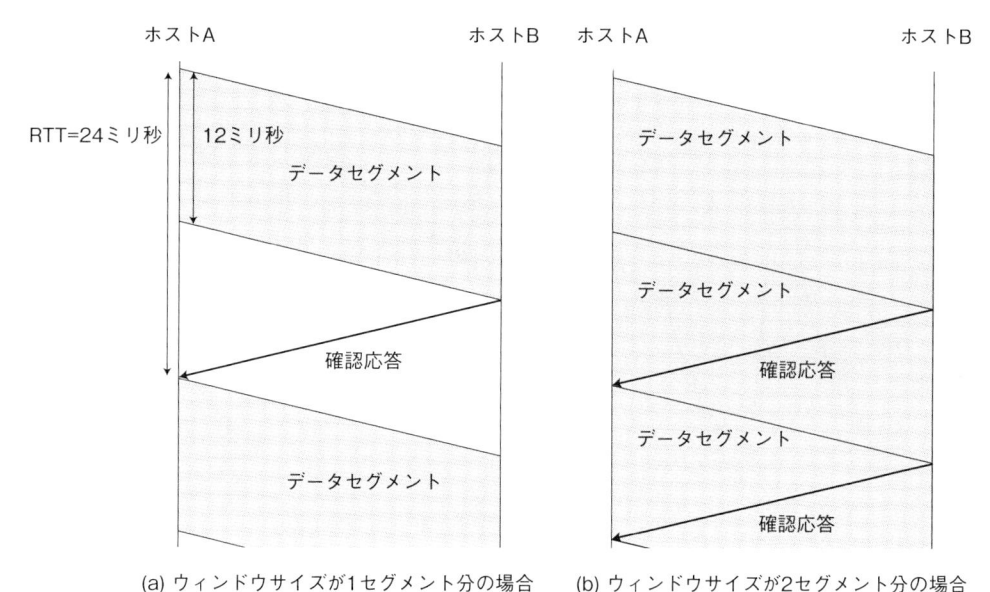

図 **8.14**　適切なウィンドウサイズ

ドウサイズは一般的にどのような値とするべきだろうか．

　ウィンドウサイズの最適値は，往復遅延とエンド間の経路上で最も遅いリンクの実効通信速度（実効帯域幅）の積（遅延帯域積）である．たとえば RTT が 100 ミリ秒，リンクの実効帯域幅が 500 kbps ならば，$100 \times 10^{-3} \times 500 \times 10^3 = 50000$ ビット $= 6250$ バイト が適切なウィンドウサイズである．

　RTT が大きく実効帯域幅が大きいと，ウィンドウサイズは大きくなるが，これは新たな問題を生む．たとえば RTT が 200 ミリ秒（日本と米国東海岸間の通信では大体これくらいの値である），実効帯域幅が 10Mbps だとすると，適正なウィンドウサイズは 250000 バイトとなる．これは TCP ヘッダ中の 16 ビットのウィンドウフィールドで表現できる値よりも大きな値である．先述した TCP ウィンドウスケールオプションがある理由はこのためである．

● 輻輳ウィンドウによる輻輳制御

　ウィンドウサイズの最適値を求めるにあたっては，往復遅延は測定可能であるものの，実効帯域幅を測定するのは容易ではない．なぜなら，それはインターネットを流れる様々な通信の影響で常に変化しているためであり，現在の値を測定するには十分な量のデータを送らなければならないためである．TCP でこれからデータを送ろうとするとき，わざわざそれとは関係のないデータを帯域測定用に送るのは現実的ではない．

　では，TCP はどのようにして適当なウィンドウサイズを知るのだろうか．インターネットは分散型のシステムであり，経路上のどのリンクがどれくらいの実効帯域を提供しているかとか，どこからどこへのトラフィックがどれくらいだなどという情報を中央管理している装置は

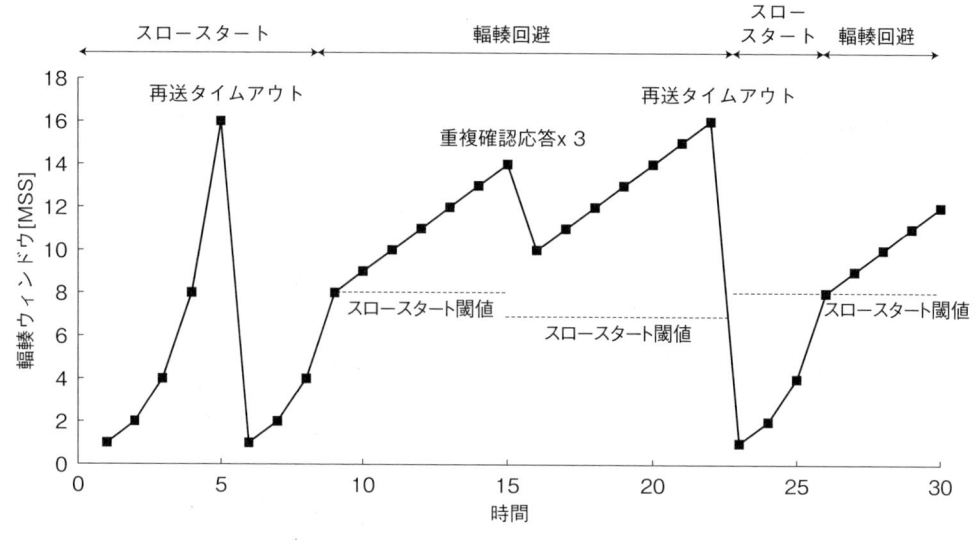

図 8.15 輻輳ウィンドウの制御

存在しない．さらに，インターネットの状態は常に変化している．したがって，TCP が適切なウィンドウサイズを知ろうとしても，他の何かに問い合わせるということはできない．

TCP は，コネクション両端のホストがネットワークの状態を観察することで，現在の適切なウィンドウサイズを推測する．そのために，「輻輳ウィンドウ」という変数を用いる．輻輳ウィンドウの値は通信の状況に応じて増減される．TCP は相手からの TCP ヘッダで伝えられる広告ウィンドウと輻輳ウィンドウの値の小さい方の値を用いて送信レートを制御する．

輻輳ウィンドウの値を制御するために TCP は以下のような方針を用いる．

 i) 通信を始めるときにはネットワークの実効帯域はわからないので，まずゆっくり送信する．
 ii) 順調に確認応答が得られているならば，実効帯域に余裕があるので，輻輳ウィンドウを大きくしていく．
 iii) 輻輳の兆候が観察されたら，輻輳ウィンドウの値を小さくする．

TCP の輻輳制御の実現方法には様々なものが提案されており，それぞれ利用されているが，ここでは今日多く用いられている方法の基本となっている TCP Reno の方法を取り上げて説明する．

方針の i) に従って「まずゆっくり送信する」処理のことを「スロースタート」という．具体的には，TCP は輻輳ウィンドウサイズの初期値を「最大セグメントサイズ (MSS)」1 つ分にする．そして，最初のセグメントを送信後，確認応答を受け取ると，そのたびに 1 MSS だけ輻輳ウィンドウを大きくしていく．最初の 1 つのセグメントの送信後確認応答を受け取ると，輻輳ウィンドウは 2 MSS に増える．これによって 2 つのセグメントを送ることができるので，

TCPは2つのセグメントを送る.

　その結果，各セグメントに対して確認応答が送られ，そのたびに輻輳ウィンドウが1 MSSだけ大きくなるので，輻輳ウィンドウの大きさは4 MSSとなる．このように，データセグメントの送信と確認応答の送信による1往復の処理のたびに輻輳ウィンドウは2倍されていく．つまり，スロースタートでは，指数関数的に輻輳ウィンドウが増えていく．これは，低いレートで送信を始めても，できるだけ素早く現在のネットワークの状態に適したレートに送信レートを合わせようとするためである．

　スロースタートで指数関数的に輻輳ウィンドウを大きくしていくと，いつか適切なウィンドウの値を超えてしまう．その結果，経路上のどこかのルータでパケット転送用のバッファがあふれて，パケットが破棄される．すると送信側のTCPでは，再送タイムアウトが発生する．あるいは，確認応答番号が同じ確認応答セグメント（重複確認応答）がいくつか届く．

　重複確認応答は，データセグメントが経路上で失われた後，後続のセグメントが届くことによって生じる（図8.9(b) 参照）．TCPの確認応答番号は累積確認応答となっていて，順序逆転がなく確実に受信されたデータのシーケンス番号の次の値が確認応答として送られる．したがって，データセグメントが一部欠落して「歯抜け状態」のまま後続のセグメントが届くと，受信側のTCPは「歯抜け」部分より前が正しく受信できているものとして，「歯抜け」部分の先頭のシーケンス番号を確認応答として送る．ここで送られる確認応答は，データセグメントを正しく受け取ったという通知ではなく，「データを受信したものシーケンス番号が飛んでいるから，正しいものを送って欲しいという意味の通知である．したがって，歯抜けのまま後続のデータセグメントが届くと，重複確認応答が連続して発生することになる．

　多くのTCPのプロトコル実装では，送信側が3つの重複確認応答を受け取ると，経路上のパケットロスによってデータセグメントが失われたと判定するようになっている．3つまで待つのは，IP経路上でのパケットの順序逆転が起こり得るため，わずかな重複確認応答の受信だけでは，パケットロスが起きたとは断定できないためである．

　再送タイムアウトと重複確認応答の3個以上受信のいずれもパケットロスが発生したことを意味するが，両者が示す輻輳の深刻さは異なると考えられる．重複確認応答が生じる場合には，後続のパケットは失われてはいない．一方，再送タイムアウトが生じる場合は後続のパケットも失われており，ネットワークの輻輳が深刻である可能性が高い．したがって，TCPは再送タイムアウトが生じると輻輳ウィンドウの値を最小値，つまり1MSSにまで小さくする．一方，重複確認応答の検出時には，スロースタート閾値と呼ばれる値にこれまでの輻輳ウィンドウの半分の値を入れ，新しい輻輳ウィンドウの値をスロースタート閾値にMSSの3倍を加えた値とする．

　さて，輻輳ウィンドウの値をいつも指数的に増加させていたのでは，その値を最適値に近づけるのは容易ではない．そこで，ある程度輻輳ウィンドウの大きさが大きくなったら，その値をゆっくり増加させるようにする方法が用いられる．輻輳ウィンドウの値がスロースタート閾値よりも大きくなると，確認応答を得るたびに（MSS／輻輳ウィンドウサイズ）だけ，増加させ

る．これによってデータセグメントと確認応答セグメントの一往復の間に 1MSS ずつ輻輳ウィンドウが大きくなるようになる．つまり，輻輳ウィンドウの大きさが直線的に増加する．このような制御のことを「輻輳回避」と呼ぶ．

以上のように，TCP では輻輳制御のために複雑な処理が行われている．1980 年代に TCP が開発されたときと比べるとインターネットの規模は非常に大きくなり，データの伝送速度や通信形態（固定・移動，有線・無線など）も多様になっている．このため，特に輻輳制御に関しては多くの改良が加えられており，今日では，本書の内容を超える様々な制御が TCP では行われている．詳しくは参考文献や最新の RFC 等を参照されたい．

演習問題

設問 1　2 つのトランスポート層プロトコル TCP と UDP の共通点および相違点を説明せよ．

設問 2　トランスポート層プロトコルがデータ配送先のアプリケーションをどのように指定するのかを説明せよ．

設問 3　どのようなアプリケーションが UDP を使用するのだろうか．その理由とともに説明せよ．

設問 4　TCP における再送タイムアウトはどのように計算されているのか説明せよ．

設問 5　往復遅延が 50 ミリ秒，ボトルネックとなるリンクの実行帯域幅が 1 Mbps であるとすると，適切なウィンドウサイズは何バイトとなるか計算せよ．

設問 6　TCP はどのようにして輻輳の発生を検出するのか説明せよ．

設問 7　TCP の輻輳制御におけるスロースタートとは何か説明せよ．

参考文献

[1] 村山公保ほか：岩波講座インターネット 第 3 巻 トランスポートプロトコル，岩波書店 (2001)

[2] A. S. タネンバウム・D. J. ウエザロール 著，水野忠則ほか 訳：コンピュータネットワーク 第 5 版，日経 BP (2013)

[3] 竹下隆史ほか：マスタリング TCP/IP 入門編 第 5 版，オーム社 (2012)

[4] James F. Kurose, Keith W. Ross, Computer Networking, 6th Ed., Pearson Education (2012)

第9章
アプリケーション層—ドメイン管理

―□ 学習のポイント ―――――――――――――――――――――――

　インターネット上のコンピュータを識別する名前であるドメイン名について概説した上で，ドメイン名がインターネット世界で唯一の住所となるよう階層構造を持つことやトップレベルドメインといわれるドメインを解説する．パソコンで Web ページを閲覧する場合を例に，DNS が利用される行程および DNS サーバの動きを解説し，ドメイン名と IP アドレスとの対応表を管理する DNS の仕組みについて解説する．インターネットサービスを利用するために欠かせない DNS サーバが利用できないトラブル時に DNS サーバの動作を確認する手法や，DNS サーバの動作を悪用したセキュリティ上の脅威についても触れる．

- ドメイン名とその階層構造について理解する．
- いくつかのトップレベルドメインについて理解する．
- DNS の仕組み，DNS サーバの動作について理解する．
- DNS サーバの動作を確認する方法について学ぶ．
- DNS のセキュリティ上の脅威について学ぶ．

―□ キーワード ―――――――――――――――――――――――

　ドメイン名，ドメイン名の階層構造と種類，TLD，ccTLD，gTLD，DNS，正引き，逆引き，DNS リフレクタ攻撃，DNS キャッシュポイゾニング

9.1　IP アドレスとドメイン名

　読者の多くはすでにインターネットを利用し，インターネット上に公開されている文書である Web ページを閲覧することで膨大な情報が得られることをご存じであろう．Web ページを閲覧する際は，Web ページを閲覧するソフトウェアである Web ブラウザを使い，Web ページのデータを持つコンピュータと通信し，データを自分のコンピュータへ伝送している．この通信の際に，インターネット上の膨大なコンピュータの中から 1 つのコンピュータを識別して通信を行うために IP アドレス (Internet Protocol Address) が利用される．

　Web ページを閲覧する経験からわかるように 1 日に様々なページを閲覧しており，通信を

行う相手コンピュータは何台にも及ぶ．この何台ものコンピュータのIPアドレスを記憶しておくことは，我々人間にとって必ずしも容易ではない．そこで通信の対象となるコンピュータにドメイン名 (Domain Name) と呼ばれるコンピュータを表す名称を用いてコンピュータを識別する仕組みが考えられた．

　過去にはIPアドレスとドメイン名との対応表を記録したファイルが共有されていたが，ファイルの肥大化や更新頻度の増加などの理由で，現在のドメイン名を管理運用する仕組みであるDNS (Domain Name System) が利用されるようになった．この章ではDNSの重要性を理解し，その仕組みと安全な運用について理解する．

　コンピュータを識別するために，1台1台のコンピュータに識別番号としてIPアドレスが割り当てられている．IPアドレスはコンピュータの識別に用いるものであるため重複は許されない．このため，国際的に組織された非営利法人 ICANN (The Internet Corporation for Assigned Names and Numbers) が管理している．

$$178\ .\ 141\ .\ 12\ .\ 5$$
$$178\ .\ 141\ .\ 28\ .\ 5$$

たとえば上段のIPアドレス「178.141.12.5」がニュース記事を含むWebページの，下段「178.141.28.5」がWeb検索ページのIPアドレスであるとすると，数値の羅列だけでWebページの内容を区別することは容易ではない．そこで，人間に理解しやすい工夫としてIPアドレスに対して文字表現を当て，IPアドレスに対応するようにドメイン名 (Domain Name) と呼ばれる名前を識別子として利用する．ドメイン名は「インターネット上の住所表示」ともいわれており，実際の住所と同じように，世界に1つしかない．

　たとえば，Webページを閲覧する場合には，Webページのデータを持つコンピュータのドメイン名を含むURLを指定して閲覧する (図9.1)．このようにドメイン名はURL (Uniform Resource Locator) やメールアドレスなどの一部分として使われており，インターネット上のコンピュータを識別するために用いられる．ドメイン名の重複を避けるため，ドメイン名の管理はICANNが一元管理しており，ICANNから委任を受けた各国のNIC (Network Information Center) やレジストラ (registrar)，レジストリ (registry) などの組織が割り当て業務を行なっている．我が国は株式会社日本レジストリサービス (Japan Registry Service, JPRS) が行っている．

　ドメイン名を使った具体的な例を紹介しよう．たとえば，この本を出版している共立出版のWebページのURLは，http://www.kyoritsu-pub.co.jpである．Webページには最新刊やお知らせ，会社案内，購入案内などが掲載されている．購入案内には問い合わせのための電話

　　🔒 http://www.google.co.jp　　　☆ ▽ C

図 9.1　Webブラウザの URL 表記部分

会社名など	アドレス	ドメイン名
共立出版	http://www.kyoritsu-pub.co.jp	www.kyoritsu-pub.co.jp
電子メールのアドレス	sales@kyoritsu-pub.co.jp	kyoritsu-pub.co.jp
JPRS	http://jprs.jp	jprs.jp
新宿駅	http://新宿駅.jp	新宿駅.jp

図 9.2　URL やメールアドレスに使われるドメイン名

番号，FAX 番号と電子メールアドレス sales@kyoritsu-pub.co.jp が記載されている．共立出版の場合，Web ページの URL で利用されるドメイン名は「www.kyoritsu-pub.co.jp」であり，メールアドレスで利用されるドメイン名は「kyoritsu-pub.co.jp」である（図 9.2）．

JPRS の Web ページの URL は http://jprs.jp で，DNS に関するお知らせ等が記載されている．JPRS の URL に利用されているドメイン名は「jprs.jp」である．JPRS の Web ページを見て回ると日本語を使ったドメイン名も紹介されており，たとえば「新宿駅.jp」などがある．このドメイン名を使い，URL である http://新宿駅.jp へアクセスすると，ドメイン名が「新宿駅.jp」の Web ページを閲覧できる．

9.2　ドメイン名の構成

図 9.2 に示したように，共立出版の Web ページに利用されるドメイン名は

www.kyoritsu-pub.co.jp

であった．ドメイン名は最長 255 文字で，複数の文字列をドット（ピリオド）"."で連結して図 9.3 のように構成されている．ドットで区切られた部分はラベル (label) と呼ばれ，1 つのラベルの長さは最長 63 文字で，英字（a~z，大文字・小文字の区別はない），数字 (0~9)，ハイフン (-) が使用できる．ただし，ラベルの先頭と末尾の文字をハイフンとするのは不可となっている．新宿駅.jp などの日本語ドメイン名の場合は，上記に加えて全角ひらがな，カタカナ，漢字なども利用できるが，1 つのラベル長は 15 文字以下に制限されている．

ドメイン名を構成する最も右側のラベルをトップレベルドメイン (Top Level Domain, TLD) と呼び，以下左へ順に第 2 レベルドメイン，第 3 レベルドメインと呼ぶ．ドメインのレベル数に制限はない．先ほどの共立出版の Web ページの例で見ると，トップレベルドメインが「jp」，第 2 レベルドメインが「co」，第 3 レベルドメインが「kyoritsu-pub」，第 4 レベルドメインが「www」となる．

実はトップレベルドメインである「jp」は，日本を表し，「co」は会社などを表しており，「co.jp」

```
◀最長63文字▶
┌─────────┐ ┌─────────┐ ┌─────────┐ ┌─────────┐
│ 第4レベル │ │ 第3レベル │ │ 第2レベル │ │トップレベル│
│ ドメイン  │ │ ドメイン  │ │ ドメイン  │ │ ドメイン  │
└─────────┘ └─────────┘ └─────────┘ └─────────┘
┌─────────┐ ┌─────────┐ ┌─────────┐ ┌─────────┐
│   www   │.│kyoritsu-pub│.│   co   │.│   jp    │
└─────────┘ └─────────┘ └─────────┘ └─────────┘
┌───────────────────────────────────────────────┐
│         www.kyoritsu-pub.co.jp                │
└───────────────────────────────────────────────┘
◀──── ドメイン名全体の長さは,ドットを含めて最長255文字 ────▶
```

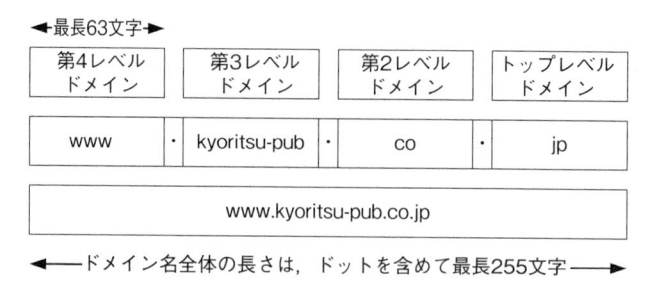

図 9.3 ドメイン名の構成

で日本に属する会社等を表し,「kyoritsu-pub.co.jp」は日本にある会社で「kyoritsu-pub」というドメイン名を持つ会社であることを示している.そして「www.kyoritsu-pub.co.jp」とは,日本にある会社で「kyoritsu-pub」というドメイン名を持つ会社に属している「www」というコンピュータを表している.各ドメインは,トップレベルドメインから順に組織として包含される関係にある.

9.3 ドメイン名の階層構造と種類

ドメイン名の構造は住所に似ている.我々の住所は都道府県,市町村,番地という順番に段階的にエリアを特定していく.ドメイン名も図 9.3 に示すように,TLD から第 2 レベル,第 3 レベルと順次レベルを下げながらドメイン名を段階的に詳細化していく.TLD から順に各レベルを階層のように考えると図 9.4 に示すようにドメイン名が階層構造を持つことが理解できる.図 9.4 のようなドメイン名の階層性を表したものを名前空間と呼び,この名前空間の最上位（TLD より上位）をルートと呼ぶ.

TLD はルートから大きく 2 種類に類別され,「.jp」のように国や地域に割り当てられた TLD を ccTLD（国別コードトップレベルドメイン,country code Top Level Domain）と呼び,「.com」や「.net」のように分野や用途に与えられた TLD を gTLD（generic Top Level Domain：ジェネリックトップレベルドメイン）と呼ぶ.

図 9.3 の例にあるドメイン名のすべてはトップレベルドメインが「.jp」であり,日本であることがわかる.たとえば,オーストラリアは「.au」,英国は「.uk」,中国は「.cn」,韓国は「.kr」となっている.ccTLD は,ISO（International Organization for Standardization：国際標準化機構）で規定されている 2 文字の国コードを原則として使用している.多くの場合,ccTLD を使用できるのはその国の国民としているケースが多い.その一方で,国土の海抜が低く海面上昇などの問題で知られるツバルの ccTLD は「.tv」であるが,企業がその使用権を購入し,現在ではテレビ番組関連 Web ページのドメインとして gTLD のように利用されているというケースもある.

gTLD は多くの種類が存在し,以前は誰もが利用登録できたが,現在は利用登録に一定の要

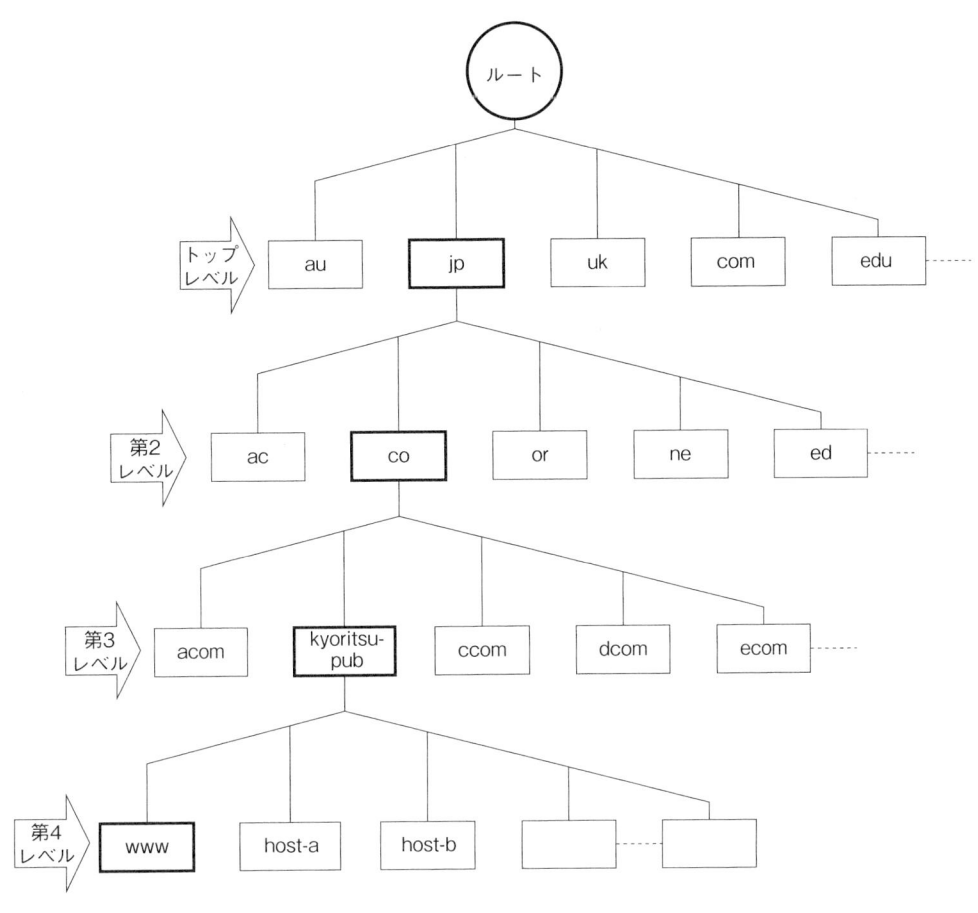

図 9.4 ドメイン名の階層構造

表 9.1 gTLD の種類

名称	用途
com	商業組織用
net	ネットワーク用
org	非営利組織用
edu	教育機関用
gov	米国政府機関用
mil	米国軍事機関用
int	国際機関用

件が必要とされる場合もあり，時代とともに追加されている．2012年の新gTLDの申請に対して審査が行われた結果「.tokyo」，「.nagoya」など地域名を使ったgTLDが誕生している．最新の情報については読者自ら調べてみて欲しい．ここでは代表的なgTLDの種類を表9.1に示す．

日本のccTLDである「.jp」の付くドメイン名（JPドメイン名）には，属性型（組織種別型）JPドメイン名，地域型JPドメイン名 (geographical type JP domain names)，汎用JPドメイン名の3種類がある．

属性型（組織種別型）JPドメイン名は，登録者の属する組織に基づいて分類されたもので，表9.2に示すような内訳である．

地域型JPドメインは，登録者の所在地を基に，都道府県名，市町村名などで分類されたもので，一般の個人や組織が登録できる「一般地域型ドメイン名」と，地方公共団体が登録できる「地方公共団体ドメイン名」の2種類がある．一般地域型ドメイン名は，第2レベルが都道府県・政令指定都市名，第3レベルが市区町村名，第4レベルが組織名となる．たとえば，東京都杉並区のある組織が「book」というドメイン名で地域型JPドメイン名を取得すると，その組織のドメイン名は「book.suginami.tokyo.jp」となる．

地方公共団体ドメイン名は都道府県・政令指定都市，市区町村のために予約されたドメイン名である．東京都は「metro.tokyo.jp」，道府県は「pref.道府県名.jp」，政令指定都市は「city.市名.jp」となる．市と東京23区は「city.市名.都道府県名.jp」，町は「town.町名.都道府県名.jp」，村は「vill.村名.都道府県名.jp」という形式になっている．

各公共団体の表記にはヘボン式ローマ字を用いる．たとえば，愛知県はpref.aichi.jp，政令

表 9.2 属性型（組織種別）JPドメイン名

ac.jp	(a) 学校教育法および他の法律の規定による学校，大学共同利用機関，大学校，職業訓練校　(b) 学校法人，職業訓練法人
co.jp	株式会社，有限会社，合名会社，合資会社，相互会社，特殊会社，その他の会社および信用金庫，企業組合，信用組合，外国会社（日本での登記）
go.jp	日本国の政府機関，各省庁所轄研究所，特殊法人（特殊会社を除く）
or.jp	(a) 財団法人，社団法人，医療法人，監査法人，宗教法人，特定非営利活動法人，特殊法人（特殊会社を除く），農業共同組合，生活共同組合，その他 AC，CO，ED，GO，地方公共団体ドメイン名のいずれにも該当しない日本国法に基づいて設立された法人　(b) 国連等の公的な国際機関，外国政府の在日公館，外国政府機関の在日代表部その他の組織，各国地方政府（州政府）等の駐日代表部その他の組織，外国の会社以外の法人の在日支所その他の組織，外国の在日友好・通商・文化交流組織，国連NGOまたはその日本支部
ad.jp	(a) JPNICの正会員が運用するネットワーク　(b) JPNICがインターネットの運用上必要と認めた組織　(c) JPNICのIPアドレス管理指定事業者　(d) 2002年3月31日時点にADドメイン名を登録しており同年4月1日以降も登録を継続している者であって，JPRSのJPドメイン名指定事業者である者
ne.jp	日本国内のネットワークサービス提供者が，不特定または多数の利用者に対して営利または非営利で提供するネットワークサービス
gr.jp	複数の日本に在住する個人または日本国法に基づいて設立された法人で構成される任意団体
ed.jp	(a) 保育所，幼稚園，小学校，中学校，高等学校，中等教育学校，盲学校，聾学校，養護学校，専修学校および各種学校のうち主に18歳未満を対象とするもの　(b) (a) に準じる組織で主に18歳未満の児童・生徒を対象とするもの　(c) (a) または (b) に該当する組織を複数設置している学校法人，(a) または (b) に該当する組織を複数設置している大学および大学の学部，(a) または (b) に該当する組織をまとめる公立の教育センターまたは公立の教育ネットワーク
lg.jp	(a) 地方自治法に定める地方公共団体のうち，普通地方公共団体，特別区，一部行政事務組合および広域連合等　(b) 上記の組織が行う行政サービスで，総合行政ネットワーク運営協議会が認定したもの

指定都市の名古屋市 city.nagoya.jp, 愛知県長久手町は town.nagakute.aichi.jp, 愛知県豊根村は vill.toyone.aichi.jp で登録されている. 汎用 JP ドメイン名は,「○○○.jp」のように, 第 2 レベルに取得者の希望する名称を登録することができるものである. 汎用 JP ドメイン名は組織名だけでなく, 商品名やイベント名などでの活用が進んでいる.

9.4 DNS の仕組み

ドメイン名がインターネット上のコンピュータを識別するために利用され, 階層構造であることをこれまで見てきた. 一方で, 通信という視点でコンピュータを識別するためには IP アドレスが必要であり, ドメイン名から IP アドレスを特定する仕組みが必要である. ドメイン名に対応する IP アドレスを取得することを名前解決と呼び, この名前解決を行うシステムを DNS(Domain Name System) と呼ぶ.

DNS はインターネット上のコンピュータと通信する際に必ず必要となり, 現代のインターネットサービスを利用する上でなくてはならない存在となっている. インターネットへアクセスするためには問い合わせ先である DNS サーバの情報を事前に知っておき, パソコンに正しく設定する必要がある. Windows などでは「ネットワーク接続」にある各接続の「プロパティ」, OSX では「ネットワーク」, Linux では/etc/resolve.conf などで設定する必要がある. 一方で Dynamic Host Configuration Protocol (DHCP) により利用者が意識することなく自動的にパソコンに設定される仕組みもある.

DNS は, ドメイン名の各階層ごとのデータを管理する DNS サーバ (「ネームサーバ」とも呼ばれる) と問い合わせを行うリゾルバによって構成される. DNS の仕組みと各用語について図 9.5 を例に解説する. 図 9.5 は, あるユーザが Web ブラウザを使い, URL「http://www.sample.jp」の Web ページを閲覧するケースを考え, www.sample.jp の IP アドレスが取得される手順について示したものである. 図 9.5 の場合, ドメイン名の問い合わせを行っているパソコンが DNS クライアント (リゾルバ) で, 問い合わせを受けているサーバが DNS サーバである. そして,「.jp」などのトップレベルドメインの情報を管理する DNS サーバを DNS ルートサーバと呼ぶ.

図 9.5 内の番号で行われる処理を以下に示す.

① ユーザは Web ブラウザに URL「http://www.sample.jp」を入力する.
② ユーザのパソコンに設定されている DNS サーバ宛にドメイン名「www.sample.jp」の IP アドレスを問い合わせる.
③ DNS サーバはあらかじめ DNS ルートサーバの IP アドレスを持っており, DNS ルートサーバに「www.sample.jp」の IP アドレスを問い合わせる.
④ ③の問い合わせに対して, DNS ルートサーバは「.jp」を管理する jp サーバに問い合わせるよう jp サーバの IP アドレスを知らせる.
⑤ DNS サーバは jp サーバに「www.sample.jp」の IP アドレスを問い合わせる.

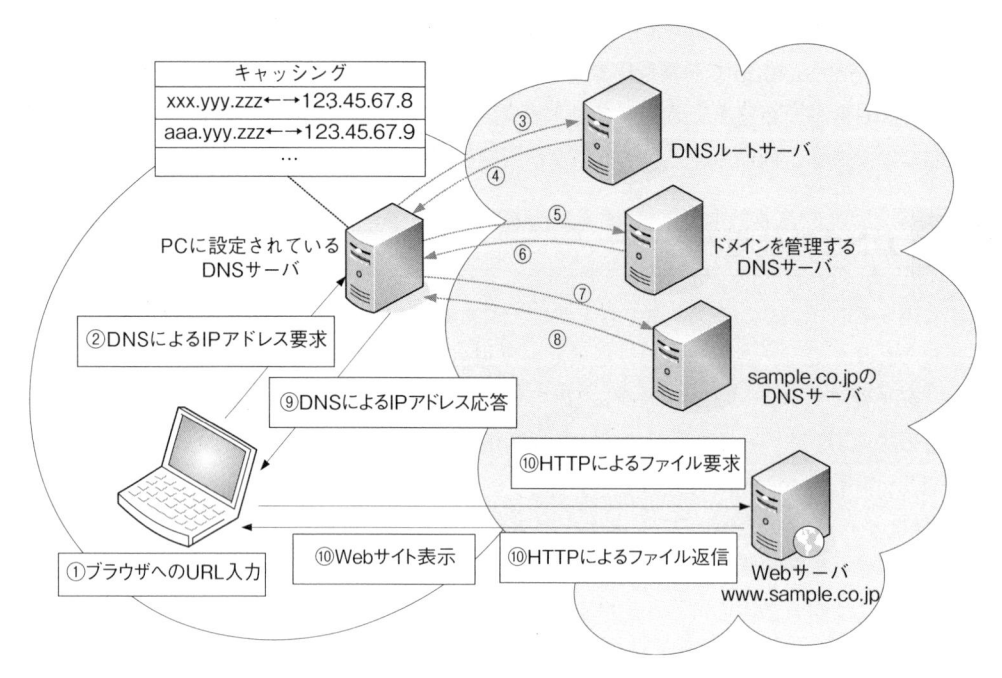

図 9.5　ブラウザ表示と DNS

⑥　⑤の問い合わせに対して，jp サーバは「.sample.jp」を管理している sample.jp サーバに問い合わせるよう sample.jp サーバの IP アドレスを知らせる．
⑦　DNS サーバは sample.jp サーバに「www.sample.jp」の IP アドレスを問い合わせる．
⑧　⑦の問い合わせに対して，sample.jp サーバが www.sample.jp の IP アドレスを DNS サーバに応える．
⑨　www.sample.jp の IP アドレスの情報を受けた DNS サーバは，パソコンに www.sample.jp の IP アドレスを返答する．
⑩　この IP アドレスを利用して，目的の www.sample.jp へとファイルを要求し，ファイルが返送されブラウザで Web サイトを表示することができる．

図 9.5 に示したように，パソコンからの問い合わせを受けた DNS サーバがインターネット上のすべてのドメイン名と IP アドレスの対応表を持っているわけではなく，DNS ルートサーバから順に問い合わせを行い，目的のコンピュータの IP アドレスを取得するという通信が DNS の基本である．

ユーザから問い合わせを受けた DNS サーバも，DNS ルートサーバや jp サーバのように DNS サーバから問い合わせを受ける DNS サーバもいずれも DNS サーバである．

ユーザからの問い合わせを直接受け，DNS ルートサーバから順に問い合わせを行い，ドメイン名の名前解決を行う DNS サーバを DNS キャッシュサーバまたは DNS フルサービスリゾル

バと呼ぶ．

DNSキャッシュサーバからの問い合わせを受け，各レベルのドメイン名を管理しているDNSサーバの情報を返答するDNSサーバを権威DNSサーバまたはDNSコンテンツサーバと呼ぶ．権威DNSサーバは名前解決を行うというよりもドメイン名とIPアドレスの対応表を持っておき，対応表に該当がある場合は情報を提供し，該当がなければ「情報なし」として返答するサーバである．

図9.5に示した手順が名前解決のための基本的な問い合わせ手順となるが，よく問い合わせのあるドメイン名についてはDNSサーバがドメイン名とIPアドレスの情報を一時的に保管しておき，パソコンからの問い合わせに即答できると効率がよい．そこで，DNSサーバが名前解決の処理過程で取得したドメイン名の情報を一時的に保持する仕組みが利用されている．この仕組みをキャッシングといい，一時的に保存されたドメイン名の情報をキャッシュと呼ぶ．

キャッシングにより図9.5の②のパソコンによるDNSサーバへの問い合わせに対して，DNSサーバがドメイン名「www.sample.jp」の情報をキャッシュに持っていた場合，DNSサーバはDNSルートサーバへ問い合わせることなく図9.5の⑨のように「www.sample.jp」のIPアドレスを返答する．これにより図9.5の③から⑧までのやりとりを省略でき，通信の軽減，返答を受けるまでの時間の短縮といった利点がある．ユーザが問い合わせるDNSサーバをDNSキャッシュサーバと呼ぶゆえんである．

DNSキャッシュサーバの問題として知られるのが，ドメイン名の情報が更新された場合の動作である．ドメイン名の情報が更新されても古い情報をキャッシュとして保持していた場合，ドメイン名に対する正しいIPアドレスを知ることができない．これを防ぐために，キャッシュを保持することが許される期間をTTL (Time To Live)と呼ばれる値で制御している．TTLには，キャッシュしてから保持を許される時間が設定されており，DNSサーバはドメイン名の情報とTTLをあわせてキャッシュとして保持しておき，TTLに設定されている時間が経過したところでキャッシュを破棄するという処理を行う．

ドメイン名Aに対してTTLを24時間と設定した場合，DNSサーバはドメイン名Aの情報を1日間保持するため，ドメイン名Aの情報が更新された場合，1日間はキャッシュにある間違ったドメイン名Aの情報を受け取ることになる．逆に，ドメイン名Aに対してTTLを1分と設定した場合，DNSサーバがドメイン名Aの情報を保持する時間は1分と短いが，頻繁にDNSルートサーバへ問い合わせるという処理が発生することになる．会社などで顧客が頻繁に利用するWebサーバのIPアドレスを変更する場合，DNSサーバが保持する時間をTTLで適宜制御し計画的に行う必要がある．

9.5 DNSサーバの動作確認

DNSサーバの設定を間違った場合，インターネットへアクセスできないことはすでに述べた．パソコンを使ってインターネットへアクセスできない場合，ネットワークケーブルや無線で

の物理的な接続を確認し，IPアドレスなどを確認し，DNSの動作を確認しなければならない．DNSサーバに問い合わせ，その応答が正常に返ってくるか確認する方法について解説する．

nslookup[1]というコマンドを使ってDNSサーバの応答を確認することができる．Windowsであれば「コマンドプロンプト」，OSXとLinuxであれば「ターミナル」というアプリケーションを使い，nslookupコマンドを入力して利用することができる．nslookupコマンドは使用中のパソコンに設定されているDNSサーバに対してドメイン名を問い合わせるコマンドである．nslookupコマンドと同様にDNSサーバの応答結果を表示するコマンドとして，Linuxではdigやhostといったコマンドも利用される．特に，digコマンドはDNSサーバの設置情報そのままに表示するため，DNSサーバの詳細な動作を確認するために利用される．

図9.6にWindowsのコマンドプロンプトでnslookupコマンドを実行し，その結果の一部を伏せたものを示す．図9.6では，共立出版のWebページである「www.kyoritsu-pub.co.jp」について問い合わせた結果である．1行目のnslookupで始まる行はnslookupコマンドを使って問い合わせたところで，nslookupと入力し，スペースを入れて「www.kyoritsu-pub.co.jp」を入力している．2行目の「サーバー」で始まる行は，nslookupを実行しているパソコンに設定されているDNSサーバで，3行目はそのDNSサーバのIPアドレスである．ここで表示されるDNSサーバに問い合わせを行っている．4行目の「権限のない回答」とはDNSキャッシュサーバによる回答であることを示している．5行目の「名前」で始まる行は問い合わせの内容で，6行目にDNSサーバに問い合わせた「www.kyoritsu-pub.co.jp」のIPアドレスが表示されている．このようにnslookupコマンドを使い，インターネット上のドメイン名を問い合わせ，その応答（IPアドレス）を得ることで，利用しているDNSサーバが正常に動作しているか確認できる．

DNSサーバの主な応答は，問い合わせたドメイン名に対応するIPアドレスを応えることである．DNSを使い，www.kyoritsu-pub.co.jpのドメイン名からaa4.bb7.cc1.dd0（abcdのそれぞれは数字を伏せるために便宜的に表記したもの）のようにIPアドレスを特定すること

図 9.6　コマンドプロンプトでnslookupを実行した様子

---

[1] Linuxの場合，BINDのユーティリティとして提供されている．

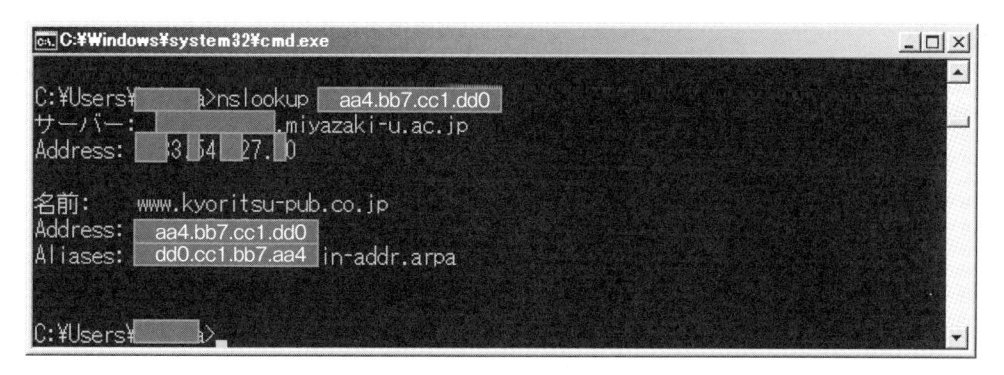

図 **9.7** コマンドプロンプトを用いて nslookup で逆引きした様子

を正引きという．これとは逆に，DNS サーバに対して IP アドレスを問い合わせ，IP アドレスに対応するドメイン名を調べることを逆引きという．

図 9.7 に Windows のコマンドプロンプトで nslookup コマンドを実行し，IP アドレスを問い合わせた結果の一部を伏せたものを示す．図 9.7 の 1 行目の nslookup で始まる行は nslookup コマンドを使って IP アドレスを問い合わせたところで，nslookup と入力し，スペースを入れて IP アドレスを入力している．2 行目の「サーバー」で始まる行は，nslookup を実行しているパソコンに設定されている DNS サーバで，3 行目はその DNS サーバの IP アドレスである．ここで表示される DNS サーバに問い合わせを行っている．4 行目の「名前」で始まる行が問い合わせた IP アドレスに対応するドメイン名である．5 行目に「Aliases: dd0.cc1.bb7.aa4.in-addr.arpa」とあるのは，逆引き用に使われるドメイン名である．

DNS では IP アドレスで問い合わせた場合であっても名前空間を上位から辿って解決を行う．上記のトップレベルドメインである arpa は逆引き用の TLD であり，in-addr は IPv4 を示す第 2 レベルドメインである．そして，IP アドレスの始めの 3 桁，次の 3 桁と順に辿る．DNS サーバは，IP アドレス「aa4.bb7.cc1.dd0」の問い合わせに対し，ドメイン名「dd0.cc1.bb7.aa4.in-addr.arpa」を名前解決し，このドメイン名を管理している DNS サーバでドメイン名「dd0.cc1.bb7.aa4.in-addr.arpa」にドメイン名「www.kyoritsu-pub.co.jp」が対応付けられており，結果として IP アドレスの問い合わせに対してドメイン名「www.kyoritsu-pub.co.jp」の応答を返す．

9.6 DNS のセキュリティ上の脅威

DNS の仕組みにより，我々はドメイン名に対する IP アドレスを取得し，目的のコンピュータと正常に通信を行うことができている．DNS において利用される DNS キャッシュサーバや DNS ルートサーバなどの DNS サーバがもし停止したらどうなるだろうか．また，DNS サーバが虚偽の情報を応答した場合はどうなるだろうか．DNS サーバが停止したり，DNS サーバが虚偽のドメイン名情報を返してきたのでは，ドメイン名を使ったインターネット上のサービ

スを正常に利用できず，インターネット利用者への被害は甚大である．

利用者に大きな被害を与える点や組織内のドメイン名の情報を管理する DNS サーバは悪意のあるユーザにとって恰好の標的である．このため DNS サーバの運用管理には細心の注意が必要である．ここでは DNS に対する脅威として，DNS リフレクタ攻撃 (DNS Reflector Attacks) と DNS キャッシュポイゾニング (DNS cache poisoning) の 2 つの脅威について触れる．

いずれの脅威も送信元 IP アドレスを詐称しやすいという DNS プロトコルの特徴が前提となっている．DNS プロトコルは TCP または UDP で利用でき，53 番ポートで通信されるが，DNS サーバの応答速度や処理を優先するため UDP が多用されてきたという歴史がある．TCP 通信とは異なり UDP は通信相手を確認せず通信を送受信する仕組みになっているため，送信元 IP アドレスを詐称しやすい．

9.6.1　DNS リフレクタ攻撃

DNS リフレクタ攻撃とは，DNS 問い合わせとその応答を利用した攻撃である．DNS の通信では，DNS サーバに対してドメイン名を問い合わせ，その応答を受け取るという通信を行っている．DNS サーバに対して問い合わせを行うコンピュータが IP アドレスを詐称すると，DNS サーバは詐称した IP アドレス宛に応答を返す．攻撃対象のコンピュータの IP アドレスを詐称して問い合わせることで，DNS サーバからの応答の通信を攻撃対象のコンピュータに向けることができ，膨大な数の問い合わせによって攻撃対象のコンピュータが通信できない状態になる（図 9.8）．

DNS リフレクタ攻撃はインターネット上でドメイン名の問い合わせを受けている DNS サーバの数が多ければ多いほど攻撃対象にたくさんの応答通信を送ることができる．また，DNS の場合，問い合わせで流れるデータよりも応答で流れるデータが多く，攻撃者が送信する通信データよりも増幅して攻撃データが送信される．DNS リフレクタ攻撃の原因は，インターネット上のどこからでも問い合わせを受ける DNS サーバが存在することであり，DNS サーバの運用としてドメイン名の問い合わせを組織内パソコンからのみに限定するなどの対応が考えられる．一方で，DNS ルートサーバや第 2 レベルドメインなどの組織内で上位にある DNS サーバはインターネット上からの問い合わせを常に受ける必要があり，制限するわけにはいかない．つまり，DNS サーバを組織内で運用する場合，組織外からの問い合わせに応答する DNS サーバと組織内からの問い合わせのみに応える DNS サーバとを分離した運用が安全となる．

DNS リフレクタ攻撃の対策としては，送信元 IP アドレスを詐称した通信を遮断するネットワーク機器の導入や DNS RRL(Response Rate Limiting in the Domain Name System) といった DNS サーバの応答頻度を制限する技術などの導入が考えられている．

9.6.2　DNS キャッシュポイゾニング

DNS キャッシュポイゾニングとは，DNS サーバが持つドメイン名に関するキャッシュを悪用する攻撃で，DNS サーバにドメイン名に関するウソのキャッシュを記憶させ，問い合わせて

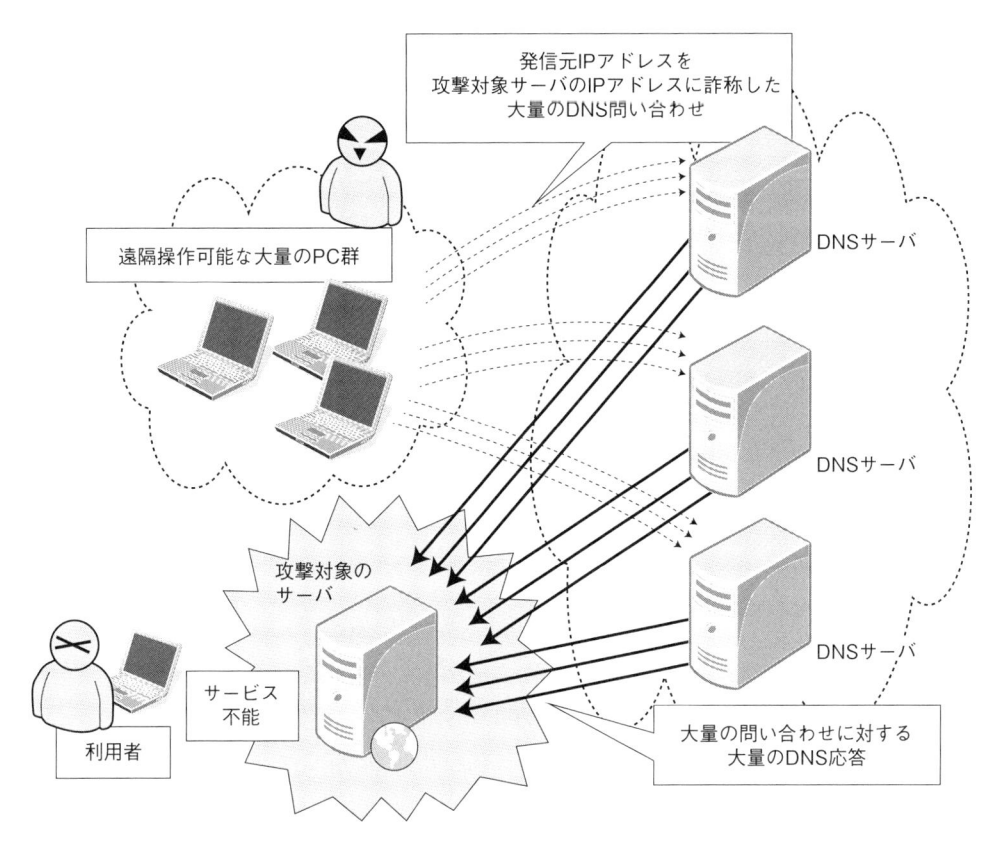

図 9.8 DNS リフレクタ攻撃

きたコンピュータに対してウソのドメイン名情報を返すよう仕掛ける．この攻撃により，利用者は問い合わせたドメイン名に対して正しい IP アドレスが返答されたと思い込み，知らずに悪意のあるユーザが準備したコンピュータへ誘導される．

　DNS キャッシュポイゾニング攻撃の核となるのは，DNS サーバにドメイン名に関するウソのキャッシュを記憶させることである．いくつかの手法があるが，ここでは通常の DNS 通信で行われる方法について解説する．DNS の通信では，ドメイン名を問い合わせる際に"ID"という 16 ビットの識別子が利用され，問い合わせのときの ID と DNS サーバからの応答に含まれる ID とが一致する場合に正しい応答であると処理される．問い合わせのときに指定した ID と，応答に含まれる ID が一致しない場合は，不正な応答として破棄される．一見，ID のチェックを行い安全に通信しているように思われるが，ID が一致すれば正しい応答と判定されるため，ID を推測や総当たりにより設定し繰り返し通信するうちに一致する可能性もある．

　たとえば，攻撃者は www.sample.jp へアクセスしてくるユーザを悪意のあるサーバ（IP アドレスが 66.66.66.66）へ誘導したかったとする．攻撃者は DNS キャッシュサーバに対して www.sample.jp を問い合わせ，問い合わせを受けた DNS キャッシュサーバは上位の権威

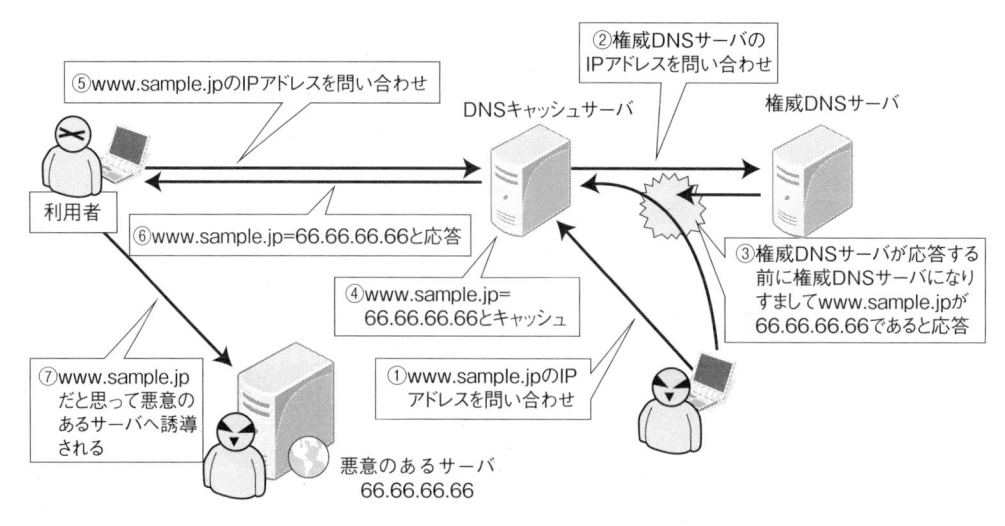

図 9.9 DNS キャッシュポイゾニング

DNS サーバへ問い合わせる．通常であれば上位の権威 DNS サーバからの応答を受けて終わりだが，ここですかさず攻撃者が権威 DNS サーバの IP アドレスを詐称し，いろいろな ID で「www.sample.jp の IP アドレスは 66.66.66.66 である」という応答を返し，ID が一致すると DNS サーバは「www.sample.jp の IP アドレスは 66.66.66.66 である」というキャッシュを保持することになる（図 9.9）．つまり，DNS キャッシュサーバはウソのキャッシュを記憶したことになる．以降，この DNS キャッシュサーバを利用するユーザが www.sample.jp へアクセスすると必ず悪意のあるサーバへと誘導されることになる．DNS サーバに対してウソのキャッシュを保持させる様を毒の注入に例えて，「毒入れ」などと呼ばれることもある．

この攻撃の対策として，送信元 IP アドレスを詐称した通信を遮断するネットワーク機器の導入や DNS の問い合わせポートをランダムに変化させる手法がある．また，DNS プロトコルを見直し，DNS の拡張機能として DNSSEC を導入することで解決となるといわれているが，関係の DNS サーバがすべて対応する必要があるなど，普及促進について検討されている．

演習問題

設問1 ドメイン名を一元管理している組織名を答えよ．

設問2 ドメイン名の記述のうち正しいものを1つ選べ．
- a) 新しいgTLDである「.tokyo」は東京都が管理している．
- b) ドメイン名のレベルは第5レベルドメインまでである．
- c) 「.arpa」は逆引き用のトップレベルドメインである．
- d) 「.ch」は中国のccTLDである．

設問3 DNSは何の略か．また，その役割を述べよ．

設問4 DNSサーバが停止した場合に起こる問題について説明せよ．

設問5 DNSキャッシュサーバのキャッシュ機能により起こる可能性のあるセキュリティ上の脅威について述べよ．

参考文献

[1] A. S. タネンバウム・D.J. ウエザロール 著，水野忠則ほか 訳：コンピュータネットワーク第5版，日経BP (2013)

[2] 民田雅人ほか（JPRS 監修）：実践DNS — DNSSEC時代のDNSの設定と運用，アスキー・メディアワークス (2011)

[3] Cricket Liu, Paul Albitz 著，小柏伸夫 訳：DNS & BIND 第5版，オライリージャパン (2008)

[4] Cricket Liu 著，伊藤高一 監訳，田淵貴昭 訳：DNS & BIND クックブック—ネームサーバ管理者のためのレシピ集，オライリージャパン (2003)

第10章
アプリケーション層—Webと電子メール

―□ 学習のポイント ――

　アプリケーション層は具体的なサービスと直結する層で，最も利用者に近い層である．電子メールの送受信やWebページ閲覧といった通信サービスに必要な通信手順（プロトコル）を定義している．この章では，インターネットを利用したサービスとして，WWW (World Wide Web) と電子メールを取り上げ解説する．WWWのプロトコルであるHTTPを解説し，WebサーバとWebブラウザとが通信を行う手順について学ぶ．また，電子メールが配送される過程を理解し，SMTPおよびPOP，IMAPについて学ぶ．特にSMTPについてはセッション開始から終了までの通信手順について解説している．

- WWWで利用される基本的な技術（HTML，URL，Webブラウザ，Webサーバ）について理解する．
- WWWのプロトコルであるHTTPの通信手順について理解する．
- メール配送の仕組みを理解する．
- メール転送のプロトコルであるSMTPの通信手順について理解する．

―□ キーワード ――

　WWW (World Wide Web)，HTML，URL，Webブラウザ，Webサーバ，HTTP，SSL，TLS，電子メール，SMTP，POP3，IMAP4，MIME，スパムメール，POP over SSL，STARTTLS，SMTP over SSL，SMTP AUTH，S/MIME

10.1　Webサービス

10.1.1　WWW (World Wide Web)

　WWW (World Wide Web) は，「ハイパーテキスト (Hyper Text)」と呼ばれる文書技術をインターネット上に実現したもので，テキスト，音声，静止画，動画等が混在したマルチメディアの情報にインターネットを使ってアクセスする手段を与える．

　ハイパーテキストは文書と文書をつなぐハイパーリンク (Hyper Link) という仕組みが特徴で，ハイパーリンクにより，ある文書から他の文書を参照する機能を実現する．多くの読者が

Webページにあるリンクをクリックして別のWebページへ遷移する経験をしているだろう．このWebページから別のWebページへの遷移を可能にする機能がハイパーリンク機能である．

WWWは，HTML (Hyper Text Markup Language)，Webブラウザ，Webサーバ，HTTP，URL (Uniform Resource Locator) から構成される．

ハイパーテキストを記述するための言語がHTMLであり，HTMLで記述されたファイルをインターネットからアクセスできるように公開するのがWebサーバである．

Webサーバ上のHTML文書へアクセスするためには，クライアントとしてWebブラウザと呼ばれるソフトウェアが必要で，WebブラウザはHTMLで記述されたファイルを解釈して表示する．具体的には，Google Chrome, Mozilla Firefox, Windows Internet Explorer, SafariなどがWebブラウザとして利用されている．

WebサーバとWebブラウザとの間で相互にHTMLで記述された文書を送受信するためのプロトコルがHTTPである．Webサーバ上にあるHTML文書の場所を指し示すのがURLである．URLはWebブラウザでHTML文書がある場所として利用されるほかにハイパーリンク先を示すためにも利用される．

図10.1にWWWの構成を示す．図中の①〜④までの段階を経てWebページが表示される．①でユーザがWebブラウザへ表示したいWebページのURLを入力すると，そのURLを基に②でHTMLファイルを要求し，③でWebサーバが要求されたHTMLを返信する．その返信を受け取ったWebブラウザは④でHTMLファイルの内容を解釈して表示している．ここではWWWの構成を解説するためにDNSへの問い合わせを省略したが，DNSの章で解説したように，URLを指定しWebサーバへHTMLファイルを要求する前に，クライアントパソコンはDNSサーバへWebサーバの名前解決のための問い合わせを行う．

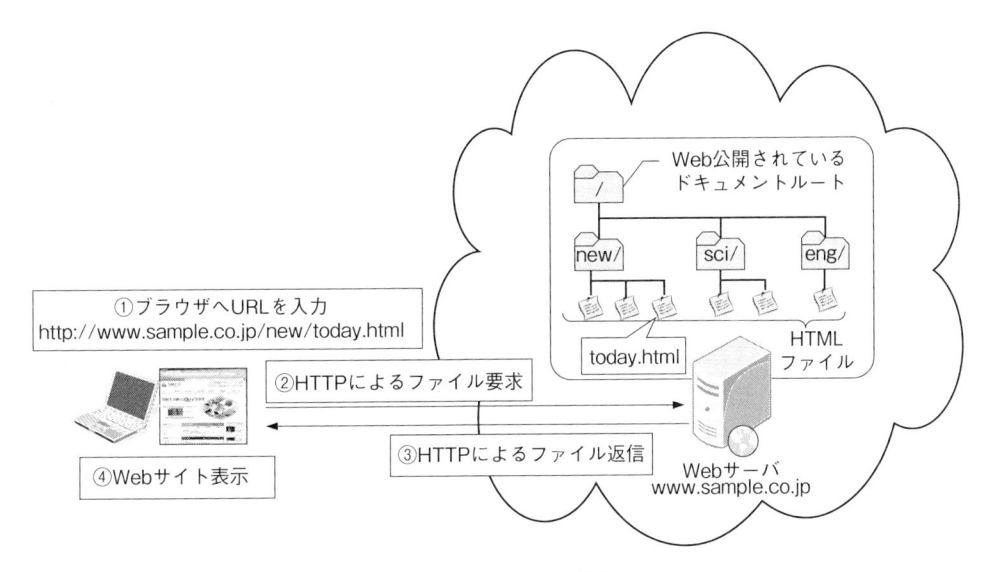

図 **10.1** WWWの構成

10.1.2 HTML

HTMLは，各研究者のマルチメディア情報を変更することなく有機的に結合したいという問題意識から，1989年に欧州素粒子物理学研究所（通称，CERN）で誕生した．その後，インターネットの普及とともに，HTMLは改良が進められ，W3C（World Wide Web Consortium：ダブリュスリーシー）という組織により標準化がなされている．

W3CはWWWに関する技術的な標準化を目的とした団体で，W3Cによる技術仕様をW3C勧告（W3C Recommendation, REC）と呼び，技術仕様がW3C勧告となるまでに，WD（Working Draft：作業草稿），CR（Candidate Recommendation：勧告候補），PR（Proposed Recommendation：勧告案）という段階を経る．

1997年末にはHTML 4.0がW3C勧告された．HTML 4.0はその後一部改訂が行われ，HTML 4.01となった．2012年末には，最新のマルチメディアに対応する言語へ発展することを目指しているHTML5がCRとして発表されており，HTML5を実装する開発コミュニティからフィードバックを得る段階にあり，2008年のWD以降，Webブラウザも順次HTML5対応を進めている．

HTML5の標準化が進んでも，そのHTML5を解釈できるWebブラウザが必要である点に注意が必要である．つまり，古いWebブラウザではHTML5を解釈できず，正確に表示できない．以降では，ことわりのない限りHTMLという記述はHTML 4.01を指し，HTML5についてはHTML5と毎回明記する．

HTMLはSGML（Standard Generalized Markup Language：標準文書記述言語）の書式を踏襲したマークアップ言語の1つで，Webサーバでのドキュメントを記述するための言語として広く知られている．Webサーバのドキュメントでは，このHTMLにより文書の構造や体裁等の要素（SGMLやHTMLでは，これらをエレメントと呼んでいる）を定義し，イメージやURLを貼り込んで，ハイパーテキストを実現している．

ハイパーテキストは一種のソフトウェアであり，これにより文字やイメージ等をカードのようなオブジェクトとして扱えるだけでなく，オブジェクト間に様々な関係付けをしてアクセスできる．ハイパーテキストのこの特徴により，コンピュータに馴染みのないユーザにやさしいユーザインタフェースを実現できる．扱うデータを文字，グラフィックス，表，音楽等のマルチメディアに拡張したものをハイパーメディアと呼ぶこともある．

SGMLは代表的なマークアップ言語の1つで，著者，引用部分，タイトルなど文章の中で特別な部分にマークを付けることより文章の論理構造を記述することができる．これにより，文書の処理や管理，コンピュータ間でのデータ交換等が容易に行えるようになる．1987年にISO標準8879として承認されており，アメリカ国防総省等の公文書フォーマットとしても採用されている．現在では，インターネット上でのSGMLの利用を容易にすることを目的として設計されたマークアップ言語として，XML（eXtensible Markup Language）も規定され，HTMLのような固定のマークアップ方法だけではなく，文書独自のマークアップ方法を定義できるよ

うになった．XMLの標準化もW3Cで行われている．

具体的なHTMLの記述によりHTMLの理解を深める．HTMLファイルはテキストエディタにより作成可能で，図10.2にあるようにテキストファイル内の最初に「<html>」，最後に「</html>」を記述し，その中に文書のヘッダ領域を示す「<head>」と「</head>」で挟んだ部分と文書の本文である「<body>」と「</body>」で挟む部分とで構成される．

「<」で始まり「>」で終わるものをタグと呼び，「<html>」を「htmlタグ」，「<head>」を「headタグ」，「<body>」を「bodyタグ」とそれぞれ呼ぶ．また，<・・・>を開始タグ，スラッシュの入ったタグ</・・・>を終了タグといい，開始タグと終了タグで挟み，文章や語句に意味付けを行う．たとえば，「<h1>」はレベル1の見出し(heading)を表しており，「<h1>」と「</h1>」で挟んだ語句をWebブラウザはレベル1の見出しとして表示する．同様にして「<a>」を使ってハイパーリンクを作成することができる．たとえば，共立出版のWebページへのハイパーリンクを設置するためには「<a href="http://www.kyoritsu-pub.co.jp">共立出版</a>」として，クリックする語句である「共立出版」を「<a>」と「</a>」で挟み，hrefオプションによりリンク先のURLを指定する．

htmlタグはHTMLファイルであるという意味付けを行い，headタグは文書のヘッダ領域である意味付けを，bodyタグは文書の本文領域である意味付けを，h1タグは語句にレベル1の見出しであるという意味付けを，aタグは語句にハイパーリンクであるという意味付けをそれぞれ行っている．タグはこのほかにも多数あり，代表的なタグを表10.1に示す．このほかの

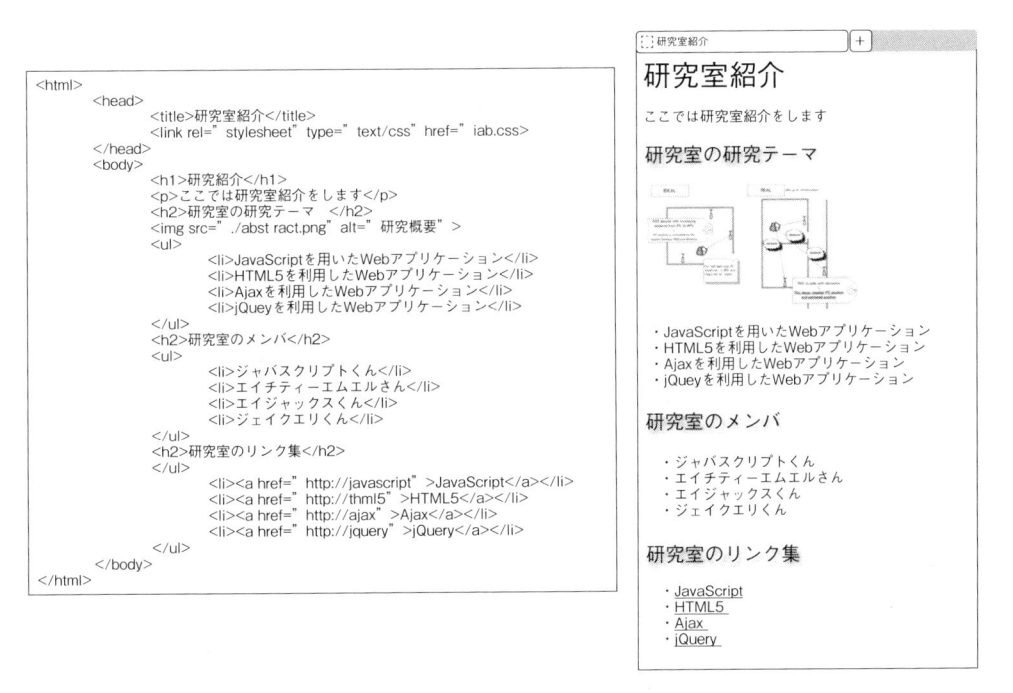

図 **10.2** HTMLファイルの基本構成（左：HTMLファイル，右：Webブラウザでの表示）

表 10.1 HTML の代表的なタグ

タグ	意味
<a>, </a>	オプション href="ここに URL"でハイパーリンク先を指定することで本文中にハイパーリンクを作成する
<body>, </body>	文書の本文部分を指定する
<h1>, </h1>	レベル 1 の見出し
<h2>, </h2>	レベル 2 の見出し
<h3>, </h3>	レベル 3 の見出し
<h4>, </h4>	レベル 4 の見出し
<head>, </head>	文書のヘッダ部分を指定する
<html>, </html>	HTML である部分を指定する
<img>	オプション src="ここに画像の場所"で画像を挿入する
<li>, </li>	ol タグや ul タグに列記するリスト項目
<ol>, </ol>	番号ありリスト (ordered list)
<p>, </p>	パラグラフ (paragraph)
<title>, </title>	ヘッダ部に記述し，ブラウザのタイトルバーに表示される文字を指定する
<ul>, </ul>	番号なしリスト (unordered list)

タグについても読者自ら Web 検索するなどして調べて欲しい．

実は HTML ファイル作成を体験するだけであれば Web サーバは必要とせず，テキストエディタと Web ブラウザで十分体験できる．これまでに紹介したタグをテキストファイルに記述し，それを HTML ファイルとして保存（拡張子を.html として保存）し，その HTML ファイルを Web ブラウザで開くだけでよい．

図 10.2 にあるように，HTML により文書に意味付けが行われるが，近年の Web ページに見られるような派手さは全くない．HTML により意味付けられた文書に装飾を施すための技術が CSS (Cascading Style Sheet) である．ここでは簡易的に CSS について触れることにする．

図 10.2 にあった HTML の h2 タグで記述したレベル 2 見出しすべてに文字影を付けることを考えると，図 10.3 のように CSS を記述したファイルを準備し，HTML ファイルから参照するようヘッダ領域に記述するとよい．図 10.3 にある「{・・・}」の部分が宣言ブロックで「text-shadow」はプロパティで CSS では修飾のための様々なプロパティが存在する．各プロパティに対してとる値の数があり，「text-shadow」プロパティの場合 4 つの値を指定する．図 10.3 では「5px 5px 2px #555555」となっており，順に「影の横方向へのずれ　影の縦方向へのずれ　影のぼかし具合　影の色」を指定している．HTML ファイルから CSS ファイルを参照する際は，link タグを用いて記述する．実際に図 10.3 を記述した CSS ファイル「lab.css」を作成し，HTML ファイルから link タグを使って参照した様子を図 10.4 に示す．

CSS の効果をより良く理解してもらうために，共立出版の Web ページで CSS を有効にした場合と CSS を無効にした場合とでその表示を比較した（図 10.5）．CSS は Web ページのレイアウトを調整するために利用されており，Web ブラウザは，CSS に記述された内容を解釈し，HTML にある画像や文書をレイアウトしている．

```
h2{ text-shadow: 5px 5px2px #555555; }
```

図 **10.3** CSS の例

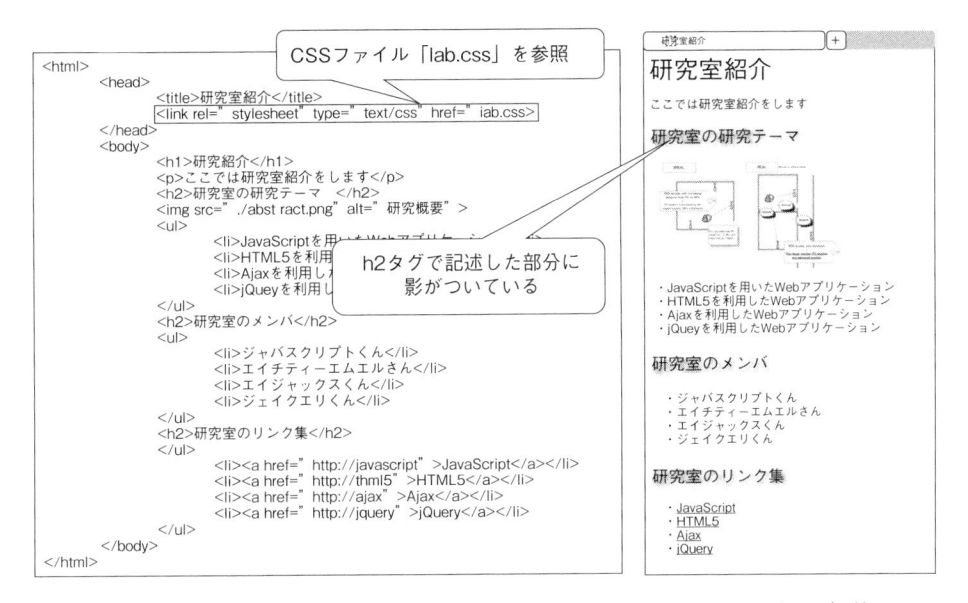

図 **10.4** CSS を使った修飾の例（左：HTML ファイル，右：Web ブラウザでの表示）

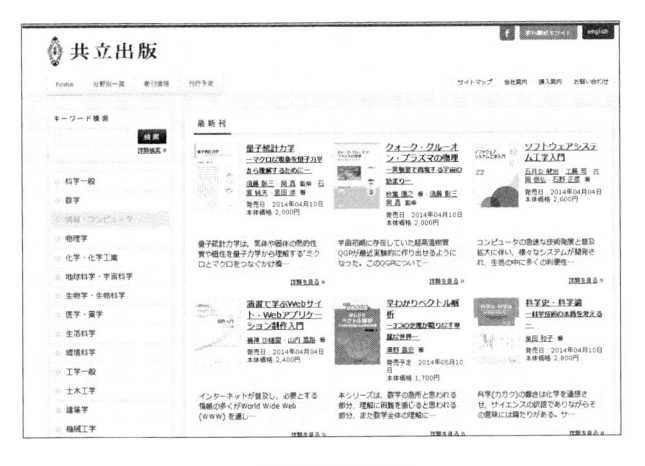

CSSが有効の場合　　　　　　　　　　CSSが無効の場合

図 **10.5** CSS を有効にした場合と無効にした場合の比較

これまでHTMLとCSSを利用したWebページについて見てきたが，読者の多くはマウスカーソルの動きやクリック，キーボード入力により変化するWebページを利用した経験があるだろう．利用者の入力に応じた動きをするWebページを動的なWebページと呼び，利用者の入力に対して変化しないWebページを静的なWebページと呼ぶ．

HTMLとCSSのみで構成されるWebページは静的なWebページである．動的なWebページ作成に利用される技術としては，PHPやjavaといったWebサーバで処理を行う技術と，JavaScriptのようにブラウザで処理を行う技術があり，サーバ側の技術とブラウザ側の技術の両方を効率よく利用し動的なWebページを構成するAjax（Asynchronous JavaScript + XML：エイジャックス）と呼ばれる技術もある．

HTMLの最新版となるHTML5はHTML，CSSに加えてJavaScriptの機能が強化され，動的なWebページを作成することを可能にしている．現在HTML5はスマートフォンのアプリ開発にも利用されている．HTML5対応ブラウザを利用したスマートフォンのアプリ開発を行うことで，スマートフォンのOSにできるだけ依存しないアプリを開発することができる．

HTML5では図を描画するためのタグ <canvas> が準備されており，canvasタグの範囲にJavaScriptを使い図を描画することができる．描画する図をプログラミング言語であるJavaScriptで描画できるため，図を動かすことは容易で，これまでにない動的なページを記述できるとして開発者の期待は大きい．

10.1.3　HTTP

WebブラウザはHTTP (HyperText Transfer Protocol) というプロトコルを用い，ユーザが指定したURLに従い，対応するWebサーバにインターネットを経由してアクセスする．Webサーバは80番ポートでHTTPの要求を待ち受けている．そして，HTMLや（HTMLに記載された）関連したファイルをWebサーバからWebブラウザが受け取り，WebブラウザがHTMLを解釈し，表示する．さらに，WebブラウザはWebサーバから情報を取り出すだけでなく，ユーザが入力したデータをサーバへ送信することもできる．HTTPはWebサーバとWebブラウザとの間で相互にHTMLで記述された文書を送受信するための通信プロトコルである．また，HTTPは，リクエストとレスポンスからなる非常に単純なプロトコルであり，それぞれリクエストとレスポンスが独立した通信の単位となる．表10.2にHTTPで利用される命令メソッドを示す．

まずWebクライアントは，リクエストとして表示したいWebページのURLを送信する．これに対しWebサーバは，自分が持つHTML文書と関連するファイルをクライアントに送信する．たとえば，あるWebサーバにアクセスし，接続が完了したところでクライアント側から「GET /」を送信すると，図10.2にあるHTMLファイルのようにサーバからの応答として，HTMLのデータが返ってくる．

例として，URLがhttp://www.sample.co.jp/new/today.htmlのページを要求する場合を考える．この場合のURLは，httpがプロトコルの名前，www.sample.co.jpがサーバマシン

表 10.2 HTTP におけるメソッド

メソッド	意味
get	Web ページの読み出し要求
head	Web ページヘッダ読み出し要求
put	Web ページの書き込み要求
post	データの追加要求
delete	Web ページの削除
link	2 つの存在するリソースの接続
unlink	2 つのリソース間のリンク切断

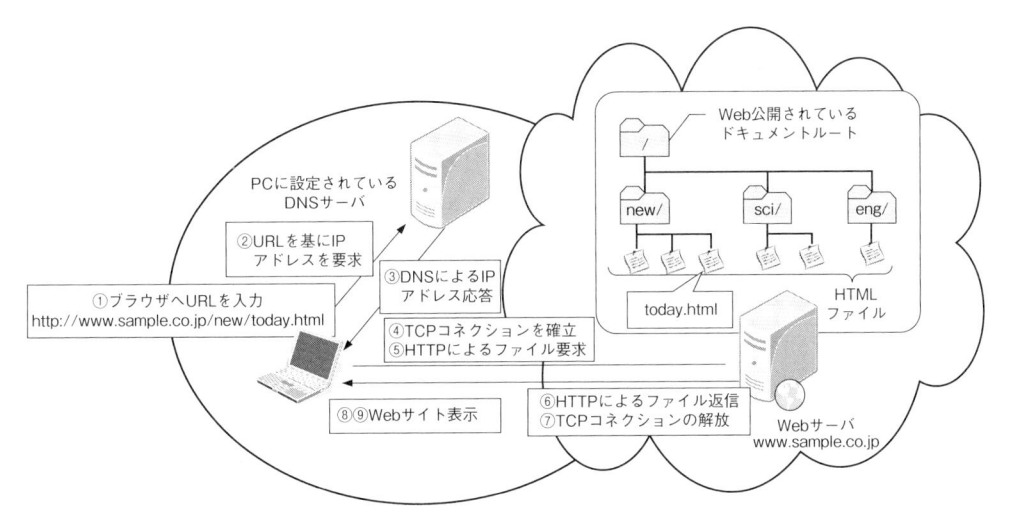

図 10.6 HTTP による Web ページ閲覧までの処理

名，new/today.html がファイル today.html のサーバ上の場所を表現している．この場合，次のように処理が進む（図 10.6）．

① クライアント側のブラウザは URL を決定する．
② ブラウザは www.sample.co.jp の IP アドレスを DNS サーバに問い合わせる．
③ DNS サーバは，IP アドレスとして，たとえば 18.23.0.24 を応答として返す．
④ ブラウザは 18.23.0.24 の 80 番ポートに対する TCP コネクションを確立する．
⑤ ブラウザは GET /new/today.html コマンドを送る．
⑥ www.sample.co.jp のサーバは，HTML ファイル today.html を送ってくる．
⑦ TCP コネクションが解放される．
⑧ ブラウザは today.html ファイルのすべてのテキストを表示する．
⑨ ブラウザは today.html ファイルのイメージデータを読み込み，表示する．

現在，Web サーバとして用いられているソフトウェアには Apache（アパッチ）がある．Apache は，HTTP Apache Server Project において Apache グループが開発を行っている．

このグループのメンバは世界中のボランティアから構成され，FreeBSD，Linux 等の UNIX はもちろん，Windows（Win32版）等にも移植されている．特徴として，SSL (Secure Socket Layer) 対応，プロキシ (proxy) 等の機能がモジュールとして追加できる点が挙げられる．

　SSL は，WWW 等で扱うデータを暗号化して送受信するプロトコルで，TLS (Transport Layer Security) とも呼ばれており，以下では，SSL/TLS と記述する．たとえば，インターネット上のあるサイトで買い物をする際に，個人情報であるクレジットカード番号等の情報を暗号化するために利用される．カードで支払いを行うためにはカード番号等の情報を相手先へ送信しなければならず，そのまま送信したのではカード番号等の情報が盗聴される危険がある．また，盗聴した人間があなたになりすまし，そのカード番号を使い買い物をすることも考えられる．これらの危険を防ぐ仕組みが SSL/TLS である．

　プロキシは，自組織のネットワークとインターネットとの間に設置し，セキュリティの確保やインターネットへの接続を高速化する目的で設置されるサーバである．プロキシの機能を利用するためには各ユーザが各自のコンピュータで利用するプロキシサーバを設定しなければならない．

　自組織の複数のコンピュータがインターネット環境へ接続する場合，各コンピュータが直接外部ネットワークと通信するよりもセキュリティ機能を持ったプロキシサーバを用意し，これを外部ネットワークとの接続窓口とすることで，組織内のコンピュータ全体のセキュリティを確保できる．

　プロキシには，セキュリティ機能以外に，WWW 接続時の HTML データ等を一時的に保存するキャッシュ機能がある．プロキシのキャッシュ機能とは，コンピュータから Web サーバへの要求に対して Web サーバから送られてきたデータを一時的にプロキシサーバでキャッシュ（一時的保存）しておき，それ以後に同じ Web サーバへ要求するコンピュータがあった場合に，再度 Web サーバへ要求せず，プロキシサーバにキャッシュされたデータをクライアントに返す機能のことである．Web サーバへ再度問い合わせが発生しないため，プロキシから外部ネットワークまでの間の通信帯域を節約することができ，WWW 接続を高速化する効果が期待される．ADSL や FTTH といった高速な WWW 接続回線では利用されないが，比較的低速な携帯電話回線などでは効果的に利用されている場合がある．

10.2　電子メール

　電子メールというとすでに過去のツールのように聞こえる人もいるだろうが，今もなおビジネスシーンでは必要不可欠なツールである．過去のツールのように聞こえてしまう理由には，携帯電話やスマートフォンアプリの影響がある．携帯電話の電子メール（携帯メール）やスマートフォンアプリの電子メールは着信や鳴動にて電子メールが届いたことを知らせてくれ，ユーザは特に操作を気にすることなく電子メールを受信している．携帯電話やスマートフォンを利用するネットワーク環境が充実したことで，常にネットワークにつながっている時代がきたこ

とを意味している．

便利さの一方で，スマートフォンの電子メールアプリなどは意識することなく電子メール利用のパスワードが送信されていることを知っているだろうか．我々ユーザが利用するツールは変われど，裏で動作する電子メールの送受信方法は変わっていない．ここでは電子メールの送受信が行われる基本を理解する．そして，その上で現在便利に利用している電子メールアプリが存在することを理解する．

10.2.1 メールアドレスとドメイン名

まずはメールアドレスから紐解く．メールアドレスを指定しないことには電子メールを送信することはできない．メールアドレスは，「@（アットマーク）」を境に右側をドメイン名，左側をローカルパートと呼ぶ（図 10.7）．

メールアドレスのローカルパートはユーザ名であることが多く，このメールアドレスの場合，メールサーバに登録されている hoge というユーザを表すことになる．ドメイン名は電子メールを送受信するサーバ（メールサーバ）のホスト名であることもあるが，場合によってはメールサーバが所属するドメインの名前の場合もある．このためドメイン名を基に送付先メールサーバを調べる仕組みが DNS にある．図 10.7 の例では，

(1) メールアドレスのドメイン名「mail.example.co.jp」を基に送付先ドメインを管理する DNS サーバの IP アドレスを得る．
(2) 調べた DNS サーバに対してメールサーバの情報を問い合わせる．
(3) DNS サーバは管理するドメイン内のメールサーバのホスト名と IP アドレスの対応表を応える．
(4) 対応表を基にメールサーバにメールが送付される．
(5) メールサーバ内でローカルパート「hoge」を基に適切なユーザのメール保存領域にメールが保存される．

電子メールの送受信では必ず相手方のメールサーバあるいはメールサーバが所属するドメイン名とユーザ名を指定して送信していることになる．つまり，ユーザが直接電子メールを相手に送信しているわけではなく，ドメイン名を基にメールサーバを特定した上でメールサーバが電子メールの送受信を行っている．

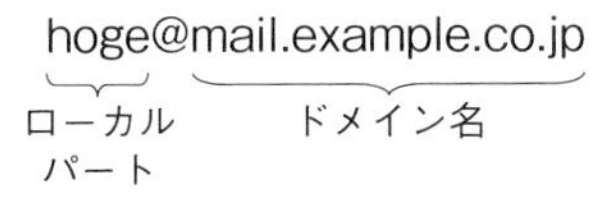

hoge@mail.example.co.jp
　ローカル　　ドメイン名
　パート

図 **10.7** 電子メールのドメイン名

10.2.2　電子メールの送信と受信

メールサーバにおいて電子メールの送信および転送に使われる通信プロトコルは一般にSMTP（Simple Mail Transfer Protocol：簡易メール転送プロトコル）である．電子メール送信に利用されるサーバは利用するプロトコルからSMTPサーバと呼ばれる．

SMTPは，SMTPサーバからSMTPサーバへ電子メールを送信するときや，ユーザが電子メールの送信をSMTPサーバへ依頼するときに利用される．通常，SMTPは25番ポートを使ってサービスしており，サーバであってもユーザであっても25番ポートにアクセスしSMTPにより通信しなければならない．

以下に，SMTPサーバを用いて送信側のユーザ（送信ユーザ）から受信側のユーザ（受信ユーザ）へ電子メールが送受信される手順を示す（図10.8）．

① 送信ユーザはSMTPによりSMTPサーバと通信し電子メール送信の依頼をする．
② 依頼を受けたSMTPサーバは送信ユーザから受け取った電子メールの宛先メールアドレスのドメイン部をDNSサーバに問い合わせる．
③ DNSの応答を基に受信ユーザが登録されているSMTPサーバへ電子メールを送信する．
④ 受信側のSMTPサーバは電子メールを受け取り，受信ユーザのメールボックスに保存する．

受信ユーザはSMTPサーバに直接ログインする方法で電子メールを読むことができるが，一般のユーザには利便性が悪い．送信ユーザについても同様にSMTPサーバに直接ログインする方法でSMTPサーバに対して送信依頼をすることができるが，利便性が悪い．この利便性

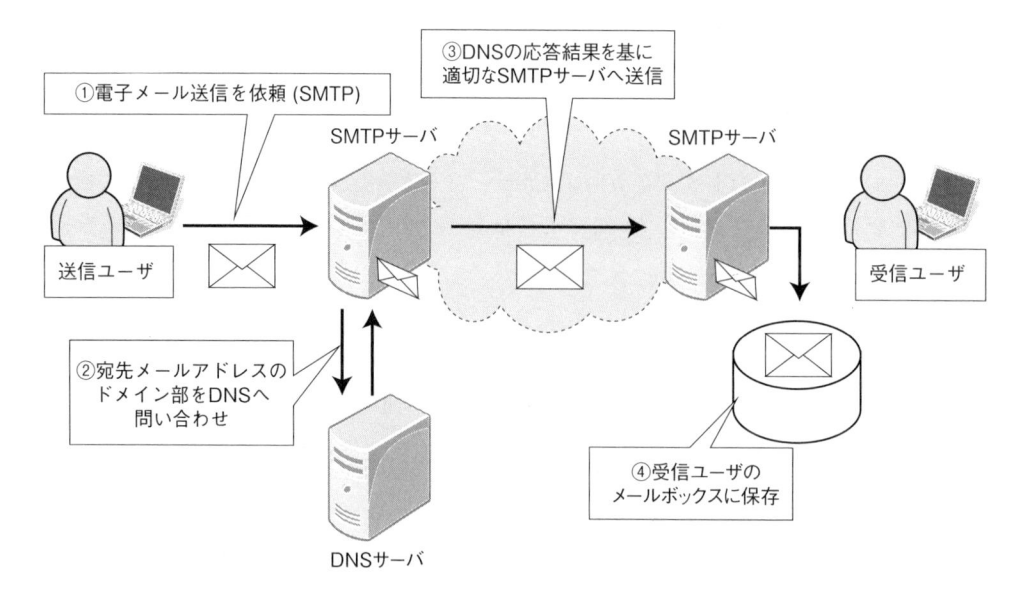

図 10.8　SMTPサーバにより送受信される手順

の悪さを改善するために，電子メールソフトウェアなどが用いられる．

　SMTPサーバと電子メールソフトウェアとの間で電子メールの送信と受信のための通信が必要となる．SMTPサーバなどと同様に，電子メール送信のための通信はSMTPにより可能である．SMTPサーバに保存された電子メールを，電子メールソフトウェアにダウンロードするために考えられたプロトコルがPOP (Post Office Protocol) である．現在はPOPの改良版が使われており，そのバージョン番号を付けてPOP3（ポップ スリー）と呼ばれ，POPは110番ポートでサービスを行う．

　電子メールをダウンロードすることなくサーバのメールボックスを直接閲覧するために考えられたプロトコルとしてIMAP（Internet Message Access Protocol：インターネット メッセージアクセスプロトコル）がある．IMAPも改良が進み，現在はIMAP4が利用され，IMAPは143番ポートでサービスを行う．POPやIMAPはユーザがサーバへアクセスし自分宛の電子メールが届いているか確認する必要があり，この電子メールの配信方法をプル型配信と呼ぶ．これに対してメールサーバからユーザへ直接メールを配信する方式をプッシュ型配信と呼び，携帯電話によるメール受信がこの配信方式になる．ネットワークへ常時接続可能な環境が確保できるようになる以前はPOPのみ対応の電子メールソフトウェアが一般的であったが，ネットワークへ常時接続可能な現代においてはIMAPによる利用も増えてきており，POPとIMAPに対応した電子メールソフトウェアが増えている．

　電子メールはSMTP，POP，IMAPといったプロトコルを介して利用されるが，これらプロトコルで送受信されるデータにはMIMEと呼ばれる規約があり，英語を使った本文に限らず，各国語，画像データ，音声データなどの各種データを添付して送受信する方法をMIMEにより規定している．今では電子メールソフトウェアがMIMEに従った形式でメールを作成するため，ほとんど意識することはない．

　メールサーバと通信する電子メールソフトウェアは，電子メールの送受信以外にも電子メールの作成，電子メール管理を行うアプリケーションソフトウェアである．代表的な電子メールソフトウェアとしては，マイクロソフト社のWindows LiveメールやMicrosoft Outlook, Mozilla Thunderbird（モジラサンダーバード），GNU Emacs/Mule上で稼働するMew等がある．電子メールソフトウェアは，メーラ，メールクライアント，メールユーザエージェント (Mail User Agent, MUA) とも呼ばれる．電子メールソフトウェアの機能をまとめると次のとおりである．

(1) メッセージの送受信：メッセージの送受信は，メールサーバへの電子メール送信およびメールサーバにある自分のメールボックスからの電子メールを受信する機能である．
(2) メッセージ作成：メッセージ作成は，メッセージや着信メッセージに対する返事を作成する機能である．
(3) メッセージ表示：メッセージ表示は，到着したメッセージを受信者に読める形式で表示する機能である．ときには，文字コード変換や他のアプリケーションを起動することも

ある．

(4) その他：メールボックス機能，アドレス管理，メッセージの保存等がある．

電子メールソフトウェアが利用される一方で，ネットワークへ常時アクセスできる環境の中，登場したのが Web メールである．Web メールとは，Web ブラウザを利用して，電子メールソフトウェアの機能を利用できる仕組みである．代表的なものに Google 社の Gmail，Yahoo! JAPAN の Yahoo! メール，マイクロソフト社の Outlook.com などがある．いずれも Web メールサービスを主としているが，IMAP や POP で電子メールソフトウェアによる利用も可能である．

Web メールは，ユーザとメールサーバの間に Web メールサーバが介在しており，Web メールサーバの後ろでは従来通りのメール送受信が行われている．IMAP の場合は電子メールソフトウェアを利用して直接メールサーバにあるメールデータにアクセスするが，Web メールは Web メールサーバを介してメールサーバのデータへアクセスすることになる．つまり，Web メールはメールソフトウェアのインストールが不要であり，ネットワークにアクセス可能な環境と Web ブラウザがあれば利用できる．

電子メールソフトウェアを利用するプル型配信によるサービスの一方で，携帯電話の電子メールサービスのようにプッシュ型配信によるサービスが登場した．すでにご存知のように電子メールが送信されると，電子メールは SMTP サーバから SMTP サーバへ，メールアドレスを基にして能動的に配送される．このため SMTP サーバはプッシュ型のサービスである．プッシュ型配信は，最後の受信した SMTP サーバがそのままユーザ向けに配送する仕組みであり，SMTP 本来の機能を拡張することで実現可能である．残念ながら画一的なプロトコルは存在せず，サービス事業者独自のプロトコルが利用されている．

10.2.3　電子メールの安全な利用

ここまで電子メールが送受信される仕組みと，その仕組みの上にユーザの通信環境と利便性を考慮した Web メールや携帯メールなどの工夫されたサービスが存在することについて述べた．ここでは電子メールを安全に利用するための仕組みについて紹介する．安全性の仕組みを理解するためには，電子メール利用の問題点やメール送受信における脆弱性（システムの脅威となる欠陥や問題点）を理解しなければならない．

(1) スパムメールとスパムフィルタ

電子メールを利用したことがある読者であれば，1 度は差出人不明で自分とは関係のないメールを受け取った経験があるだろう．いわゆる，迷惑メールやスパムメールと呼ばれるものである．受信者が意図しない，あるいは望んでいない内容の電子メールを指して呼ぶ．

スパムメール問題の対策として利用されるのが，スパムフィルタ（または迷惑メールフィルタ）である．スパムフィルタはメールサーバ側で利用される場合もあれば，電子メールソフトウェアで利用される場合もある．

スパムフィルタは，メールのメッセージ文に含まれる特徴的な単語からスパムメールである度合いを得点化し，スパムメールであるか否かの判定を行う．この得点化を行う技術を支えているのがベイズ推定といわれるベイズ統計学の手法である．ベイズ推定を用いたスパムフィルタはベイジアンフィルタと呼ばれる．先に挙げた代表的な電子メールソフトウェアのWindows Live メール，Microsoft Outlook，Mozilla Thunderbird はいずれもスパムフィルタ機能を持っている．また，Web メールの Gmail，Yahoo!メール，Outlook.com もスパムフィルタ機能を持っている．

(2) POP の本人認証

ユーザは POP により電子メールが届いていないかサーバに問い合わせるが，不特定多数の問い合わせを区別するためにサーバにアカウントが存在し，サーバへの問い合わせには本人であるかの認証（本人認証）が必要である．一般的に本人認証には，アカウントのユーザ名とパスワードのセット（認証情報）が利用される．

POP3 も問い合わせのために本人認証が必要であり，本人認証通過後，メールサーバにメールが届いているか問い合わせることができる．この POP3 の通信は暗号化されていないデータ（平文）で行われるため，通信を盗聴している攻撃者がいた場合には認証情報がそのまま簡単に盗まれてしまう．

パスワードが漏洩することを防ぐために考えられた方式が APOP (Authentication POP) 方式である．これは POP3 のオプション機能を利用したもので，パスワードと時間情報を使い MD5 ハッシュ値を作成し認証に利用する方式である．しかし，2007 年に JVN (Japan Vulnerability Notes) で APOP 方式の脆弱性について警告され，それ以降 POP over SSL や STARTTLS による利用が主流となっている．

POP over SSL および STARTTLS はサーバ証明書を用いた暗号化を利用する方式で，995 番ポートを使って通信を行う．また，認証情報に限らずメール本文を暗号化できる点も優れている．POP over SSL や STARTTLS を利用するためには電子メールソフトウェアが対応している必要があるが，現在の電子メールソフトウェアの多くが対応している．POP over SSL は，通信開始から POP3 クライアントと POP3 サーバとの通信路を SSL/TLS で暗号化した通信方式である．STARTTLS は POP3 の通信開始の宣言まで通常の POP3 で行い，宣言以降の通信を SSL/TLS により暗号化する通信方式である．POP over SSL や STARTTLS は通信に必要な認証情報とメール本文を暗号化するが，その暗号化される部分は POP3 クライアントと POP3 サーバとの間のみであり，POP3 サーバまでの SMTP による配送は暗号化されているわけではない．

(3) SMTP を安全に利用する

SMTP が考えられた頃はネットワークを使ったメッセージの送受信という利点を誰もが享受できるよう，どの SMTP サーバから転送依頼がきても転送できるよう設定され，運用されていた．ユーザが利用する際も認証なしに SMTP サーバにより電子メールを送信することがで

きた．しかし，現在はスパムメールやウィルスが添付されたメールのように電子メール送信を悪用するケースがあるため，SMTPサーバを任意のユーザが利用できないようユーザの本人認証を行う対策が施されている．

　POP before SMTP は SMTP による送信を行う前に POP による認証を課すもので，POP による認証を通過できないとメールを送信することができない．SMTP AUTH は SMTP に認証を課す拡張を行ったもので，本人認証を通過できないと送信することができない．SMTP AUTH には認証情報のパスワードを暗号化するオプションもあるが，メール本文は暗号化されない．

　認証情報とメール本文の両方を暗号化する手法として SMTP over SSL や STARTTLS が利用される．SMTP over SSL および STARTTLS はサーバ証明書を用いた暗号化を利用する方式で，主に 465 番ポートを使って通信を行う．SMTP over SSL は，通信開始から SMTP クライアントと SMTP サーバとの通信路を SSL/TLS で暗号化した通信方式である．STARTTLS は SMTP の通信開始の宣言まで通常の SMTP で行い，宣言以降の通信を SSL/TLS により暗号化する通信方式である．

　SMTP over SSL や STARTTLS は，通信に必要な認証情報とメール本文を暗号化するが，暗号化される部分は自分が使用する SMTP クライアントと SMTP サーバとの間のみであり，SMTP による配送は暗号化されていない．また，受信側の環境についても暗号化されているかを制御することはできない．メールが配送される経路の間もメールを暗号化して送付する方法として，メール本文を暗号化する S/MIME (Secure MIME) という電子メールの規格が存在する．

10.2.4　メール送受信の通信手順

　前節までに電子メールを送受信するためのプロトコルについて紹介した．この節では，メールを送受信する際に行われる通信手順（プロトコル）について SMTP を使って詳しく理解する．

　SMTP (Simple Mail Transfer Protocol：簡易メール転送プロトコル) とは，電子メールを送信するためのプロトコルであり，そのプロトコル仕様は，インターネットに関する技術の標準を定める団体である IETF が発行する文書の中で，RFC821 等で定義されている．SMTP はコマンド体系が簡単な ASCII 文字列で構成されており，文字列の終端は CR（＝Carriage Return：行頭復帰，コード 0x0D）＋ LF（＝Line Feed：改行，コード 0x0A）である．ASCII 文字列のコマンドとその応答のやりとりを手順通り行うことで，メール送信のための通信が行われる．

　図 10.9 に SMTP クライアントと SMTP サーバがメール送信のために行う通信手順を示す．図 10.9 の左側は SMTP クライアントで右側が SMTP サーバであり，クライアントからサーバへ SMTP 通信によりメールが送信される様子を示している．

　図 10.9 の (1) はサーバとの TCP コネクション確立後に，サーバがホスト名を名乗り，クライアントも HELO コマンドによりホスト名を名乗り，サーバがリプライコード 250 で応答す

10.2 電子メール

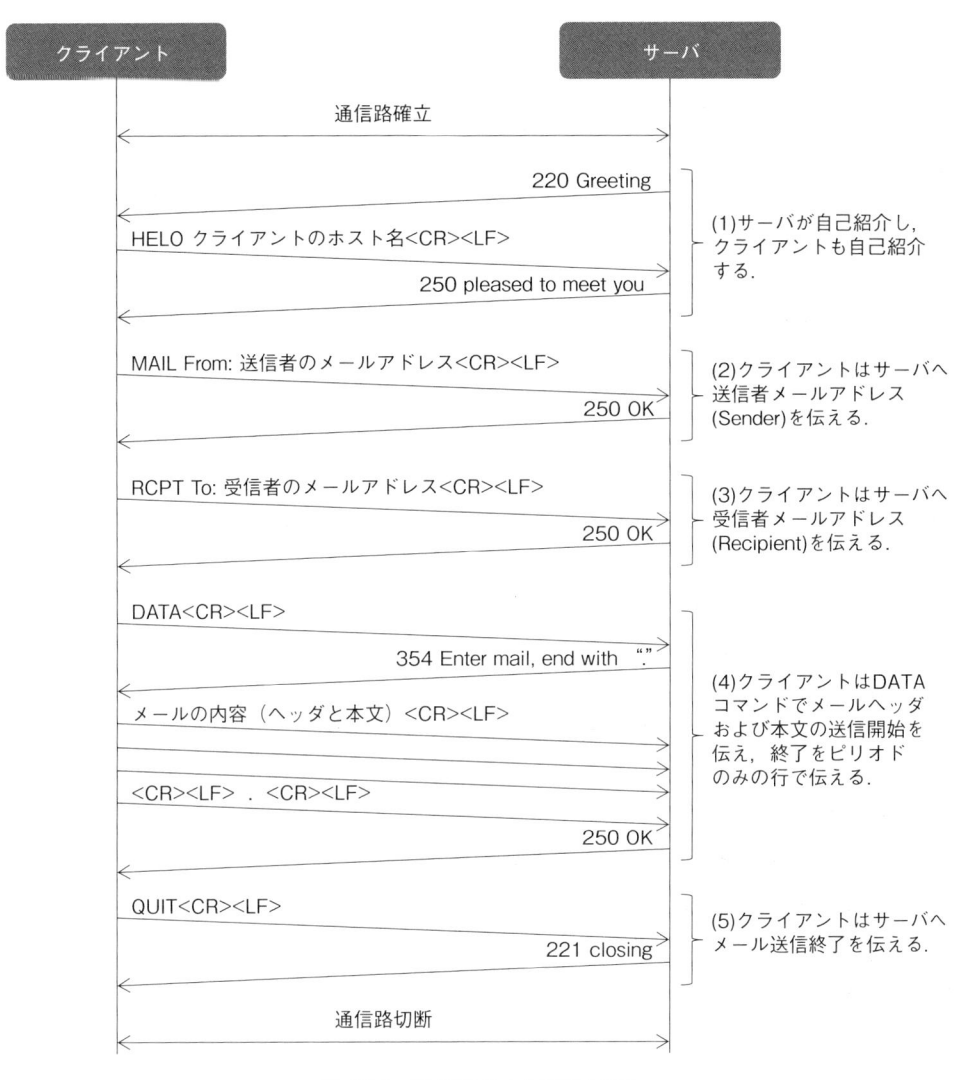

```
クライアント                          サーバ
     ←——————通信路確立——————→
                         220 Greeting
     ←————————————————————
     HELO クライアントのホスト名<CR><LF>    (1)サーバが自己紹介し，
     ————————————————————→            クライアントも自己紹介
                     250 pleased to meet you    する．
     ←————————————————————

     MAIL From: 送信者のメールアドレス<CR><LF>   (2)クライアントはサーバへ
     ————————————————————→               送信者メールアドレス
                              250 OK              (Sender)を伝える．
     ←————————————————————

     RCPT To: 受信者のメールアドレス<CR><LF>   (3)クライアントはサーバへ
     ————————————————————→              受信者メールアドレス
                              250 OK             (Recipient)を伝える．
     ←————————————————————

     DATA<CR><LF>
     ————————————————————→
                     354 Enter mail, end with "."
     ←————————————————————                       (4)クライアントはDATA
     メールの内容（ヘッダと本文）<CR><LF>            コマンドでメールヘッダ
     ————————————————————→                      および本文の送信開始を
                                                 伝え，終了をピリオド
     <CR><LF>．<CR><LF>                            のみの行で伝える．
     ————————————————————→
                              250 OK
     ←————————————————————

     QUIT<CR><LF>                                (5)クライアントはサーバへ
     ————————————————————→                      メール送信終了を伝える．
                            221 closing
     ←————————————————————
     ←——————通信路切断——————→
```

図 10.9 SMTP による通信の様子

ることで，問題なく相互に接続されたことを確認し，メールを送信するための通信（メールセッション）が始まることになる．サーバが接続を異常と判断するとエラーとなる．

図 10.9 の (2) はクライアントがサーバへ MAIL From コマンドにより送り主のメールアドレスを伝え，サーバがそれを受理するとリプライコード 250 で応答している．

図 10.9 の (3) はクライアントがサーバへ RCPT To コマンドにより受取人のメールアドレスを伝え，サーバがそれを受理するとリプライコード 250 で応答している．このとき指定されるメールアドレスが存在しない場合，エラーとなる．

図 10.9 の (4) はクライアントがサーバに対してメール本文（メールヘッダおよび本文）を送信しているステップである．クライアントは DATA コマンドによりメール本文を送信する宣

表 10.3 SMTP で利用されるコマンド

コマンド	意味
HELO	クライアントを SMTP サーバに認識させ，サーバとのメールセッションを開始する．
MAIL From	メールの送り主を示し，メール 1 通の送信処理を開始する．
RCPT To	メールの送信先を指定する．
DATA	メールのデータをサーバに転送する．「Subject:」「From:」「To:」「Cc:」「Bcc:」などはメールのデータに含まれる．
QUIT	メールセッションを終了する．
EHLO	HELO と同じく SMTP サーバとのメールセッションを開始するが，EHLO で開始すると SMTP サーバは利用可能な拡張機能の一覧を応答として返す．SMTP AUTH を利用する場合は EHLO でメールセッションを開始する必要がある．

言を行い，これに対しサーバはリプライコード 354 で「ピリオドで終了せよ」と応答している．ピリオドのみの行をサーバへ送信することで，メール本文の送信を完了する．

図 10.9 の (5) はサーバとの通信を切断するために QUIT コマンドをサーバへ送信し，サーバはリプライコード 221 でコネクション切断を応答している．

図 10.9 の (5) において QUIT コマンドではなく MAIL コマンドをサーバへ送信すると新たなメールを送付する手順が始まる．表 10.3 に図 10.9 の SMTP 通信で利用された各コマンドの説明を示す．

先に紹介した SMTP に認証を課す拡張を行った SMTP AUTH を利用する場合には，メールセッション開始時の HELO コマンドの代わりに EHLO コマンドを利用しなければならない．EHLO コマンドはその応答に SMTP の拡張機能一覧を返し，SMTP の拡張機能を利用するメールセッションを開始する場合に必ず使用される．

SMTP 通信の際に MAIL From コマンドや RCPT To コマンドで送信者メールアドレスと受信者メールアドレスを指定したにもかかわらず，メッセージ本文のメールヘッダにも Form ヘッダや To ヘッダで，送信者メールアドレスと受信者メールアドレスを記述している．メールヘッダに記述する From ヘッダや To ヘッダは SMTP 通信とは無関係である．この関係性は封筒と封筒内の手紙に例えられる．MAIL From コマンドや RCPT To コマンドは封筒に書く差出人と宛名で，これがないと封筒は宛先へ届かない．一方で，メールヘッダの From ヘッダと To ヘッダは封筒内の手紙本文の差出人名と宛名と対応している．

演習問題

設問1 WWWのシステム構成を図示せよ．また，基本的な構成要素を5つ挙げ，その役割を述べよ．

設問2 HTMLの記述として正しいものを次の選択肢から1つ選べ．
a) HTMLを作成するためにはWebサーバが必要である．
b) HTMLはWebページの文章構造を表現するために使われる．
c) HTMLはWebページの文字に影を付けたり，色を付けるなどの装飾のために利用される．
d) HTMLはユーザの操作に対応する動的ページを記述するために利用される．

設問3 JavaScriptの記述として正しいものを次の選択肢から1つ選べ．
a) JavaScriptを動作させるためにはWebサーバが必要である．
b) JavaScriptで記述されたプログラムはWebサーバで処理される．
c) JavaScriptはWebページの文字に影を付けたり，色を付けるなどの装飾のために利用される．
d) JavaScriptによりWebページ上に図を描画することができる

設問4 WWWにおいてHTTP通信を盗聴などの危険から防ぐために利用されるプロトコルをアルファベット3文字で答えよ．

設問5 SMTP, POP, IMAP, POP over SSL, SMTP over SSLのそれぞれで一般的に利用されるポート番号を答えよ．

参考文献

[1] A. S. タネンバウム・D. J. ウエザロール 著, 水野忠則ほか 訳, コンピュータネットワーク第5版, 日経BP(2013)

[2] Steve Fulton・Jeff Fulton 著, 安藤慶一 訳: HTML5 Canvas, オライリージャパン (2012)

[3] 高橋和也ほか: 独習JavaScript 第2版, 翔泳社 (2013)

[4] David Wood 著, 佐々木雅之ほか 監訳, 大川佳織 訳: 電子メールプロトコル―基本・実装・運用, オライリージャパン (2000)

第11章
アプリケーション層―メディア通信とコンテンツ配信

□ 学習のポイント

多くの人々にとって，メディアデータのネットワーキングはとても必要であり，使いたいものであろう．たとえば，ビデオ・オン・デマンドなどがその例であり，非常に大きな帯域を必要とする．本章では，このようなマルチメディアデータの特徴と，ネットワークへの負荷を考慮した圧縮方式，各種ストリーミング方式をその特性とともに学ぶ．最後にコンテンツを配信する観点から，コンテンツ配送ネットワークとP2Pに関して学ぶ．

- マルチメディアデータの種類と特性に関して学ぶ．
- オーディオ，静止画，動画のデータ圧縮方式に関して学ぶ．
- ストリーミングの種類とその特徴を学ぶ．
- マルチメディアデータによるコンテンツの配信に関して学ぶ．

□ キーワード

デジタルオーディオ，ストリーミング，ビデオ・オン・デマンド，CDN，P2P

11.1 マルチメディアデータ

11.1.1 メディア通信とは

情報をデジタル化したことにより，文字以外にも静止画像や動画，音声といった様々な形態を扱えるようになった．このように文字以外のデジタル化されたデータを統合したものをマルチメディアデータと呼ぶ．マルチメディアデータは使用目的などから何を重視すべきかを決め，フォーマットを決めて保存されている．デジタル化したことにより何度コピーしても劣化することがないという利点があり，近年では様々な業界でデジタル化したデータが使われている．データの例とフォーマットの例を以下に挙げる．

- 音声
- 静止画

・動画

最近では，インターネットを経由して安価に音声や動画を利用した会議を開催することも多いであろう．このように，大量のピアツーピアの情報交換が発生しており，今やインターネットの帯域の大半はマルチメディアコンテンツの配信に利用されているといっても過言ではない．

11.1.2 ストリーミングデータ

所定の速度で再生することに意味のあるデータをストリーミングデータとしてインターネット上で流すことが多い．これらのデータには，オーディオデータやビデオデータがあり，インターネットの帯域が広くなったことにより普及してきた．今や電話の世界では，ボイス・オーバー IP (VoIP) やインターネット電話と呼ばれる方法で安く通話することができる．帯域が十分広くなるとこういったデータが途切れることは少なくなるため最も課題となるのは遅延時間といえる．しかし，絶対的な遅延時間はよほど大きくないと問題にならない．ジッタと呼ばれる遅れ時間の変動は問題となり得る．このような遅れ時間の変動などの問題を発生させないプロトコルが必要といえる．

11.2 データ圧縮

11.2.1 デジタルオーディオ

オーディオは一次元の気圧の波であるため，図 11.1 に示すように，サンプリングして量子化することによりデジタルで表すことができる．人間の耳で聞こえるという前提で量子化する．人間が聞くことのできる周波数は 20～20000 Hz である．音の振幅比でいうと普通の会話で 50 dB 程度の差があればよい．デジタルオーディオは再生時に人間の耳に聞こえるようにしたものである．

図 11.1 に示すように波をアナログからデジタルに変換するためにサンプリングして量子化

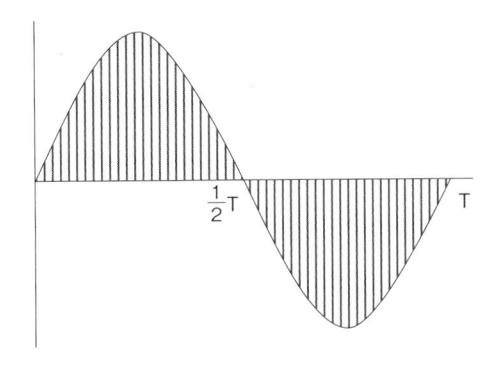

図 11.1 デジタルオーディオ・サンプリングにより量子化

する．これは正弦波をデジタル表現する例であり，Δt 秒間隔でサンプリングしている．さらにビット数の制限で，どんな値でもとることができるわけではない．8 ビットであれば数値は 256 通りでしか表せず，16 ビットで 6536 通りある．これを元に戻すのであるから，元通り正確に戻るわけではなく，量子化雑音と呼ばれる差が出てくる．

音楽 CD は，44100 サンプル／秒でサンプリングした音声データである．各サンプルは 16 ビットで振幅に対して線形とする．こういったデータを流す際には，モノラルで 705.6 kbps，ステレオで 1.411 Mbs の帯域幅が必要となる．

音声は使用帯域は小さいものの，多くの場合データとしては圧縮される．音声の圧縮には，MP3 (MPEG Audio Player 3)，MP4 などで利用される AAC (Advances Audio Coding) などがある．

オーディオの圧縮には，波形符号化と知覚符号化の 2 種類がある．波形符号化では，信号はフーリエ変換によって周波数成分に符号化される．一方，知覚符号化ではどのように人は音を感じるかという心理音響学に基づいて，波形は違っても感じ方は同じになるような符号化をする．

11.2.2 静止画圧縮

写真のような連続的な色調を持つ静止画もデータ量は大きい．1 枚の写真程度であれば圧縮せずに送ることも可能かもしれないが，多数の静止画を送信することを考えると圧縮は重要である．静止画の圧縮は，JPEG (Joint Photographic Experts Group) が各種標準化団体の援助のもとに開発され，拡張子 jpg で広く使われており，自然の画像で 10 対 1 程度まで圧縮比率を達成している．JPEG の圧縮方式を簡単に述べておく．詳細な圧縮に関しては参考文献を読んで欲しい．

JPEG ではまず画像をブロックに分けることから始める．人間の目の感度の特徴として色差よりも輝度の影響が大きいことを利用して，各ピクセルの輝度と 2 つの色の色差情報に変換した上で平均をとるといった手法で情報を減らす．人間の目では輝度の影響が大きく，色のちょっとした違いは気付かない．

次に DCT 変換（Discrete Cosine Transformation：離散余弦変換）を行い，この結果として現れる重要でない係数部分を削除する．最後に各ブロックの要素を隣のブロックの要素との差分に置き換えた上でランレングス符号化の適用などにより圧縮する．

11.2.3 デジタルビデオ

ビデオデータはいわゆる NTSC 方式や PAL 方式といったものがある．これらは毎秒 25 や 30 フレームというデータを使って表示する．映像は通常 720×480 ピクセルの情報であり，ブルーレイディスクなど高解像になれば，より増加する．640×480 ピクセルの場合でも 1 ピクセル当たり 24 ビットの色情報などがあれば，ビデオデータは最低でも 200 Mbps 以上の帯域が必要になる．すなわち，圧縮せずにデータを送ることは非現実的といえる．そこでビデオデータも圧縮が必要になる．代表的な圧縮方式は MPEG (Moving Picture Experts Group) である．

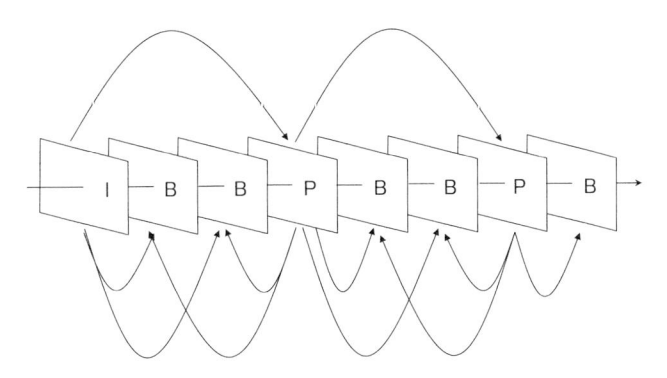

図 11.2 MPEG 圧縮（ピクチャーグループと予測符号化）

MPEG は基本的には，オープンな標準でフル画面の状態とその差分情報を組み合わせることによってデータ量を減らしていく．1 つの静止画であるフレームは，JPEG (Joint Photographic Experts Group) などにより，離散余弦変換 (Discrete Cosine Transformation, DCT) をベースにした変換により圧縮される．これと 1 つの画面との差分を組み合わせることによりデータ量の削減を実現する．独立したフレームが I フレーム，あるブロックごとに前のフレームとの差をとっているのが P フレーム，あるブロックごとに前後のフレームとの差をとるのが B フレームである．B フレームでは両方向の予測ができることになる．図 11.2 に示すように，どれか 1 つフレームが欠けても残りのフレームは作れるようになっている．

このように差分を利用して圧縮したデータを流す場合には，I フレームが重要となり，たとえ，B フレームが欠落したとしても I フレームは欠落させたくないなど，優先度が重要になる．

11.3 ストリーミング

11.3.1 保存データのストリーミング

VoD (Video on Demand) など保存されたデータをインターネットで利用することは多いであろう（図 11.3）．このような映像を配信するネットワークはライブの TV 会議などとは異なったネットワークを利用する．

図 11.3 の形態の場合は，ブラウザ上のリンクをクリックすることにより HTTP の要求が Web サーバに送信され，サーバはコンテンツを選択し，送り返すだけである．クライアント側で再生処理をすればよいだけとなる．しかし，この方法では，ファイルのダウンロードだけで待ち時間が発生し，ユーザにとってはありがたくない．ここでファイルを分割して小さくし，その分割した情報をメタファイルに書き込んでおくことによって，ダウンロードしたファイルから逐次再生するようにすれば，待ち時間は短くなる．この考え方に基づくと，図 11.4 に示すようにメタファイルと動画の分割されたファイルは必ずしも同じサーバ上にある必要はなくなる．すなわち動画ファイルは HTTP ではなく，よりストリーミングに適した，たとえば RTSP

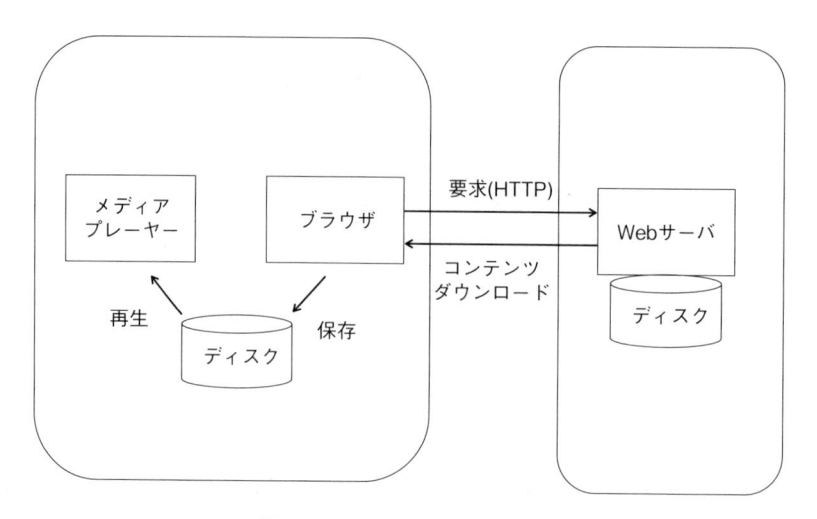

図 11.3 Web からの単純な再生

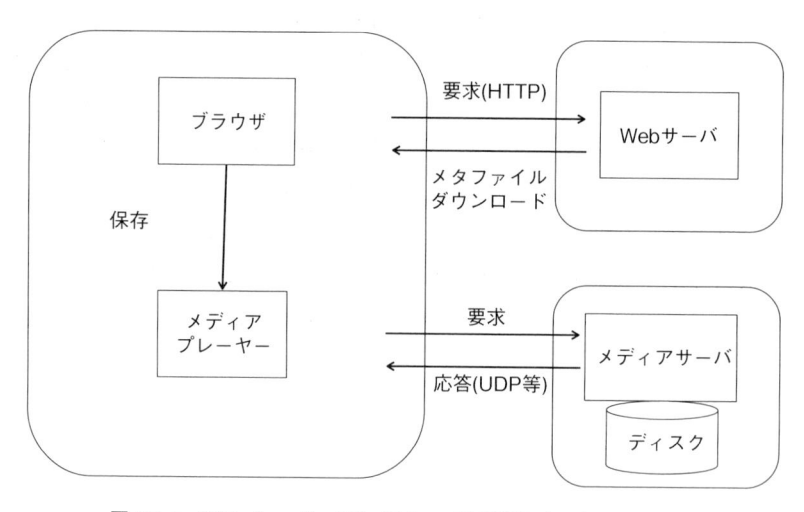

図 11.4 Web サーバとメディアサーバを利用したストリーミング

(Real Time Streaming Protocol) 上で動作させることができる．

　コンテンツは，UDP や TCP 上で配送することになるが，その用途によって適したプロトコルを使えばよい．

　UDP で送信すると，パケットの欠落などが十分予想できる．たとえば，1 パケットで数秒の音声データになるとすれば，数秒途切れてしまうことになる．これを防ぐための手法としてインターリービングという方式がある．インターリービング法では，連続する音声のデータを別の異なるパケットに入れ，順序関係なく送り出し，再生側で順序を組み立てる．たとえば，1 つのパケットが欠損したとしても，欠損箇所は時間的に広がるものの，連続するデータではほんのわずかな時間分だけが欠損することになり，欠損部分が薄く広がることになる．ユーザがほ

とんど気付かない程度であればその方がよい．

このほかに，欠損したパケットに対する耐性が必要である．たとえば，MPEGであれば，Iフレームがあれば，その前後を再生することができる．もし，これを差分情報のみで構成しているとすれば，途中のデータ欠損が致命的になりかねない．そういう意味でデータは大きくなるかもしれないが，MPEGにおけるIフレームは重要となる．また，このほかにジッタの問題がある．パケットの遅延の違いが大きければ，再生中に一旦停止するということが考えられる．これに対する対策としては，一旦バッファリングをしてジッタの大きさ程度のバッファを持っていると，再生はこのバッファから行うことによりジッタを吸収することができる．

11.3.2 ライブメディアのストリーミング

録画されたデータのストリーミングのみが利用されるわけでなく，ライブメディアも最近では頻繁に使われる．インターネットラジオや，IPTVと呼ばれる．ユーザから見ると保存された映像と同様に見ることができる．ただし，放送される前のデータに進めていくことができない程度である．IPマルチキャストを利用して放送し，一時停止したりする場合は，端末上で保存したデータから視聴すればよく，端末上にはIPマルチキャストデータが送り続けられると考えればよい．しかし，IPマルチキャストが必ずしも利用できるとは限らないため，実際にユーザの数だけのストリームを作る場合もある．

ライブメディアでは，IPマルチキャストでパケットが一斉に送信されるものの，UDPを利用するため，パケットの損失があることを前提に考えるべきである．パケットの損失の対策としては，オーディオのときと同様にインターリーブの方式や，パリティパケットを入れることによって，損失パケットが1個の場合に限りパケットを計算により回復させることができる．この方法は，UDPで送られるパケットの損失が端末ごとに異なるパケットであったとしても復活できることに特徴がある．すなわち，複数のパケットの中にパリティパケットが1つ入っていれば，図11.5のようにどのパケットを損失していたとしてもその数が1個である限り計算により復活できる．この例ではそれぞれのクライアントではパケット2やパケット3といった違ったものを損失している．しかしパリティパケットPにより1個だけの場合はそれぞれの端末上で回復させる．

11.3.3 リアルタイム会議

VoIPの技術を用いて，電話を使うかのように電話会議をすることができる．Skypeが代表的なアプリケーションであろう．VoIPの登場により電話のコストが格段と下がった．しかも，ネットワークの帯域が増加するとビデオ会議も可能になっている．

しかしながら一方的な放送と違いインタラクションが発生するため，バッファリングすればよいといったような遅延は許されない．その点が，VoDやライブストリーミングとは異なってくる．パケットを小さくしたり音質を下げてしまうといった工夫や，帯域を予約するといったようなことで対応する．また，リアルタイムの会議では相手を特定して通信する必要がある．その

図 11.5　パリティパケットを入れたマルチキャストストリーミング

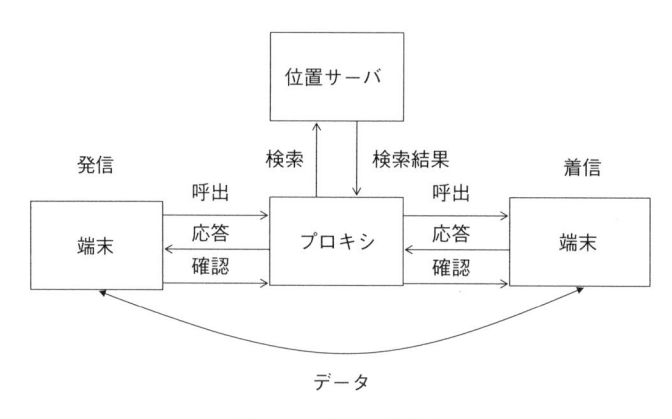

図 11.6　SIP の仕組み

ためのセッションを開始するためのプロトコルとして，SIP (Session Initiation Protocol) がある．図 11.6 に示すように，SIP では発信者はプロキシサーバに対して通信の要求を出すと，プロキシは位置サーバに相手がどこにいるか問い合わせ，その応答に応じて相手に対して呼び出しをかける．相手からの応答を発信者に転送し，その後は直接発信者と着信者で通信する．

位置サーバは，ユーザがレジストすることにより誰がどこにいるのかを把握している．

11.4　コンテンツ配信

11.4.1　負荷分散

最近では YouTube のようなサイトからのアクセスでネットワーク上のトラフィックの 90 % 以上が動画になりつつある．それだけ動画が使う帯域は広い．また，Facebook などによる静止

画のトラフィックも軽視できない．ソーシャルネットワークがネットワーク上のトラフィックの潮流を変えつつある．このような状況でサーバへのアクセスの負荷が高くなると図 11.7 に示すように，サーバを複数台使い，仮想的にユーザからはサーバ 1 台に見せる仕組みを利用する．これをサーバファームと呼ぶ．

あるいは図 11.8 のように，Web プロキシを利用してプロキシ上にキャッシュを設け，あたかもサーバにアクセスしているように見せて実はキャッシュにのみアクセスさせるといった工夫もできる．

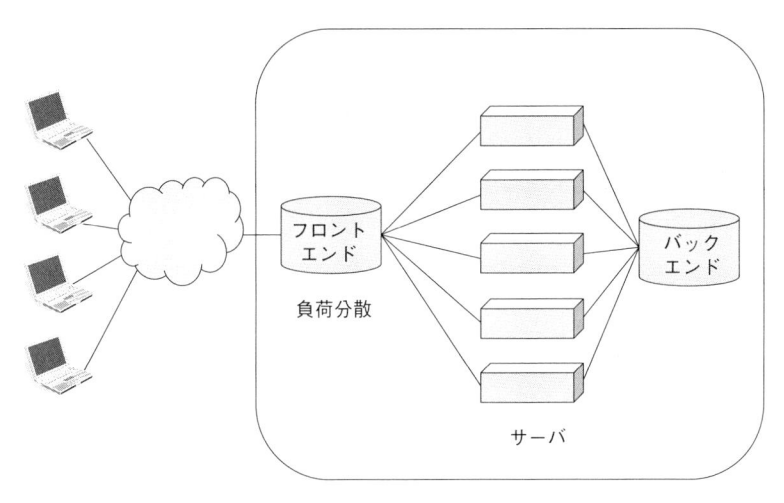

図 11.7 サーバファームの例

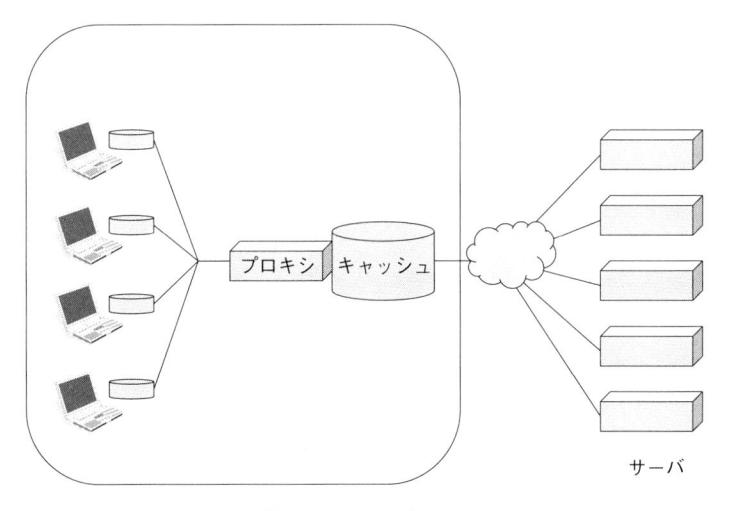

図 11.8 Web プロキシ

11.4.2 CDN（コンテンツ配送ネットワーク）

CDN (Content Delivery Network) は Web のキャッシュからデータを探すのではなく，プロバイダが異なる地点に置かれた一連のノードにページのコピーを置き，近隣のノードをサーバとして利用するようにクライアントに指示を出す．CDN では図 11.9 に示すように木構造で構成され，上位のノード上にデータを置く．この複数のサーバはどこにあるかわからない．地球の裏側の可能性もある．

オリジナルのサーバに問い合わせると，どこにデータがあるかわかり，そこからコンテンツをとってくる．コンテンツはコピーが置かれることもある．いわゆるミラーリングである．このようにして効率的にコンテンツを管理する．

分散されたコンテンツのアクセスはミラーサイトをユーザが指定してアクセスすることもできるが，負荷のバランスはユーザに依存する．そこで，仮想的に 1 ヵ所に見せて実際には分散する方式として，DNS 転送がある．DNS が要求元に対して，異なるアドレスを返せばよい．この時，問い合わせ元のアドレスから距離の近いアドレスを返せばよいのである．

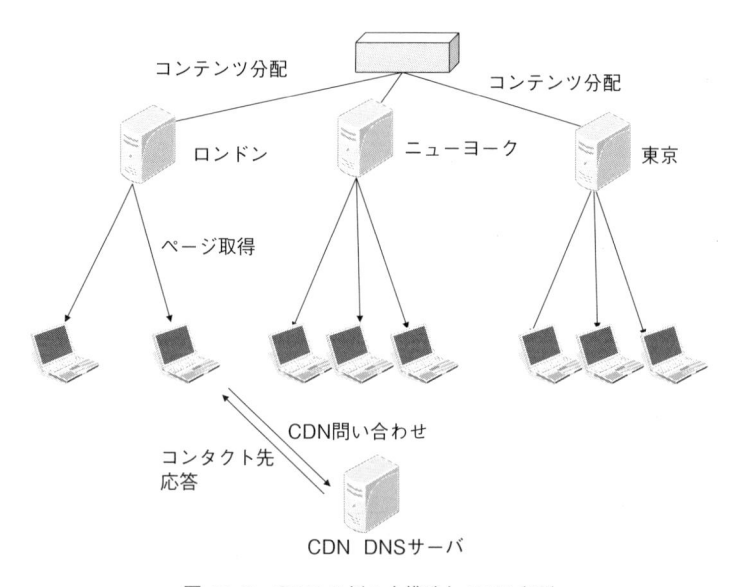

図 11.9 CDN の例：木構造と DNS 転送

11.4.3 P2P（ピア・ツー・ピア・ネットワーク）とは

P2P ネットワークとは，ネットワーク上で対等である複数の端末が相互に直接に接続してデータを送受信するためのネットワークである．P2P を利用したファイル共有システムは多くのコンピュータが集まってそれらの資源をプールし，コンテンツの分配システムを形成する．そのコンピュータは必ずしもプロバイダのサーバではなく，家庭のコンピュータであったりす

る．これらのコンピュータをピアと呼ぶ．これらのピアは P2P 専用ではなく，専用のインフラが存在しないことが特徴となる．

　P2P でコンテンツを配送する上では効率のよい検索ができる必要がある．効率とは，各端末が他の端末の情報は最小限であることと，すなわち，索引情報を簡単に最新状態に保てることと，その索引情報を素早く検索できることなどである．こういったことを実現するために分散ハッシュ表 (DHT) を用いる．これらの手法の詳細は，データベース関連の書籍における P2P ファイル共有システムを参考にするとよい．

演習問題

設問 1　MPEG の圧縮率を高めるために I フレームの数を減らすとどのような影響が出ると考えられるか説明せよ．

設問 2　CDN における DNS 転送で，アクセス先のアドレスを返すとき考慮しなければならない点は何かを説明せよ．

設問 3　リアルタイムコンテンツ配信には UDP の方が TCP より良いと考えられるのはなぜか説明せよ．

参考文献

[1] A. S. タネンバウム・D. J. ウエザロール 著，水野忠則ほか 訳：コンピュータネットワーク第 5 版，日経 BP (2013)

[2] 白鳥則郎 監修：データベース―ビッグデータ時代の基礎―（未来へつなぐデジタルシリーズ 26 巻），共立出版 (2014)

第12章
ワイヤレスネットワーク

―□ 学習のポイント ─────────────

　現在，携帯電話やスマートフォン，無線 LAN など無線を利用したネットワークアクセスが日常的になってきている．ワイヤレスネットワークとして重要な側面は，まず，電波をどのように利用するかである．周波数により適用分野を決めている．次に，電波の届く範囲により，衛星／地上無線ネットワーク，無線 WAN，無線 LAN，PAN（パーソナルエリアネットワーク）および短距離無線というように 5 つに分類できる．

　無線通信は，限られた電波の周波数帯を多くの利用者が利用するので無線チャネルの効果的な割り当てが必要であり，TDMA，FDMA，CDMA，OFDMA 方式がある．また，無線チャネルの効率的なアクセスとして多重アクセス方式が必要であり，アロハ方式，スロットアロハ方式，CSMA，BTMA，予約方式がある．

　ワイヤレスネットワークにおけるコンピューティング分野は，モバイルコンピューティング分野と，ユビキタスコンピューティング分野に分けることができる．

　モバイルコンピューティングは 1990 年代から急速に普及してきたものであり，携帯型情報端末を使って，移動先，移動中等で情報処理を行うものである．モバイルコンピューティングの応用例として，位置情報サービス等がある．

　移動通信ネットワークは，携帯電話，WiMAX などがある．携帯電話の世界では，アナログ方式の第 1 世代，デジタル方式による第 2 世代，そして世界統一の規格として IMT-2000 に基づく第 3 世代と現在 LTE として使われている第 3.9 世代に順次，進化をしている．WiMAX では従来より高速に通信でき，またインターネットとの親和性も高くなっている．

　ユビキタスコンピューティングを支えるネットワークとしては，Bluetooth，ZigBee，そして UWB 等で代表される PAN と，無線タグに代表される短距離通信がある．無線タグには，アクティブタグと，パッシブタグがある．

　無線タグをセンサとして利用したセンサネットワーク，および動的にネットワークノードを構築し，その場に適したネットワークとしてアドホックネットワークが構築される．

　また，衛星通信を用いたネットワークは，広域性，同報性，対災害性などの特徴を活かしたネットワークが提供されている．

- 無線通信の基礎知識として周波数帯と無線ネットワークの例について学習する．
- 無線チャネル割当方式，TDMA，FDMA，CDMA，OFDMA 方式ついて学習する．
- 多重アクセス制御方式，アロハ方式，スロットアロハ方式，CSMA，BTMA，予約方式について学習する．
- 無線 LAN，WiMAX，Bluetooth，無線タグなど様々な無線方式について学習する．
- 衛星通信ネットワークについてもその特徴と構成，適用サービスについて学習する．
- モバイルコンピューティングとユビキタスコンピューティングについて理解する．

□ キーワード

無線チャネル割当方式，多重アクセス方式，ランダムアクセス方式，TDMA，FDMA，CDMA，OFDMA，アロハ／スロットアロハ，CSMA，Bluetooth，UWB，無線タグ，VSAT

12.1　ワイヤレス通信の発展

12.1.1　電波の世界

　日常生活で電波のない世界はもはや考えにくい．片時も放せなくなりつつある携帯電話，データ通信を行う場合には，無線 LAN，そして，昔からのラジオ，テレビ，さらに地上デジタルテレビ放送と発展してきている．

　元々，人や車，飛行機，船，電車など移動しながら通信をしたい要望があり，移動しながら機器と通信するには，電波を利用して行うことになる．

　電波は，図 12.1 に示すように電磁波の一種である．電磁波は電気の力が働く場（電界）と，磁気の力で働く場（磁界）が相互に影響し合って空間を伝わっていく波のことであり，電磁波の伝わる早さは光速と同じとなっている．この図で示す 300 万 MHz 以下の周波数を電波と呼んでいる．

　なお，1 秒間に振動する波の回数を周波数，波の 1 周期の長さを波長と呼び，周波数の単位を Hz（ヘルツ）という．ヘルツは，19 世紀末に電波の存在を証明したドイツ人学者の名前に由来している．

　電波は周波数により，表 12.1 に示すように使い分けている．電波の波長が長い方から並べると，AM ラジオ，船舶・航空通信，アマチュア無線，防災行政無線，FM ラジオ，警察無線，テレビ放送，GPS，電子レンジ，携帯電話，無線 LAN，ETC，衛星通信，衛星放送，電波望遠鏡といったように，身の回りの多くのものが電磁波を利用している．通信伝送には，周波数が高く伝搬特性が安定しており外来雑音も少ないという理由で，マイクロ波が利用されている．

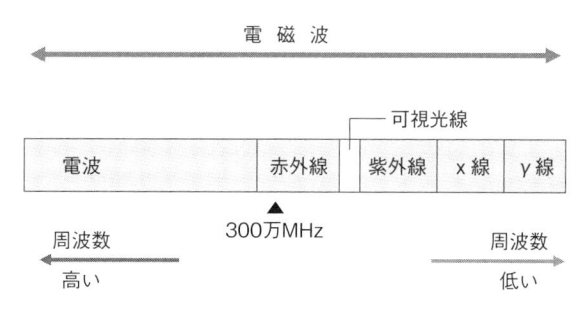

図 12.1　電磁波と電波

表 12.1　周波数帯と名称

周波数帯範囲	略称	主な用途	備考
300 Hz～3 KHz	ELF		極超長波
3～30 KHz	VLF		超長波
30～300 KHz	LF		長波
300～3000 KHz	MF	放送	中波
3～30 MHz	HF	国際通信，船舶，航空電話，放送	短波
30～300 MHz	VHF	警察，消防，防災，航空管制，TV 放送	超短波
300 MHz～3 GMHz	UHF	移動無線，防災，TV 放送	極超短波
3～30 GHz	SHF	一般電話回線，TV 回線，警察，防衛庁，電力会社	センチ波
30～300 GHz	EHF		ミリ波
300 GHz～3 THz		電波望遠鏡	サブミリ波

12.1.2　ワイヤレスネットワークの分類

1901 年にイタリアの物理学者マルコーニがモールス信号を用いてワイヤレスで通信を行っている．その後，ワイヤレス通信は，携帯電話や無線 LAN の発展を見るように，通信手段の最も重要な通信媒体となってきた．

ワイヤレスネットワークは，無線の通信距離に応じて，表 12.2 に示すように大きく 5 種類に分類される．この中で無線 LAN に関しては 12.4.4 項で紹介する．PAN および無線タグに関しては，12.5 節のユビキタスネットワークにおいて後述する．

表 12.2　ワイヤレスネットワークの分類

ネットワーク	概要	例
衛星ネットワーク	衛星を利用した極めて広範囲の領域での通信を行うネットワーク	VSAT（超小型衛星地域局）
無線 WAN	電波塔を利用した広域通信ネットワーク	携帯電話 ・IEEE802.16 (WiMAX) ・IEEE802.20 (高速移動体)
無線 LAN	建物内のフロアレベルでの通信を可能とするネットワーク	IEEE 802.11 ・IEEE 802.11 b/a/g ・IEEE 802.11n
PAN	人が直接アクセスできる範囲（一部屋内程度）のネットワーク	IEEE802.15 ・Bluetooth (IEEE802.15.1) ・Zigbee (IEEE 802.15) ・UWB (IEEE 802.15)
短距離無線	タグや ETC 等短距離でデータの通信を行うもの	RF-ID タグ，DSRC

(1) 地上無線／衛星ネットワーク

1960 年代末に開発が始められたコンピュータネットワークは，ARPANET の開発を中心と

してパケット交換技術を主体とする分散型ネットワークとコンピュータ間通信のための概念の確立をもたらした．一方，無線系のネットワークとして注目を浴びたのが，衛星通信や地上無線によるパケット衛星ネットワーク (packet satellite network) やパケット無線ネットワーク (packet radio network) である．パケット無線ネットワークは，1968年からハワイ大学のアロハシステムで始められた地上無線を用いたタイムシェアリングシステムの開発にその端を発しており，現在では米国で RAM，ARDIS というパケット無線ネットワークの商用サービスが提供されている．また，パケット衛星ネットワークについては，後述する超小型衛星通信地球局 (Very Small Aperture Terminal, VSAT) を用いた衛星データネットワークが米国をはじめ，多くの国で普及している．我が国においても 1983 年に実用通信衛星が打ち上げられて以来，広域性や広帯域通信特性を活かした衛星通信ネットワークが利用されている．

(2) 無線 WAN

無線 WAN の代表的な形態は携帯電話である．携帯電話に用いられる無線ネットワークは低帯域無線システムの例である．このシステムはすでに 3 つの世代を進んできている．第 1 世代はアナログであり，音声専用であった．第 2 世代はデジタルであり，音声専用であった．第 3 世代はデジタルで，音声とデータの両用である．ある意味では，携帯無線ネットワークは関係する距離がずっと大きく，ビット速度がずっと低いことを除いては無線 LAN に似ている．無線 LAN は数十 m の距離の上をおよそ 50 M ビット/秒までの速度で動作する．携帯電話は最大 1 M ビット/秒程度の通信速度であるが，基地局とコンピュータまたは電話の間の通信距離は数 km となっている．これらの低速ネットワークに加えて，WiMAX と呼ばれている広域無線ネットワークもまた開発されており，家庭や仕事場からの高速無線でインターネットアクセスが可能となる．IEEE 802.16 として標準規格が制定されている．

ほとんどの無線ネットワークはファイルやデータベースやインターネットへのアクセスを提供するため，どこかで有線のネットワークにつながっている．これらの接続を実現するためには，状況に応じていろいろな方法が考えられる．

(3) 無線 LAN

有線の世界ではイーサネットに代表される LAN を無線で利用可能とするものである．有線の LAN においては使用場所が固定されていたり，古い建物の中に有線を新たに引くことには問題があることが多い．このため，有線イーサネットとほとんど同じ形で利用できる無線 LAN の利用が増えてきており，最近のパソコンには内蔵型のものが多い．しかしながら，無線 LAN は部屋の壁などの障害もあり，現実的には 10 m くらいが通信距離となっている．12.4.4 項で詳述する．

(4) PAN

短距離ワイヤレス通信は，別名 PAN（Personal Area Networks：パーソナルエリアネットワーク）と呼ばれるように，身の回りにおける機械と機械の間の通信を行うものである．最も

身近なものとして，リモコンがある．リモコンを通じて，TV のオンオフはチャンネルの選択が可能となっている．12.5.2 パーソナルエリアネットワークの項において詳述する．

(5) 短距離無線

高速道路における ETC，無線タグ，電車のなどの短距離における通信を行うものである．ユビキタスネットワークの基本となるネットワークである．12.5.3 小規模通信システムの項において詳述する．

12.2 無線チャネル割当方式

無線通信において限られた周波数帯域を多数のユーザが同時に利用するための無線チャネル割当方式として次の 4 種類がある．

- ・TDMA（Time Division Multiple Access：時分割多重アクセス）方式
- ・FDMA（Frequency Division Multiple Access：周波数分割多重アクセス）方式
- ・CDMA（Code Division Multiple Access：符号分割多重アクセス）方式
- ・OFDMA（Orthogonal Frequency Division Multiple Access：直交周波数分割多重アクセス）方式

12.2.1 TDMA 方式

TDMA 方式は，図 12.2 に示すように通信チャネルと一定の時間に区切って順次各ユーザの無線端末に割り当てる方法である．そのために送受信のタイミングを同期する必要がある．

12.2.2 FDMA 方式

FDMA 方式は，図 12.3 に示すようにチャネルの帯域幅を分割して，各ユーザの無線端末に各々の周波数を割り当てる方法である．

12.2.3 CDMA 方式

CDMA 方式は TDMA 方式や FDMA 方式と異なり，図 12.4 に示すように同一の周波数帯域を同時に複数のユーザで共有するものであり，デジタル化した音声信号等を拡散符号により広い周波数に広げるアクセス方式であるため，スペクトル拡散マルチプルアクセス方式とも呼ばれる．この方式では，送信する信号を疑似ランダム雑音 PN コードと呼ばれる低いレベルの

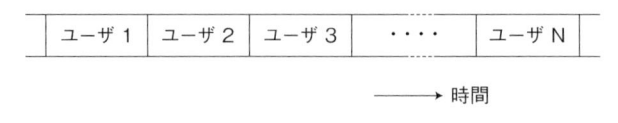

| ユーザ 1 | ユーザ 2 | ユーザ 3 | ．．．． | ユーザ N |

⟶ 時間

図 **12.2** TDMA 方式

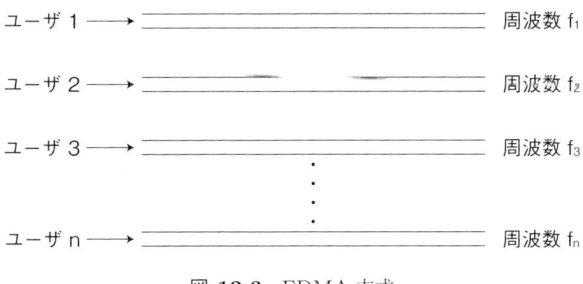

図 12.3 FDMA 方式

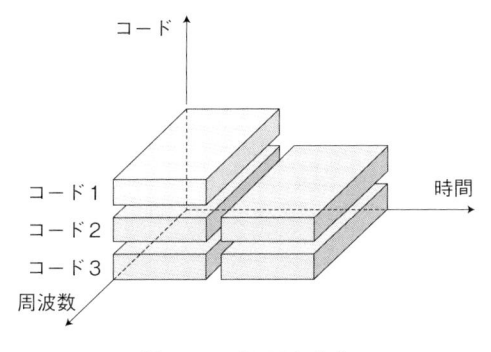

図 12.4 CDMA 方式

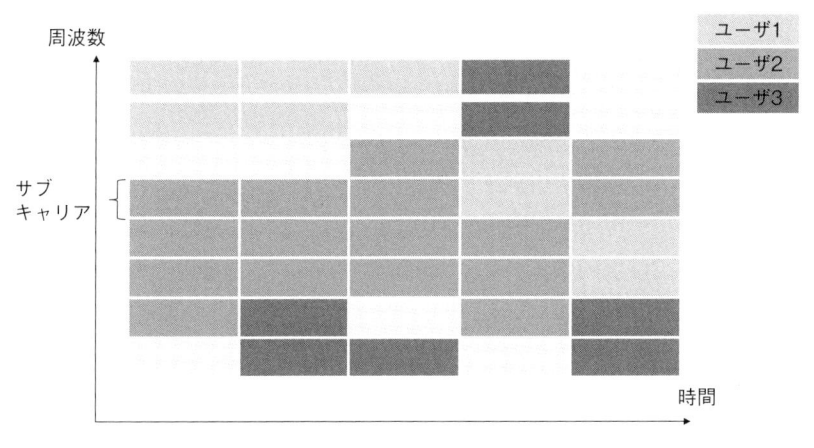

図 12.5 OFDMA 方式

信号に変換（拡散）することで，他の信号と混合しても受信側でその固有の PN コードを用いて複数のユーザを識別することが可能である．

12.2.4 OFDMA 方式

OFDMA 方式は，図 12.5 に示すように周波数帯を細かく分割したサブキャリアを複数の端末が共有し，サブキャリアを複数まとめた周波数のグループと時間軸上のタイムスロットを組

み合わせて，電波状態のよいタイミングでサブキャリアのセットを選んで端末にチャネルを割り当てる方式である．端末にとって最も効率のよいサブキャリアを利用できるので，周波数利用効率が高い．

12.3 多重アクセス方式

無線ネットワークでは，1つのチャネルを多数のユーザが効率よく共有するために前述のチャネル割当方式に対して，多重アクセス方式，または，ランダムアクセス方式として次が代表的なものである．

12.3.1 アロハ方式

アロハシステムで考案された純アロハ方式とその改良型であるスロットアロハ方式がある．

(1) 純アロハ方式

ユーザは伝送するデータが発生したら全くランダムに無線チャネルに送出する方式である．このため，図12.6に示されるようにパケットは他のユーザとは独立して送信されるため衝突・干渉が起き，衝突が起きたら端末からある間隔をおいてパケットの再送を行う．この方式では，パケットの一部が重なっても全体が駄目になってしまうので効率は悪い．

端末からの入力トラフィックのうち，局に有効に伝送される実質的なトラフィックをスループット S，Sに衝突による再送パケットを加えたトラフィックをチャネルトラフィック G とする．SおよびGはチャネル容量を100％使ったときにはS=1となる．したがって，Sは有効パケットに使われたチャネル利用率と見なすことができる．SとGの関係は，多数ユーザのもとで $S = Ge^{-2G}$ となる．この関係を図12.7に示すとG=0.5のとき，Sの最大値，すなわち最大スループットは $S_A = 1/2e = 0.184$ となる．したがって，同時にチャネルを利用できるユーザ数は，チャネル速度24 Kbps，パケット長800ビットとし各ユーザが平均1分間に1パケット送るとすればNmax=331となる．FDMA方式でこれだけのユーザ数を扱うためには，

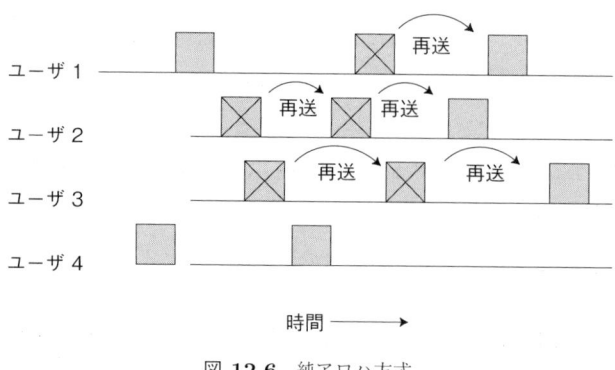

図 12.6　純アロハ方式

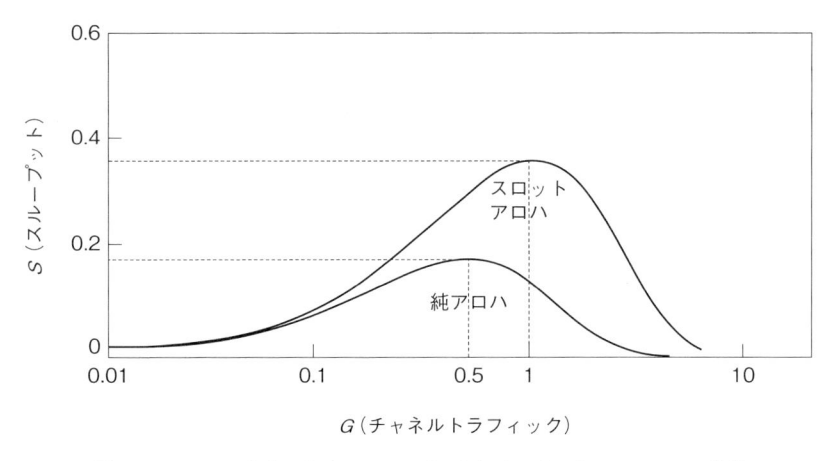

図 12.7 アロハ方式におけるスループットとチャネルトラフィックの関係

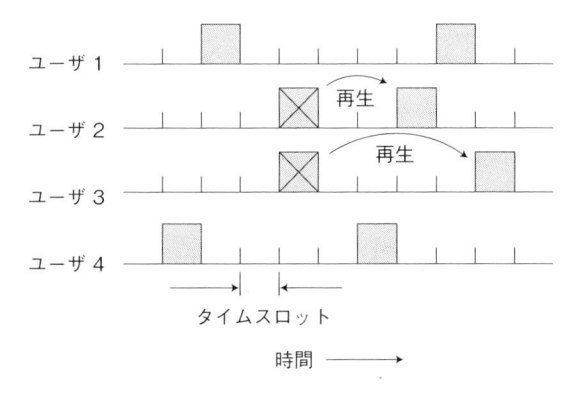

図 12.8 スロットアロハ方式

1ユーザ当たり 72.5 bps という低速回線になってしまう．

(2) スロットアロハ方式

純アロハ方式ではパケットの一部の衝突のため高い衝突確率となり，これを低下させるためにパケットの送信のタイミングを同期する方法がスロットアロハ方式である．すなわち，図 12.7 に示すようにチャネルを1パケットの伝送時間ごとのタイムスロットに分割し，このタイムスロットに応じてユーザが同期してパケットを送信する方式である．この方式ではパケットは衝突するときは全体が重なり，そうでなければ全く重ならないので，純アロハ方式のように部分的な重なりにより両者とも駄目になってしまうことはなく，それだけチャネルを効率よく使うことができる．

チャネルスループットとトラフィックとの関係は，$S = Ge^{-G}$ となる．図 12.8 に示すように，$G=1$ のとき最大スループット $S_{SA} = 1/e = 0.368$ となり，純アロハ方式の2倍となる．

図 12.7 に示すように S が最大スループットを達成してからは，衝突が増えるため G は増大

するのに対して局に到達するパケットが減るため S が減少する．したがって，パケットの平均再送回数 ($= G/S - 1$) が急激に増加するので，パケットが生成してから首尾よく局に到達するまでの遅延時間が増大する．このことから，このシステムで意味があるのは S が最大となるときの G より小さい範囲である．

12.3.2　CSMA（搬送波検知）方式

アロハ方式では，各ユーザは独立してパケットを送信するのでパケットの衝突する確率が大きい．それに対して各ユーザがチャネルの使用状況を見て，パケットの衝突を避けて送信する方式が CSMA（Carrier Sense Multiple Access：搬送波検知）方式である．すなわち，この方式はパケット送信時に搬送波を検知して他のユーザによってチャネルが使われていないかをチェックし，チャネルの空いているときにパケットを送信しようとするものである．

CSMA 方式には 2 つの基本的方式がある．1 つの方式は伝送チャネルをチェックして空いていればパケットを送信するが，使われていればパケットが衝突したときと同じようにある再送間隔だけ待ってチャネルの空きを調べ，空いていたら送信する．まだ使われていれば再度待ってチャネルの空きを調べるという方式で，パケット送信に固執 (persist) しないので non-persistent CSMA と呼ばれる．これに対してもう 1 つの方式は，チャネルのビジー状態をチェックしたときに空いていればパケットを送信するが，使われていればチャネルが空くまでチャネルのチェックを続け空いたらすぐにパケットを送信する方式で，送信することに固執することから 1-persistent CSMA と呼ばれる．この方式はチャネルが空いたらすぐにパケットを送信するので他のユーザと衝突する確率が高い．

そこで 1-persistent CSMA を一般化した方式として p-persistent CSMA と呼ばれる方法が考えられている．それはチャネルの空きをチェックして，もし空いていれば p の確率でパケットを送信し，1 − p の確率で 1 スロットだけ待ってからチャネルを再チェックしてもしチャネルが空いていれば前と同様に p の確率でパケットを送信する．チャネルが他のユーザによって使われていれば，ある再送間隔に基づいた再送のスケジュールを行う．始めにチャネルの空きをチェックしたときに使われていれば，チャネルが空くまで待って空いたら前述の操作を行う．p=1，すなわちチャネルが空いていれば必ずパケットを送信するのが，前述の 1-persistent CSMA となる．

アロハ方式では最大スループットは伝搬遅延に影響されないが，CSMA 方式ではチャネルを検知しているのは実際は信号が到着する前の古い状態であるので，伝搬遅延によりチャネルのビジー状態が遅れて伝わり，その最大スループットは伝搬遅延によって影響されるため，伝搬遅延の大きい衛星回線には，CSMA 方式は適さない．CSMA 方式のスループットを図 12.9 に示す．

12.3.3　BTMA（ビジートーン）方式

無線ネットワークにおいて端末間の距離が遠くて電波が到着不可能であったり，途中に障害物

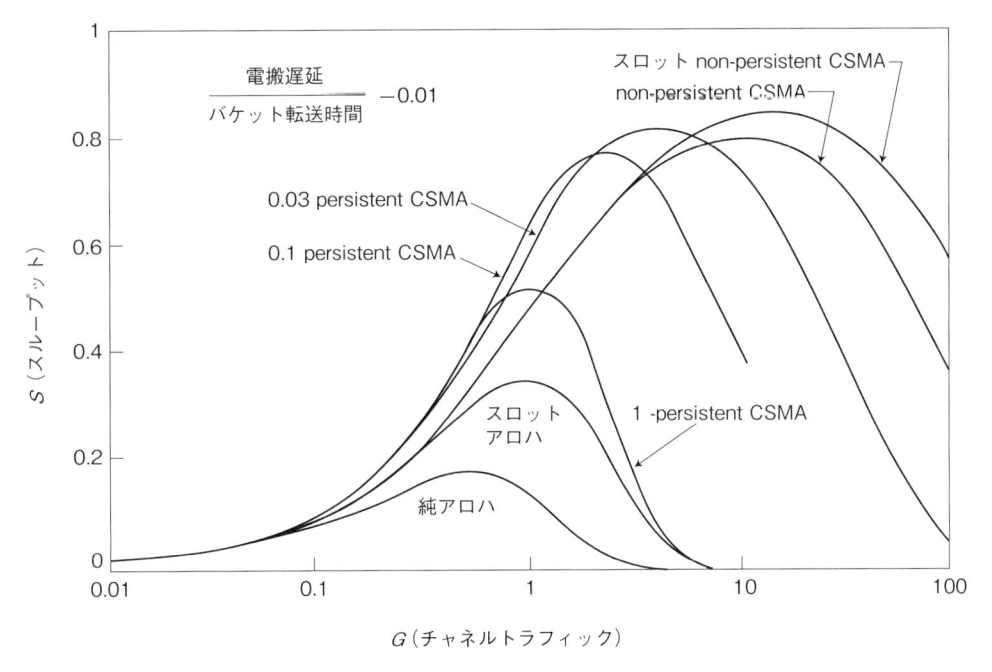

図 12.9 アロハ方式と CSMA 方式のスループットとトラフィックの関係

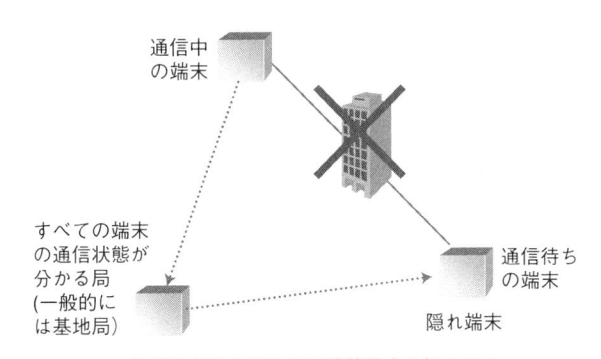

図 12.10 BTMA 方式

があったりしてお互いに通信できないとき，それらの端末を隠れ端末 (hidden terminal) という．これらの端末がネットワークに存在するときは，お互いに搬送波が検知できないので CSMA 方式でもパケットの衝突が増え，チャネルのスループットが低下する．この解決策として考えられたのがすべての端末と通信できる局がチャネルのビジー状態を検知してビジートーンを送信し，端末側がこれを検知してチャネルの空き状態を知り，パケットの送信タイミングを考えるという方法である．これが BTMA（Busy Tone Multiple Access：ビジートーン）方式と呼ばれるものである．BTMA 方式の概念を図 12.10 に示す．

12.3.4 予約方式

データ（パケット）を伝送する前にチャネルを予約し，ランダムアクセス方式で生ずる衝突を避け，確実にデータを送信先に送ろうとする方法として予約方式がある．伝搬遅延の大きい衛星回線ではランダムアクセス方式では衝突を検知するまでに時間がかかるので，トラフィックが多い場合には予約方式が有効である．図 12.11 に予約方式の概念を示す．

予約方式には，前述の FDMA 方式を前提として接続要求時にユーザ（地球局）にチャネルを割り当てるチャネル予約方式とパケットを伝送するタイムスロットを予約するパケット予約方式がある．前者の例として，インテルサット衛星で用いられている SPADE (Single Channel-per-carrier PCM Multiple Access Demand Assignment Equipment) 方式がある．パケット予約の代表的な方式として，ラウンドロビン方式がある．チャネルをタイムスロットに分割して，TDMA 方式を基本とし，複数スロットで 1 つのフレームを構成し，各ユーザにフレーム内の固定スロットを割り当てているが，もしユーザのデータがなくスロットを使わないときには，ラウンドロビン方式で他のユーザがその空いているスロットを使うことができる方式である．方式も簡単であり，高トラフィックの局が比較的少ない場合は有効に適用できる．多重アクセス方式の最大スループットを表 12.3 に示す．

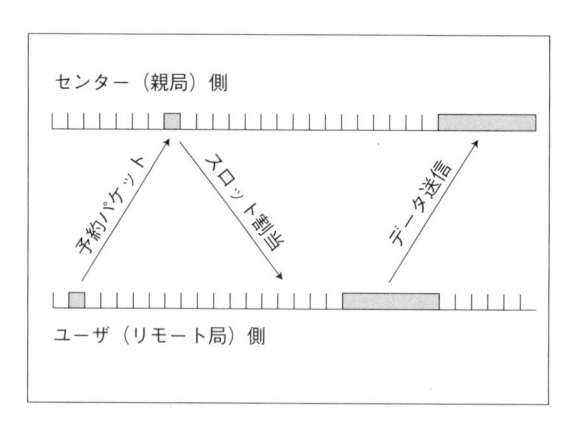

図 12.11 予約方式

表 12.3 多重アクセス方式の最大スループット

チャネルアクセス方式	最大スループット
純アロハ	0.184
スロットアロハ	0.368
1-persistent CSMA	0.529
Non-persistent BTMA	0.729
0.1-persistent CSMA	0.791
Non-persistent CSMA	0.815

12.4 モバイルコンピューティングと移動通信ネットワーク

モバイルコンピューティングとは，携帯型情報端末を使って移動先，移動中などに情報処理を行うものである．すなわち，携帯型情報端末に携帯電話などの無線通信機能を結合することによって，携帯型情報端末を広域ネットワークに接続することができ，情報の発信，獲得，共有を必要なときに即座に実行できる情報処理環境，すなわちモバイルコンピューティング環境が実現できる．

このように，携帯電話，スマートフォンなどを中心とするモバイルコンピューティングにおける移動通信ネットワークは，広域の高速バックボーンネットワークに対するフロントエンドとしての役割を果たす．

12.4.1 モバイルコンピューティングの発展

携帯電話などを中心とする移動体の通信ネットワークについて今後の動きを述べる前に，コンピュータ環境と通信ネットワークの関係を眺めてみる．図1.11ですでに示したように，コンピュータはスタンドアローンの状態から，相互に接続されてコンピュータネットワークを形成し，さらにインターネットに接続されて世界的なネットワークを構成するまでに発展した．さらに，1990年代の携帯電話 (Personal Digital Cellular, PDC)，PHSなどの無線通信インフラの技術的な進展と普及によって，コンピュータの接続形態は有線通信に加えて無線通信の利用が可能となり，移動先から自由にコンピュータを接続し，遠隔の情報を共有することが可能になってきた．

発展の1つの方向として，ウェアラブルコンピューティングがあり，これは超小型のコンピュータを身体に装着して利用するものである．これの1つの使用方法として，航空機や自動車の整備技術者がマイクロディスプレイに表示されたマニュアル類を参照しながら作業を行うなどの産業用途が想定されている．

図12.12にウェアラブルコンピューティングの実現例を示す．

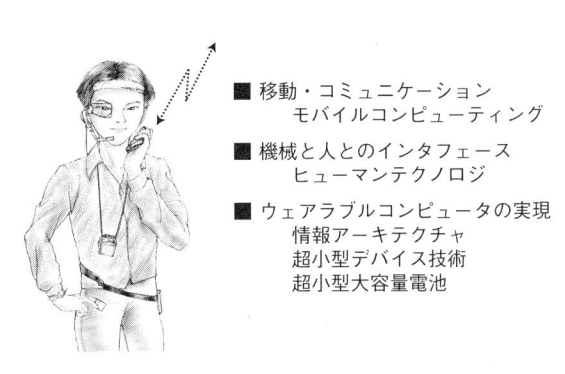

■ 移動・コミュニケーション
　モバイルコンピューティング

■ 機械と人とのインタフェース
　ヒューマンテクノロジ

■ ウェアラブルコンピュータの実現
　情報アーキテクチャ
　超小型デバイス技術
　超小型大容量電池

図 12.12 ウェアラブルコンピューティングの実現例

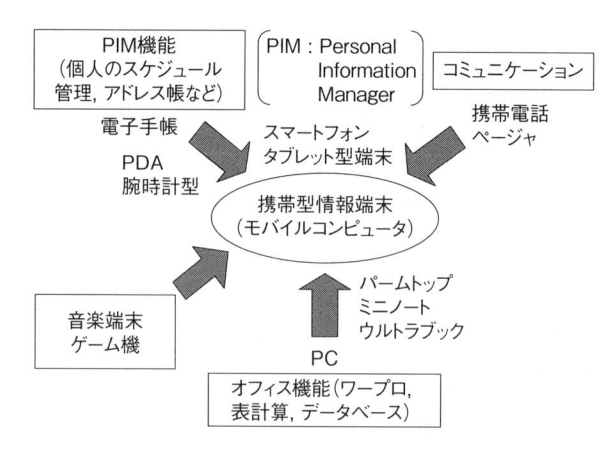

図 12.13 携帯型情報端末の種類

12.4.2 携帯型情報端末と応用

携帯型情報端末は，図 12.13 に示すように大きく 3 つのタイプがある．これらは，本来それぞれの目的に応じて設計コンセプトが設定されたため，端末の大きさ，重さ，消費電力，バッテリ持ち時間，CPU パワーや記憶容量等の性能などが異なっている．一般に，現状の携帯型情報端末はデスクトップコンピュータに比べ，CPU パワー，記憶容量（メモリ，ディスク），画面表示能力（解像度，カラーなど）などの性能面で劣るため，モバイルコンピューティングではその実行環境条件を考慮する必要がある．また，携帯電話と電子手帳の発展したものであるPDA (Personal Digital Assistant) を一体化したスマートフォンなど，モバイルの分野においても通信と情報処理の融合が進んでいる．

携帯型情報端末とネットワークとの連携によって，たとえば次のような応用が考えられ，今後ますますその応用分野が広がるものと思われる．

(1) 位置情報サービス

モバイルコンピューティング特有なサービスの 1 つとして，移動する位置に依存した情報を提供する位置情報サービスがある．GPS 機能もより安価になり，携帯電話の付加機能の 1 つとなっている．また，携帯電話の基地情報を基にした検索サービスも増えている．

たとえば，レストランの場所とそのメニュー，病院とその混み具合の情報等や，目的地までの道案内のサービス（駅やバス停などの案内，時刻表の提示）などがある．

(2) キャッシング機能

携帯電話やスマートフォン等のインターネットアクセス機能により，銀行口座への出し入れを行ったり，携帯内部に非接触 IC チップを入れることにより決済サービスを受けることができるようになっている．

(3) バーコード処理

バーコードには1次元コードと2次元コードがある．携帯電話にカメラ機能が付加されたことにより，このコードを読み取り，コードに応じた処理をすることが可能となる．たとえば，コードにURLアドレスが記述されていれば，バーコードを読み取ることにより目的とするインターネットをアクセスできるようになる．

(4) セキュリティ処理

携帯に短距離無線通信のBluetooth等を搭載することにより，自動車のキーロックを制御したり，携帯電話の発信番号機能を利用することにより家の鍵として利用できる．

12.4.3 地上系移動通信ネットワーク

地上系移動通信ネットワークのサービスは，主に屋外における電話やデータ通信等の通信手段を提供するものである．表12.4に電気通信事業用の主な地上系移動通信サービスとその周波数を示す．

コンピュータネットワークの観点からこれらの地上系の移動通信サービスを見ると，セルラ電話（携帯・自動車電話），広域無線通信 WiMAX などがある．ユーザは，このサービスを利用して情報型携帯端末を使用してネットワークサービスなどにアクセスする．

(1) セルラ電話システム

セルラ電話システムは，大きく次の4世代によって発展している．

- 第1世代（1980年代）

  アナログ方式による携帯・自動車電話であり，日本方式の電電公社（現NTT）方式，アメリカ方式の AMPS (Advanced Mobile Phone Telecommunication)，ヨーロッパ方式の NMT (Nordic Area Coverage Telecommunication) や TACS (Total Area Coverage System) がある．

- 第2世代（1990年代）

表 12.4 主な地上系移動通信サービスと利用周波数

システム名	周波数	備考
セルラ電話	800 MHz 帯 1.5 GHz 帯	広域なエリア 携帯電話
コードレス電話	250 MHz 帯他	エリアが狭い
PHS	1.9 GHz 帯	屋内・屋外利用
列車公衆電話	400 MHz 帯	
簡易陸上移動無線電話	800 MHz 帯	
空港内移動無線	800 MHz 帯	
IMT-2000	1.9 GHz 帯	次世代移動体システム 最大 2 Mbps，国際ローミング

デジタル方式による携帯・自動車電話であり，日本方式の PDC (Personal Digital Cellular)，アメリカ方式の Digital AMPS や IS-95（商標登録されている cdmaOne），ヨーロッパ方式の GSM (Group Special Mobile) がある．

第2世代末から，NTT ドコモが i-mode としてメールと Web 閲覧を提供する世界初の携帯電話 IP サービスが開始された．

- 第3世代（2000年代前半）

世界統一の規格としての IMT-2000 (International Mobile Telecommunication-2000) が ITU-R（国際電気通信連合無線セクタ）のもとで開発されている．この IMT-2000 では，これまでの音声系を主体としたものからデータ系主体の移動通信に対応するものとなっている．IMT-2000 の大きな特徴は，1台の移動端末で世界中どこに行っても通信ができる国際ローミングの実現と最大 2 Mbps 高速データ通信である．

- 第3.5世代（2000年後半以降）

第3世代をデータ通信に特化した規格に改良，発展させたもので，HSDPA(High-Speed Downlink Packer Access) や EV-DO(Evolution Data Only) などの技術がある．最大通信速度 14.4 Mbps が可能である．

- 第3.9世代（2010年以降）

第3.5世代をさらに高速化したもので，LTE (Long Term Evolution) やモバイル WiMAX (WirelessMAN) が含まれる．基本要件は，下り 50 Mbps，上り 25 Mbps であり，通信速度最大 125 Mbbps を実現している．LTE に基づいているが，次に示す第4世代を先取りして第4世代といっているものもある．

- 第4世代（2016年以降）

ITU が定める IMT-Advanced 規格に準拠する無線通信システムである．LTE-Advanced と WiMAX2 (WirelessMAN-Advanced) が対応する．50 Mbps〜1 Gbps 程度の超高速通信を実現する．

無線チャネル割当方式については，第2世代の携帯電話システムでは日本と欧州は TDMA（時分割多重アクセス方式），米国は CDMA（符号分割多重アクセス方式）であった．IMT-2000 の主要な無線方式として，広帯域 CDMA 方式（CDMA 方式の周波数帯域に比べて広い帯域を使用するため広帯域が付けられた：Wide-band CDMA, W-CDMA）がある．この W-CDMA は，CDMA の特徴であるセル構成の簡易化，送信電力の低減化等に加えて，広い帯域の使用による受信性能および統計多重効果の向上が得られる．第3.9世代の LTE の技術要素として OFDMA が使われている．

表 12.5 に第1世代から第3.9世代の技術的比較を示す．

(2) 広域無線通信 WiMAX

IEEE において，無線 LAN より長距離で高速な無線技術として，WiMAX と呼ばれる広帯域無線通信方式 IEEE 802.16 が開発されている．

表 12.5 移動通信の発展の概要

世代 項目		第1世代 (アナログ方式)	第2世代 (デジタル方式)		第3世代 (マルチメディア方式)	第3.5世代 (マルチメディア方式)	第3.9世代 (マルチメディア方式)
ネットワークシステム		電電公社方式 日本版TACS (J-TACS)	PDC	cdmaOne	IMT-2000	HSDPA/HSUPA	LTE
アクセス方式		FDMA	TDMA	CDMA	W-CDMA	W-CDMA	OFDMA
サービス開始時期		1979年	1993年		2001年	2006年	2010年
モビリティ	ターミナル モビリティ	可	可		可	可	可
	ユーザ モビリティ	−	−		可	可	可
	サービス ポータビリティ	−	−		可	可	可
ローミング	国内	−	可		可	可	可
	国際	−	−		可	可	可
対象トラフィック		音声	音声 データ(テキスト主体)		音声,画像,データ等 各種メディア情報	音声,画像,データ等 各種メディア情報	高品質ストリーミング 各種メディア情報
最大通信速度		−	128 kbps		2 Mbps	上り5.8 Mbps 下り7.2 Mbps	上り75 Mbps 下り300 Mbps

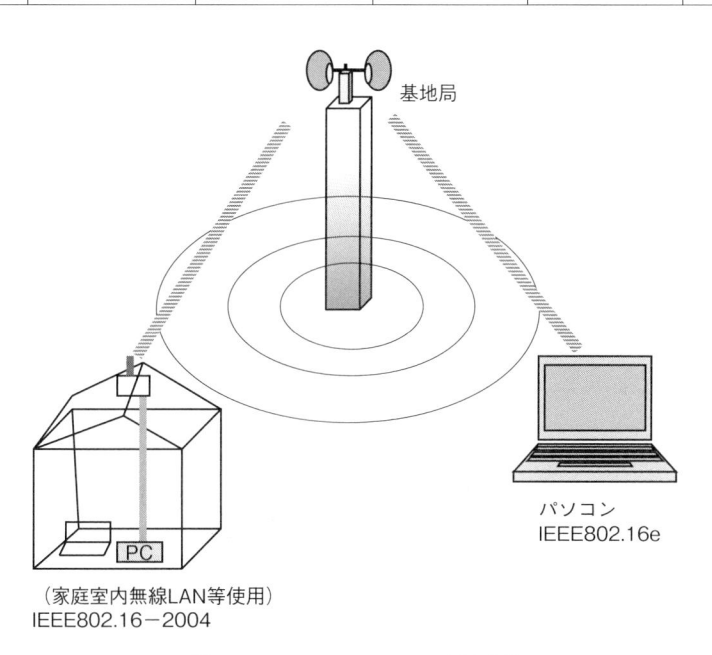

図 12.14 IEEE 802.16 の利用形態

802.16は大きく2種類に分類される．1つはIEEE 802.16-2004であり，もう1つはIEEE 802.16eである．IEEE 802.16-2004はIEEE 802.16aの改訂版であり，無線LANから通信できる距離を伸ばしたものである．通信業者がラストワンマイルと呼ばれる家庭へのアクセスをする場合に有効となる．図12.14にその利用形態を示す．IEEE 802.16eはIEEE 802.16-2004に比べると通信速度は遅く，通信距離に関しても狭くなるが，移動しながらでも可能となる．

表12.6には，無線LAN，WiMAX，第3世代携帯電話の比較を示す．

表 12.6 広域通信

	無線 LAN	WiMAX		第 3.9 世代移動通信
		802.16-2004	802.16e	
通信速度	10 Mbps~7 Gbps	75 Mbps	20 Mbps	75 Mbps
通信距離	100 m	最大 20 km	3~5 km	数十 km
固定・移動	固定が原則	固定	移動	移動

12.4.4 無線 LAN

インターネットが普及する中でモバイル通信環境を提供するものとして最も普及している無線 LAN がある．これまでの有線系における LAN のケーブリング問題は，端末の追加・削除を含めたレイアウトの変更に関連して，特に企業情報通信システムが LAN 間接続によって実現され始めた 1990 年代初めに注目され，LAN 運営コストの障害管理と並んで大きなウエイトを占めている．このような問題の解決策の 1 つとして，無線 LAN の導入が進められている．

無線 LAN の特徴は次の点にある．

・ケーブリング問題の解決
・端末移設の自由度の向上
・LAN 構築の容易性
・屋外通信への適用

また，無線 LAN の通信形態として，アクセスポイントと端末間のインフラストラクチャモードと直接端末同士で通信するアドホックモードがあり，従来の無線 LAN 通信から移動通信を中心としたアドホックネットワークへ展開されている．

(1) 無線 LAN の標準化

無線 LAN で使用する電波に関する標準化は，国際電気通信連合 (ITU) の下部組織である無線通信セクタ (ITU-R) を中心に行われている．一方，国内では社団法人電波産業会（ARIB：アライブ）の技術委員会などで進められている．また，無線 LAN のアクセス制御に関する技術については，IEEE 802.11 ワーキンググループで物理層およびメディアアクセス制御 (MAC) 副層の標準化を行っている．図 12.15 に無線 LAN の参照モデルを示す．

IEEE 802.11 ワーキンググループでは，表 12.7 に示すように周波数帯は 2.4 GHz の産業科学医療用 (ISM) バンドおよび 5 GHz を用いた IEEE802.11a/b/g/n の標準がある．IEEE802.11n について 2.4 GHz と 5 Ghz を同時使用することが可能で，最大速度 600 Mbps を対象としている．そこでは複数のアンテナを用いて同時に通信を行う技術である MIMO(Multiple Input Multiple Output) により，高速化を実現している．また，新しい規格として IEEE802.11ac がある．理論上 6.93 Mbps の高速通信を実現する．

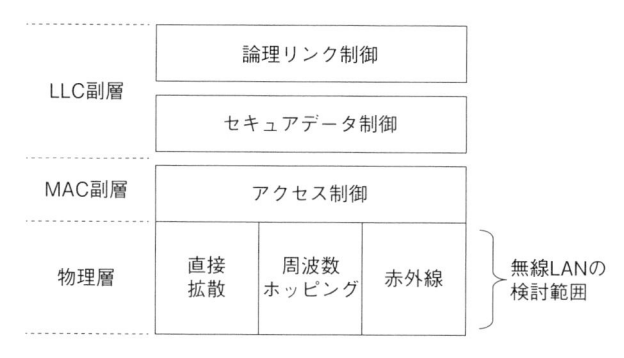

図 12.15 IEEE 802.11 の参照モデル

表 12.7 無線 LAN の仕様概要

項目	仕様
周波数	2.4 GHz 帯，5 GHz 帯
変調方式	2.4 GHz 帯：スペクトル拡張方式 （直接拡張方式と周波数ホッピング方式） 5 GHz 帯：直交周波数分割多重変調方式
アクセス制御方式	CSMA/CA，CSMA+ACK，RTS/CTS を基本とする方式
伝送速度	IEEE802.11b：1〜11 Mbps（2.4 GHz 帯） IEEE802.11a：6〜54 Mbps（5 GHz 帯） IEEE802.11g：1〜54 Mbps（2.4 GHz 帯） IEEE802.11n：300〜600 Mbps（2.4/5 GHz 帯）
その他	移動局間通信，電力管理等

(2) 国内の無線 LAN

国内の無線 LAN は，大きく次の区分で規格化が行われている．

- 数 10 Kbps 以下の低速データ伝送システム（特定小電力無線局，構内無線局）
- 2〜54 Mbps 程度の中速無線 LAN（2.4 GHz 帯，5 GHz 帯）
- 25 Mbps 以上の高速無線 LAN（19 GHz 帯）
- 156 Mbps 全二重 (312 Mbps) の超高速無線 LAN（60 GHz 帯）

中速無線 LAN は，IEEE 802.11/a/b/g の規格にほぼ相当するものであり，そのアクセス方式は効率的に全端末が回線を共有するためにキャリアセンスに基づく CSMA/CA（Carrier Sense Multiple Access with Collision Avoidance：衝突回避付きキャリアセンス多重アクセス）方式である．次項にその方式を説明する．その他のものとして，IEEE 802.11a を国内用に修正した IEEE 802.11j (54 Mbps) やホームネットワークを主眼としたワイヤレス 1394（IEEE1394 の無線版，5 GHz 帯で伝送速度 120 Mbps の国内規格）と UWB（Ultra Wide Band：Bluetooth の高速版で 3.1〜10.6 GHz 帯を使った伝送速度 100 Mbps）などがある．

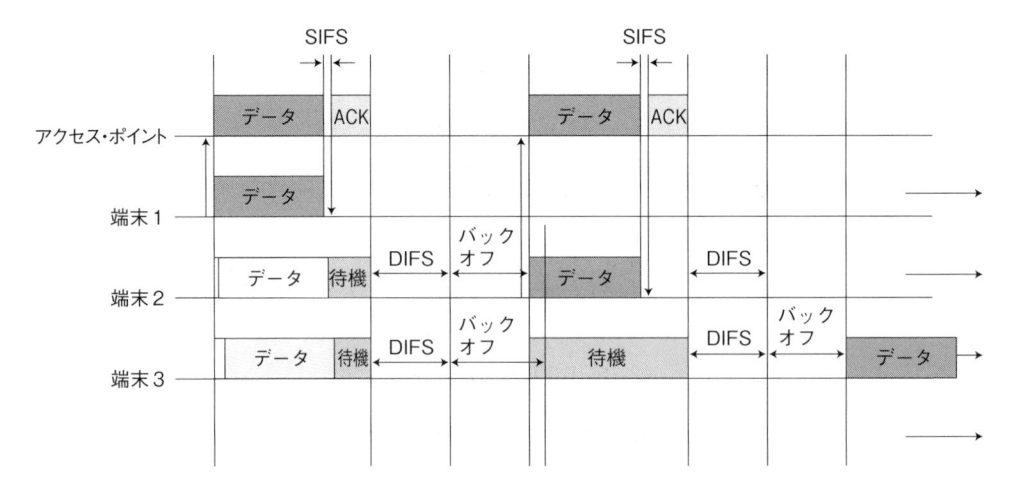

SIFS：Short IFS(Inter Frame Space), 短フレーム間隔
DIFS：DCF(Distributed Coordination Function) IFS(Inter Frame Space), 分散制御用フレーム間隔

図 12.16　CSMA/CA 方式

(3) CSMA/CA 方式

　CSMA/CA 方式は，チャネル競合・送信機会の平等化，隠れ端末対策，オプションとしてポーリング非競合アクセスの機能を持つ．チャネルの競合・送信機会の平等化を実現するために3種類のフレーム間隔（Inter-Frame Space, IFS）を定義している．1つはフレーム受信後の応答などに使用される最高優先度の SIFS，2つ目は分散制御に使用される最低優先度の DIFS，3つ目はオプションであり，アクセスポイントが集中制御に基づくポーリングフレームを送信するためのフレーム間隔として使用する PIFS である．図 12.16 に示すように，分散制御方式において各ノードは他のノードのフレーム送信が終了すると DIFS 時間に各ノードのランダムバックオフ時間を加えた時間分待ってから，チャネルが使用されていなければフレームを送信できる．このように（DIFS+ランダムバックオフ）の時間によってチャネル上の衝突を回避し，かつアクセスの機会を平等化している．

　CSMA 方式の問題点として，キャリアセンス（チャネルが使用中か否か）は各ノードが判断するため，お互いに電波が届かない範囲に存在すると使用中でないと判断して送信を開始し，フレーム送信時に衝突が発生する．このような送信ノード間の関係を隠れ端末と呼び，このような現象を回避するための伝送制御機能を持っている．

12.4.5　衛星通信ネットワーク

(1)　衛星通信ネットワークの特徴

　衛星通信ネットワークは通信衛星を用いて広域ネットワークを構築し，マルチメディア通信サービスを提供するものである．衛星通信ネットワークには，蓄積交換方式であるパケット交

換ネットワークと比較して次のような大きな特徴がある．

(a) ユーザはランダムにチャネルをアクセスでき，多数ユーザによる多重通信が可能である．
(b) 無線による放送の特性から情報を多数のユーザに一斉に送信でき，ユーザは同時に受信できる．
(c) 衛星通信ネットワークにおけるユーザ間は，すべて相互に接続する完全相互接続のネットワークである．
(d) 衛星通信ネットワークでは，衛星は地上から約 36000 km の位置にあるため伝搬遅延が大きく，約 240～270 ミリ秒であることを考慮することが必要である．
(e) 衛星ネットワークでは，通信コストは距離に関係なく，遠距離になればなるだけ一層効果的である．
(f) 移動性ユーザや僻地など有線回線が使えないユーザに対して非常に有効である．

(2) 衛星通信ネットワークの構成

衛星通信を利用する形態は，従来からテレビ会議や遠隔教育等の映像情報ネットワークに使われてきたが，近年衛星地球局の小型化，経済化に伴って，1～2 m のアンテナによる超小型衛星通信地球局 (VSAT) を用いたデータ通信ネットワークが普及してきている．

VSAT ネットワークは，図 12.17 に示されるようにホストコンピュータを接続する中央局（ハブ局：Hub 局）と端末を収容する多数のリモート局 (VSAT) からスター型のネットワークが構成される．また，ハブ局にはネットワークを管理する衛星ネットワーク管理センタが設置される．ネットワーク管理センタは，ネットワーク制御プロセッサから送られてくるネットワーク

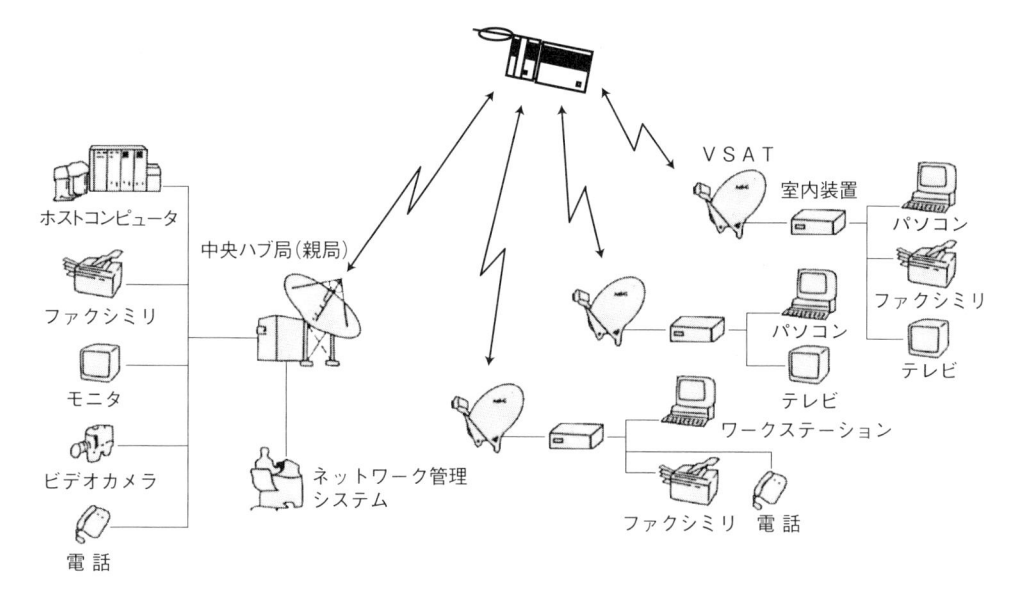

図 12.17 VSAT システム

のトラフィック特性，動作状況に基づいてネットワークの運用状況の監視，ネットワークシステムの保守管理を一元的に行い，ネットワークシステムを効率的に運用する．

VSATは，通常のオンラインシステムのネットワークとして利用可能であり，たとえば，VSATを支店，工場等に配置し，本社にハブ局を設置することにより，企業内情報ネットワークの構築が実現できる．すなわち，情報検索等のホストコンピュータアクセスや在庫管理，生産管理等の受発注データの交換，電子メール等の各種アプリケーションが実現できる．その他の具体的な例としては，スーパーマーケットチェーンでのPOS端末からの売上データの収集，クレジットカードの照合，新製品紹介のビデオ送信等の利用がある．また，自動車販売会社やレンタカー会社の受発注管理，在庫管理システム，ホテルチェーンの予約システム，銀行の為替交換やATMサービス等のバンキングシステム，石油会社の石油運送パイプライン制御システム等が挙げられる．さらに，同報性の特徴から，市況情報ニュース記事を配送する情報サービスのネットワークとして使われている．

(3) 衛星移動通信ネットワーク

地上系移動通信ネットワークでは必ずしもすべての地域を完全にカバーすることができないため，地上系移動通信ネットワークのサービスエリアを経済的に補完するために，衛星移動通信ネットワークがある．この衛星移動通信ネットワークは，大きく静止衛星型と非静止衛星型のネットワークに分けられる．

静止衛星型の移動通信ネットワークとして最も早くから提供されているサービスは，インマルサット（国際移動衛星機構）によって開始され，日本では1990年からサービスが利用可能となった．次に提供されたサービスは，1995年に打ち上げられた通信衛星N-STARを利用した衛星移動通信サービスである．このシステムは日本列島全域を2機の専用衛星によってカバーし，また，地上系移動通信ネットワーク（PDCシステム）とのネットワークの統合を行い，1つの加入者番号で衛星系と地上系の移動通信ネットワークにアクセスできる．このような静止衛星型の移動通信ネットワークでは端末と通信衛星間の距離が長くなるため，端末の小型化が困難となる．

非静止衛星型の移動通信ネットワークは，衛星と端末間の距離を短くするために複数の周回衛星によって移動通信ネットワークを構成する．このネットワークは，周回衛星の高度によって大きく低軌道（約1000 km前後）のものと中軌道（約10000 km）のものとに分けられ，前者をLEO (Low Earth Orbit)，後者をMEO (Middle Earth Orbit)と呼ぶ．

12.5 ユビキタスネットワーク

12.5.1 ユビキタスコンピューティング

携帯電話および情報処理機能を有した携帯電話であるスマートフォンは，爆発的な普及により一種の社会現象を引き起こしている．今や人口の9割，すなわち国内においては1億台（10^8），

世界においては40億台を超える規模に迫ってきている．また，社会基盤としてのインターネットも急速に普及している．各家庭やオフィス，学校は高速大容量のネットワークによって結ばれ，さらに人々の移動する先々には様々な情報端末が設置され，いつでも気軽に利用可能になりつつある．

一方，小型化技術や無線通信技術の進歩によって，近い将来，日常生活の様々な場所，たとえば家庭，学校，職場，交通機関や公共施設等に大量の情報機器が配置されることが予想される．さらに，室内や屋外にも様々な環境センサが配置され，家電や車両設備においては部品レベルでの通信が行われる．すなわち，あらゆるものがネットワークに接続され，M2M (Machine to Machine)，もののインターネット (Internet of Things, IoT) といわれる環境において，福祉，物流，防災，防犯などに新しいサービスが提供される．そして，移動環境においては各個人が常に数百〜数千個の情報機器に囲まれ，世界的には1兆台 (10^{12}) を超える機器間の移動通信が行われる情報社会が到来する（図12.18）．

この流れはモバイルからウェアラブルとなり，気が付かなくても数多くの情報機器を常に身に付けるようになるとともに，コンピュータがどこにでも存在するユビキタス情報化社会を加速させる．ユビキタス情報化社会は図12.19に示すように，家庭，工場，オフィスなど至る所に展開され，数多くの技術の進展が必要になってくる．光，電子，情報が融合した技術が必要である．たとえば，家や車，自然などの環境に埋め込み可能な情報機器や，人や荷物，車両とともに移動する多数の端末間の大規模な通信を支えるエレクトロニクス技術，さらにそれらに関する各種情報処理技術が必要となる．

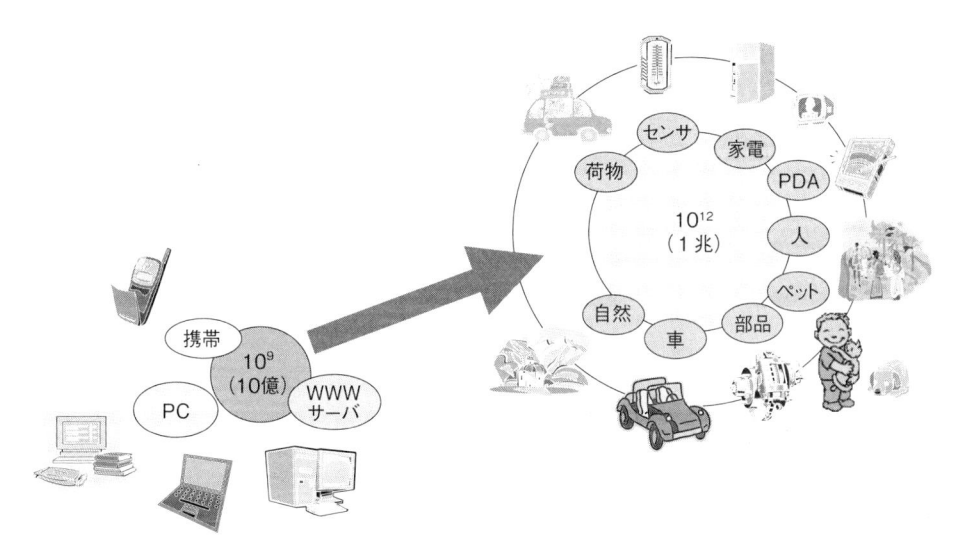

図 **12.18**　小型化，ワイヤレス化による大規模化

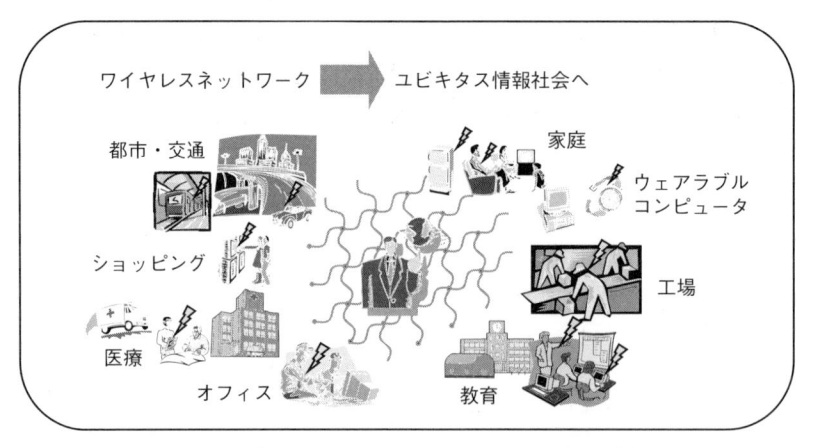

図 12.19　ユビキタス社会

12.5.2　パーソナルエリアネットワーク

パーソナルエリアネットワークとしては，IEEE802.15として，Bluetooth，ZigBee，そして，UWBが開発されている．表12.8にそれぞれの仕様を示す．

表 12.8　パーソナルエリアネットワーク

方式	ZigBee	Bluetooth	UWB	
規格	IEEE802.15.4	IEEE802.15.1	IEEE802.15.3a	IEEE802.15
通信速度	20 kbps〜250 kbps	1 Mbps	480 Mbps，最大 1.03 Gbps	数十 Kbps〜10 Mbps
通信距離	10〜75 m	10〜100 m	10 m (110 Mbps)　4 m (200 Mbps)	10 m 以上
利用周波数帯域	2.4 GHz　915 MHz　868 MHz	2.4 GHz	3.1〜10.6 GHz	2.4 GHz　915 MHz　868 MHz　3.1〜10.6 GHz
消費電力	60 mW 以下	120 mW /402 mW	100 mW 以下	6.2 mW

(1)　Bluetooth

1994年にエリクソン社が携帯電話をケーブルなしで他の機器（PDAなど）につなぐことに興味を持ち，IBM，インテル，ノキア，東芝と共同で，狭い範囲で低電力，安価な無線通信を

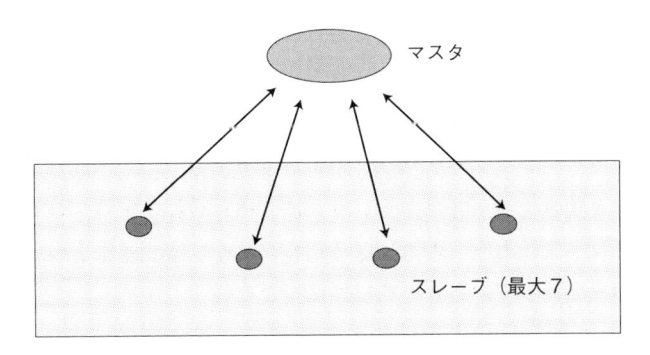

図 12.20　ピコネット

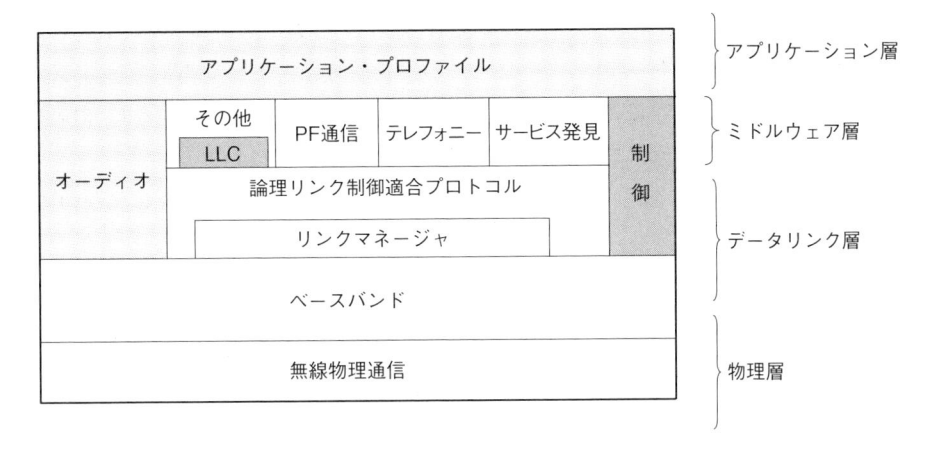

図 12.21　Bluetooth のプロトコルスタック

使って，コンピュータと通信機器を相互接続するための無線標準規格を定める Bluetooth に関する SIG（Special Interest Group：研究会）を設立した．このプロジェクトは，デンマークとノルウェーを統一したバイキングの王様 Harald Blaatand (Bluetooth) 二世（940～981年）の名前にちなんで，Bluetooth と名付けられた．Bluetooth システムの基本となる部分は，ピコネット (piconet) である．ピコネットは半径 10 m 以内の距離で，1 つのマスターノードと最大 7 つのアクティブスレーブノードからなる．複数のピコネットは 1 つの部屋に存在することができる．図 12.20 にピコネットの構成を，図 12.21 に Bluetooth のプロトコルスタックを示す．

このプロトコルの中で，リンクマネジャはデバイス間の論理チャネルの形成を電力管理，認証，QoS も含めて扱う．論理リンク制御適合プロトコル（L2CAP とも呼ばれる）は，上位層を転送の詳細から隠ぺいしている．標準的な 802 の LLC 副層によく似ているが技術的には異なる．オーディオプロトコルと制御プロトコルは，それぞれオーディオ用と制御用である．

その上にある層はミドルウェア層であり，RF 通信プロトコルは，パソコンとキーボード，マウス，モデムなどの他のデバイスをつなぐための標準的なシリアルポートをエミュレートする

プロトコルである．テレフォニープロトコルは，PCからのダイヤルアップやモバイルFAX，コードレス電話といった電話目的の実時間プロトコルである．サービス発見プロトコルはネットワーク内にあるサービスを見つけるために使われる．

最上位層にはアプリケーションやプロファイルが位置する．これらは作業を完了するために下位層のプロトコルを使う．各アプリケーションは，それぞれ特定のプロトコルサブセットを持っている．たとえばヘッドセットのような特定のデバイスは，通常そのアプリケーションに必要なプロトコルのみを持っており，それ以外は持たない．

(2) ZigBee

ZigBeeはZigBeeアライアンスという団体において，標準化活動が行われている．ZigBeeアライアンスが想定しているアプリケーションとして，ビル管理（セキュリティ管理，空調制御，照明制御など），ファクトリオートメーション（資源管理，プロセス制御，電力管理など），ホームオートメーション（空調制御，進入管理，セキュリティ管理など），パソコンの周辺機器制御，家電機器の制御などために使用されるものがある．

ZigBeeの特徴として，乾電池のみで数年間駆動することを可能としており，通信距離は10メートル程度であることが挙げられる．

(3) UWB（超広帯域無線システム）

10メートル程度の近距離で光ファイバ級の高速・大容量の情報転送ができる無線システムである．1 GHz幅程度の広い周波数帯を利用し電波をごく短時間に区切って断続的に発射する仕組みで，送信電力を低く抑えることができる．家庭ではAV機器やパソコンをつなぐケーブルが不要になるほか，レーダ等への利用も考えられる．

12.5.3 小規模通信システム

(1) ITSシステム

ITS（Intelligent Transport System：高度道路交通システム）は，交通渋滞や輸送効率の向上を図るもので，図12.22に示すように種々な機能がITSを支える．

ITSに関係する通信方式として，DSRC（Dedicated Short Range Communication：狭帯域通信）が存在する．5.8 GHz帯の電波を利用して，道路沿いに設置された路側機と移動する車の中に取り付けた車載器の間で瞬時に大量の情報をやりとりするものである．ETC（ノンストップ料金収受システム）で実用化されており，今後はガソリンスタンドやコンビニにおける自動料金決済，インターネット接続による情報配信サービスが計画されている．

(2) 無線タグシステム

無線タグシステムは，図12.23に示すように無線タグを近接のところに置かれているリーダライタによって送受信し，リーダライタは送受したデータを基にコンピュータ（データベース）においてアプリケーションを動作させる．

無線タグはICチップにアンテナを付けたものである．バーコードと比べると，離れた場所

図 12.22　ITS

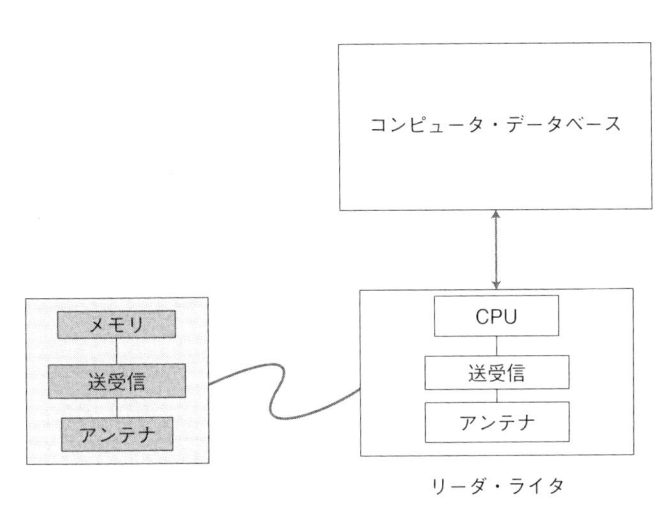

図 12.23　無線タグシステム

から複数の情報を読み取ったり，情報を書き加えたりできる利点があり，物流管理の効率化と高度化が期待できる．JR 東日本の「Suica」もその一種である．これは，近距離無線通信規格 (Near Field Communication, NFC) としての実現例であり，10 センチ程度の距離で双方向の通信が可能である．汎用通信規格の国際標準「ISO/IEC IS 18092」として承認されている．

現在は，135 kHz，13.56 MHz，2.45 GHz の周波数が使用され，950 MHz の追加が予定されている．

RF タグにおいては，電波の出し方として，無線タグ側で電波を返す反射型と無線タグ自身で電波を出す発射型がある．また電源を供給する方式として，リーダライタから受けた電波からエネルギーを取り出して行う電波方式と，無線タグに内蔵の電池による電池方式の 2 つがある．

この組合せを表 12.9 に示す．この中で通常はアクティブタグとパッシブタグが用いられ，アクティブタグはタグの中に CPU を持たせる場合も多く高価なタグとなる．一方，パッシブタグは通常 CPU を持たず，メモリのみを持つ場合が多く安価に実現でき，いろいろなものにタ

表 12.9 無線タグの種類

		電波の出し方	
		反射	発射
電源供給方式	電波	パッシブ方式	セミアクティブ方式
	電池	セミパッシブ方式	アクティブ方式

グとして装着することが可能である．

(3) センサネットワーク

センサとは，熱や，温度，音，位置，体温などの状態を測定し，電気的データに変換するデバイスをいう．このセンサは 1.4 節のリアルタイム型システムで紹介した図 1.15 のデバイスとなる．

ここまでに示した無線タグや，UWB，Bluetooth および ZigBee がチップ（場合によってはボード）内に組み込むことにより，至る所に置くことができるようになり，かつ通信できるようになった．これらのセンサと無線を組み合わせたことでセンサネットワークを構築することが可能となる．

(4) アドホックネットワーク

センサネットワークは，基本的にはセンサネットワークを構成するノードが固定化されている場合が多い．しかしながら，これらのノードは動的に移動する場合も多い．この場合，移動したノードを動的に組み合わせ，その場限りのネットワークを実現することができる．このネットワークをアドホックネットワークと呼ぶ．

ITS において車間で自動車が動きつつ，自立的にネットワークを構築でき，データをネットワークを介して転送可能となる．

演習問題

設問 1 ワイヤレスネットワークを距離の届く範囲の観点から分類し，それぞれの特徴を述べよ．

設問 2 純アロハ方式で，チャネル速度が 64 kbps，パケット長 800 ビット，平均 10 秒に 1 パケットを送信すると，利用できるユーザ数は何人か．また，スロットアロハ方式では何人か．そのとき，FDMA 方式でこのユーザ数を扱うには，1 ユーザ当たりの回線速度はそれぞれいくらか．

設問 3 移動通信における周波数帯域を同時に利用するための多重アクセス方式を 3 種類挙げ，その概要を述べよ．

設問 4 携帯型情報端末の発展の流れを示すとともに，今後の方向性について述べよ．

設問 5 地上系移動通信ネットワークにおける第 1 世代から第 3.9 世代の技術的特徴をチャネル割当方式，ネットワーク転送方式，モビリティの観点から比較し説明せよ．

設問 6 パーソナルエリアネットワークを支える無線通信方式を 3 種類挙げ，その概要を述べよ．

設問 7 無線タグにおけるアクティブタグとパッシブタグの違いを論ぜよ．

参考文献

[1] 田中博，風間宏志：よくわかるワイヤレス通信，東京電機大学出版局 (2009)
[2] 阪田史郎：M2M 無線ネットワーク技術と設計法，科学情報出版 (2013)

第13章 ネットワークセキュリティ

□ 学習のポイント

　コンピュータネットワークが開発された当初は，その利用者は大学の研究者などごく一部に限られていた．そのような状況では，取り立ててセキュリティを考慮する必要がなかった．しかし，今日ではそれがインターネットとして爆発的に普及し，コンピュータやコンピュータネットワークを含むコンピュータシステムは社会基盤の重要な一部となり，生活やビジネスを支える手段としてなくてはならないものになっている．ところが，このような状況は当初の開発段階では十分想定されていなかったため，コンピュータネットワークの仕組みは様々な矛盾や問題を抱えている．そのため，近年機密情報の漏洩や金銭詐欺，サービスの妨害，犯罪利用など，コンピュータシステムに対する脅威やコンピュータシステムを悪用する重大事例が増加してきた．このような状況の中で，今後は様々な脅威からコンピュータシステムを守るネットワークセキュリティ技術がますます重要になる．

　この章では，まずネットワークセキュリティ技術の基礎となる暗号と認証の仕組みについて学ぶ．次いで，コンピュータウィルスなどの悪意のあるソフトウェアや，不正アクセスや踏み台攻撃などの代表的な攻撃方法について学び，コンピュータシステムに対する様々な脅威について述べる．そして，ネットワークを介するコンピュータシステムへの攻撃を防御する方法について学び，様々な脅威からコンピュータシステムを守る基本的な仕組みについて述べる．

- ネットワークセキュリティ技術の基礎となる暗号と認証の基本的な仕組みについて理解する．
- コンピュータシステムに対する様々な脅威について理解する．
- ネットワークを介する様々な脅威からコンピュータシステムを守る基本的な仕組みについて理解する．

□ キーワード

　暗号技術，認証，暗号化，復号，平文，暗号文，鍵，暗号アルゴリズム，現代暗号，共通鍵暗号，公開鍵暗号，電子署名，メッセージダイジェスト，ハイブリッド暗号，セッション鍵，公開鍵基盤 (PKI)，証明書，認証局 (CA)，証明書失効リスト (CRL)，個人認証，コンピュータウィルス，マルウェア，セキュリティホール，サービス不能 (DoS) 攻撃，ボット，ファイアウォール，VPN，IPsec (Security Architecture for Internet Protocol)

13.1 暗号

現代においては，コンピュータシステムの安全性を保つために暗号技術は欠かせないものとなっている．暗号技術は，情報を秘匿するために用いられるだけでなく，情報が正しいことを検証する認証のための仕組みとしても広く用いられている．ここではまず，暗号の基本的な仕組みについて述べ，情報を秘匿する際にどのように暗号技術を用いるかについて述べる．

13.1.1 暗号に関する用語

以下に述べることについて理解するために，まず暗号に関する基本的な用語をまとめる．一般に，ある形式のデータを一定の規則に基づいて別の形式のデータに変換することを「符号化 (encoding)」といい，符号化されたデータから元のデータを求めることを「復号 (decoding)」という．データ圧縮なども符号化に含まれる．符号化のうち，(通常は秘密にされる) 特定の情報を用いて変換された後のデータから元のデータを求めることができるものを「暗号化 (encryption)」という．暗号化において，元のデータを「平文 (plain text)」，暗号化された後のデータを「暗号文 (cipher text)」という．また，暗号文から平文を求めることを「復号 (decryption)」，暗号化および復号に用いられる情報を「鍵 (key)」，暗号化および復号の手順や規則を「暗号アルゴリズム」という．

13.1.2 暗号技術の発展

暗号は古くから用いられており，たとえば 2000 年以上前にシーザー暗号と呼ばれるジュリアス・シーザーが用いた換字式暗号がある．シーザー暗号では，平文のアルファベットをすべて一定数ずらすという暗号アルゴリズムになっている．ここで，ずらす文字数が秘密の情報，すなわち鍵になる．たとえば，INFORMATION という平文は鍵を「3」とすると LQIRUPDWLRQ という暗号文になり，鍵が「4」であれば暗号文 VSQI に対応する平文は ROME ということになる．

近代になって通信が発達し，軍事，外交に広く暗号が用いられるようになった．1970 年代までは，あらかじめ定められた当事者間での秘密通信に暗号が用いられたが，その安全性はアルゴリズムが秘密であることに依存していた．1970 年代後半に暗号アルゴリズムを公開する形式の DES (Data Encryption Standard) が定められた．DES では，アルゴリズムを公開する代わりに，暗号化および復号に用いられる共通の鍵を秘密にすることによって安全性を確保する．このように，アルゴリズムが公開されているため，実装や評価を誰でも行うことができる．DES が制定されて以降，暗号アルゴリズムの安全性を検証する研究が活発に行われるようになり，現代暗号と呼ばれる暗号技術が次々と開発されている．

13.1.3 共通鍵暗号と公開鍵暗号

DES のように，暗号化および復号に共通の鍵を用いる暗号方式を共通鍵暗号または対称鍵暗号という．共通鍵暗号では，暗号化に用いる鍵で復号も行うため，鍵を情報の送信者と受信者で秘密に共有する必要がある．さらに，通信相手ごとに異なる鍵を用いる必要があるため，多数の送受信者間では管理しなければならない鍵の数が非常に多くなる．ここで，n 者間では $2n(n-1)$ の異なる鍵が必要となる．しかし，暗号化と復号の処理は一般に高速であり，大量のデータの処理も容易である．鍵を秘密裏に共有するためには別の手段を用いる必要があるが，その共有が実現できれば情報の秘匿を容易に行うことができる（図 13.1）．DES については，その後特定の攻撃方法に対して弱点があることなどが指摘され，より強力な共通鍵暗号として Triple DES や AES が開発されている．

これに対して，Diffie, Hellman により公開鍵暗号の概念が提案され，事前に秘密の情報を共有することなく送信者と受信者で鍵と呼ばれる秘密の情報を共有する方法（DH 鍵共有法）が開発された．その後，Rivest, Shamir, Adleman により，RSA 暗号と呼ばれる暗号方式が開発された．RSA 暗号では，暗号化と復号に一対の互いに異なる鍵を用いることを特徴とする．このように，暗号化と復号に異なる鍵を用いる方法を公開鍵暗号または非対称鍵暗号という．暗号化と復号の鍵は 1 組のものが同時に生成され，片方が暗号化，他方が復号に用いられる．公開鍵暗号では，復号の鍵を受信者が秘密に保持しながら，暗号化の鍵を公開しておくことにより，事前に秘密情報を共有することなく受信者のみが復号可能な暗号文を誰でも生成できる（図 13.2）．さらに，13.2 節で述べるように，公開鍵暗号は電子署名にも用いられる．

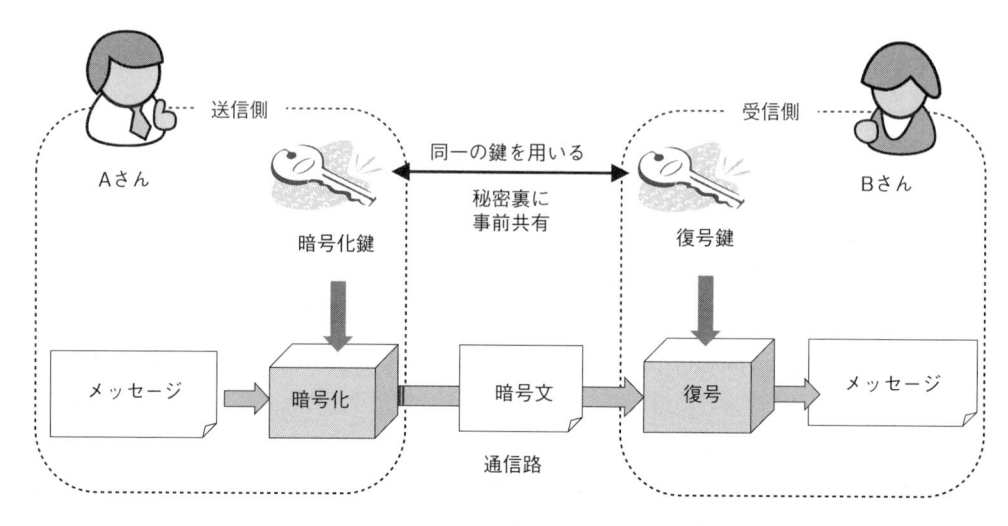

図 13.1 共通鍵暗号による情報の秘匿

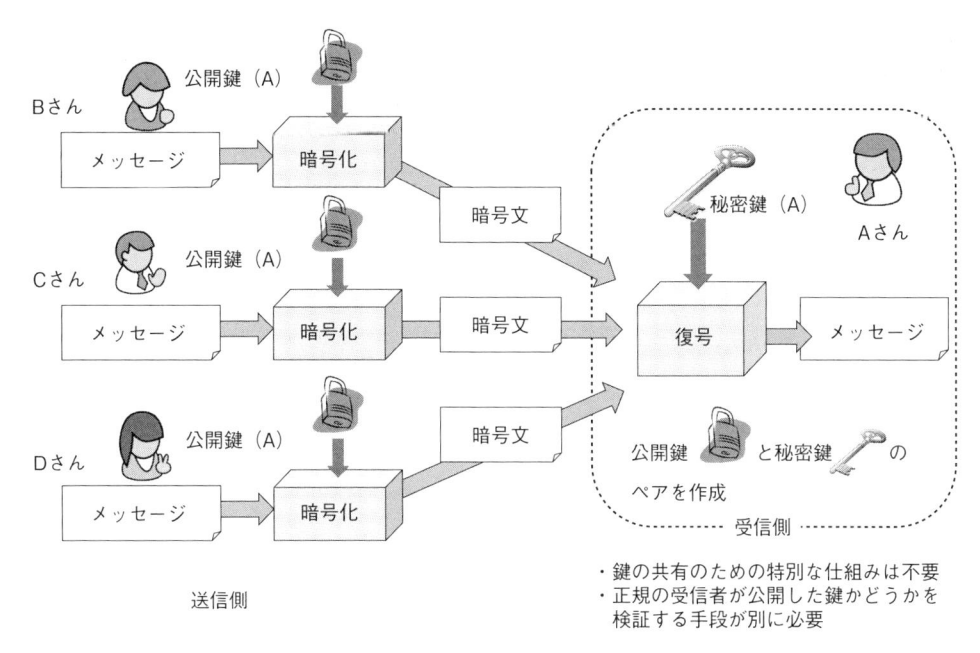

図 13.2 公開鍵暗号による情報の秘匿

13.1.4 ハッシュ関数

出力された値から元の入力値を求めることが困難な関数を一方向性関数という．一方向性関数のうち，任意の長さのデータを入力とし，固定長のデータを出力するものをハッシュ関数という．ハッシュ関数により出力された結果をハッシュ値またはメッセージダイジェストと呼ぶ．ハッシュ関数のうち，特に元のメッセージに対してそのハッシュ値が同じになるような別のメッセージを求めることや，互いのハッシュ値が同じになる任意の 2 つのメッセージを見つけることが事実上不可能であるような性質を持つものが実用上大変重要であり，電子署名などに広く応用されている．

13.1.5 ハイブリッド暗号

公開鍵暗号は鍵を事前に秘密裏に共有しておく必要がないが，処理速度は共通鍵暗号と比べて格段に遅い．そこで，大量データの直接の暗号化・復号には処理が高速である共通鍵暗号を用い，そのために必要な鍵の秘密裏の共有のために公開鍵暗号を用いることが多い．このような方法をハイブリッド暗号と呼ぶ．ここで，データを直接暗号化する際に用いる鍵を「セッション鍵」という．セッション鍵そのもののデータ長は元の暗号対象のデータに比べて格段に小さいため，公開鍵暗号を用いても通常その処理速度が問題になることはない．

13.2 認証

現代では，企業間での電子的な商取引や官公庁との電子申請など，電子データに基づく重要な情報のやりとりが活発に行われている．このような状況の中で，コンピュータシステムにおいて電子的に保存されているデータや相手から送られてきたデータが正しいものであるかどうかを確認できることが重要になる．また，コンピュータシステムを利用しているユーザが本来利用すべきユーザ本人であるかの確認も重要である．ここでは，電子データの正しさを証明する仕組みとして重要である電子署名と公開鍵基盤（PKI）について述べる．さらに，ユーザ本人を確認するための個人認証の仕組みについて紹介する．

13.2.1 電子署名

コンピュータシステムで電子データに基づく重要な情報のやりとりを安全に行うための主な要件として「機密性」，「改ざん防止（完全性）」，「なりすまし防止（真正性）」，「否認防止」などがある．このうち，機密性以外の要件を実現する仕組みとして電子署名がある．

電子署名は公開鍵暗号を用いて次のように実現できる．今，電子文書を作成する側を送信者，その作成された電子文書を受け取り確認する側を受信者とする．まず，送信者は公開鍵暗号の1組の鍵を作成し，一方を公開し他方を秘密に保持する．そして，作成した電子文書からハッシュ値を計算し，それを秘密鍵で暗号化して電子文書に付加しておく．この付加された情報が電子署名と呼ばれる．受信者は電子署名を送信者が公開している公開鍵で復号して，この値と送信者が用いたのと同じハッシュ関数を用いて電子文書からハッシュ値を計算した結果と比較する．ここで両者の値が等しければ，受け取った電子文書が改変されていないこと，および送信者が秘密にしている（すなわち，第三者が知らないはずの）秘密鍵で作成されたものであることが証明されたことになる（図13.3）．ただし，受信者が復号に用いた公開鍵が確かに意図する送信者が作成したものかどうかは，別の仕組みにより担保されている必要がある．

上の例では電子文書そのものは暗号化されていないので，機密性については満たされていない．次に，上記に加えて機密性をも保持することができる効率のよい方法について紹介する．この方法はハイブリッド暗号の1つであり，共通鍵暗号と公開鍵暗号を組み合わせて用いている．まず，送信者はその場で生成した乱数などを共通鍵暗号の鍵（セッション鍵）として用いて電子文書そのものを暗号化する．セッション鍵は公開鍵暗号により受信者の公開鍵で暗号化してデータおよび電子署名とともに送る．受信者はまず自身の生成した公開鍵暗号の秘密鍵でセッション鍵を復号し，得られた鍵でデータを復号するとともに，上の例と同様に電子署名により改ざんされていないことなどを確認する（図13.4）．

13.2.2 公開鍵基盤

公開鍵暗号を用いて実現される電子署名の仕組みでは，公開鍵そのものは第三者が作成して

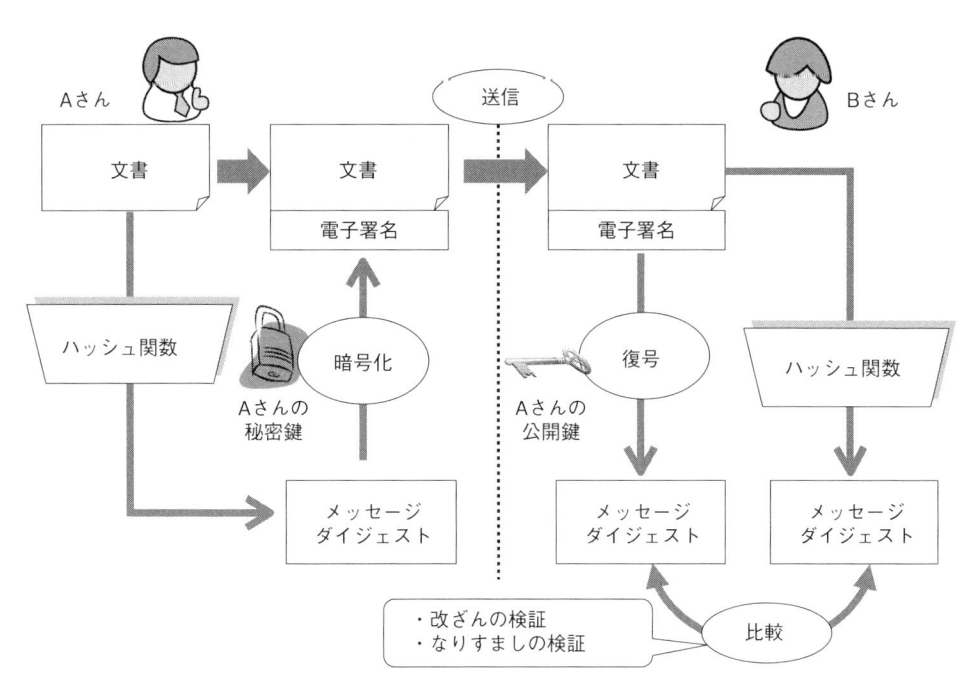

図 13.3　メッセージダイジェストを用いた電子署名

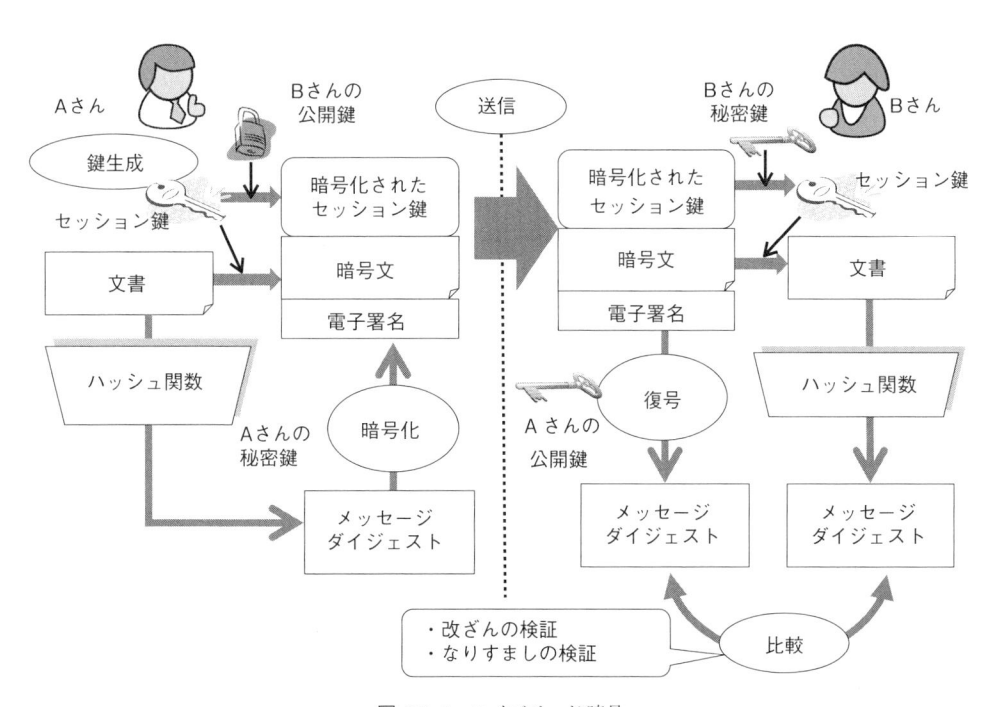

図 13.4　ハイブリッド暗号

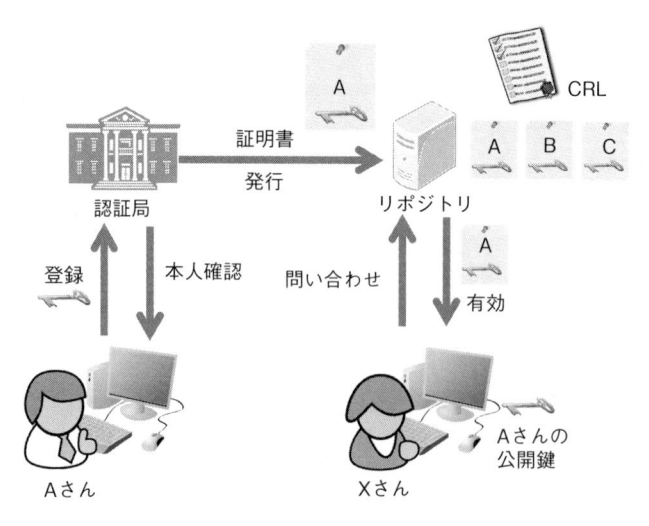

図 13.5　公開鍵基盤

公開することが可能である．したがって，受信者が復号に用いた公開鍵が，確かに意図する送信者が作成したものかどうかは，別の仕組みにより担保されている必要がある．その仕組みを実現する代表的なものが公開鍵基盤 (Public Key Infrastructure, PKI) である．公開鍵基盤は一般に「証明書」，「認証局」および「リポジトリ」の 3 つの要素からなる．証明書はそれを所有するユーザの公開鍵を含み，その公開鍵が確かにその鍵を公開しているユーザ本人のものであることを示す内容になっている．そして，その内容を保証するのがその証明書を発行した認証局 (Certification Authority, CA) と呼ばれる機関である．証明書には，それを発行した認証局，あるいはその認証局に対して証明書を発行する別の認証局による電子署名も付加される．認証局は発行した証明書の信頼性が失われた場合には，その証明書を失効させ，証明書失効リスト (CRL) を発行する．リポジトリは認証局が発行した証明書と証明書失効リストを格納し，証明書の利用者が取得できるよう公開する（図 13.5）．

13.2.3　個人認証

コンピュータシステムを利用しているユーザが本来利用すべきユーザ本人であるかどうかの確認をするための仕組みが個人認証である．代表的な個人認証として暗証番号やパスワードなどの本人知識によるものや，鍵やカードなどの本人所有によるものがあり，広く利用されている．また，指紋，顔，音声，筆跡などの本人固有の特徴によるバイオメトリック認証も用いられるようになってきた．

パスワードは一般的な個人認証の手段として広く用いられているが，誕生日や電話番号などの個人の属性が含まれている場合があるなど，第三者による推測が容易となる問題や，安全性を向上させるためには複雑で長いパスワードを用いたり，定期的にパスワードを変更したりする必要があるなど，運用上の問題点も指摘されている．また，ID カードなどの本人所有による

認証は，紛失や盗難などの危険性があり，ユーザの管理状態によっては安全性が低下する．

バイオメトリック認証は本人固有の特徴として，指紋，顔，血管パターン，虹彩などの身体的特徴や，筆跡，音声，キーストロークといった行動的特徴を用いて，生態的な測定結果より本人を自動的に確認する技術である．近年では認識率の向上が進み，コンピュータシステムにおける利用者の認証のほか，入退室管理，携帯端末や銀行 ATM の利用者認証などにおいて，広く利用されるようになってきた．

13.3 悪意のあるソフトウェア

コンピュータシステムに対する脅威を引き起こす原因として主要なものの 1 つに，コンピュータウィルスなどの悪意のあるソフトウェアによるものがある．これらの中には，コンピュータネットワークを介して遠隔から攻撃を行ったり感染を広げたりするものや，コンピュータネットワーク自体に攻撃を行うものなどもある．ここでは，まず 13.3.1 項で悪意のあるソフトウェアとしてどのようなものがあるかについて述べる．そして，その代表的なものとして 13.3.2 項でコンピュータウィルス，13.3.3 項でワーム，13.3.4 項でトロイの木馬，13.3.5 項でバックドアについて，それぞれ紹介する．

13.3.1 マルウェア

悪意のあるソフトウェア，すなわちコンピュータシステムに対して不正な動作を行うソフトウェアを総称して「マルウェア」と呼ぶ．マルウェアには，単独で動作したり他のプログラムに感染したりして不正な動作を行う，いわゆる「コンピュータウィルス」（広義のコンピュータウィルス）のほかに，コンピュータを乗っ取ったり，コンピュータのセキュリティホールを探したり，不正動作の形跡を隠したりといった，不正行為に利用されるソフトウェア（ツール型）や，クッキーと呼ばれるコンピュータネットワーク上での動作履歴を不正に取得するためのデータ（データ型）なども含まれる（図 13.6）．

このうち，広義のコンピュータウィルスは，その挙動や感染方法から，狭義のコンピュータウィルス（以下，単に「コンピュータウィルス」といった場合には，この狭義のコンピュータウィルスを指す），ワーム，トロイの木馬などに分類される．また，その目的に注目して，情報漏洩活動を行うスパイウェア，アクセス権のないユーザにコンピュータの制御を許す仕掛けを施すバックドアなどに分類することもある．また近年では，コンピュータウィルス，ワーム，トロイの木馬などのうち，複数の機能を持つ複合型のウィルスも増えてきている．

13.3.2 コンピュータウィルス

広義のコンピュータウィルスには，独立したプログラムとして動作するものと，宿主として他のプログラムが必要なものがある．また，自己の複製を作って他のコンピュータに感染を広げる増殖能力を持つものと，そのような機能を持たないものがある．このうち，宿主プログラ

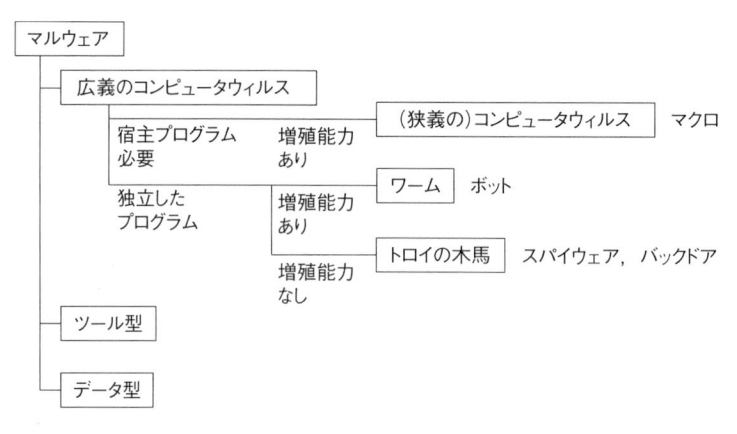

図 13.6 マルウェアの分類

ムが必要で増殖能力を持つものをコンピュータウィルスという．また，独立したプログラムとして動作するもののうち，増殖能力を持つものをワーム，増殖能力を持たないものをトロイの木馬という．スパイウェア，バックドアはトロイの木馬に分類される．

　コンピュータウィルスは宿主となるプログラムの一部を書き換えて感染し，感染した宿主のプログラムが実行されたときに不正動作が機能する．単独で動作できないため，感染したプログラムが起動されない限り不正動作が機能することはない．文書処理や表計算などの日常多用されるオフィスソフトウェアのマクロ機能や文書の自動処理機能を悪用し，不正動作を行うことも多い．インターネットを介してダウンロードしてきたプログラムのファイルに紛れ込んだり，USB メモリや DVD-ROM などの記録媒体を介してファイルをコピーしたりすることで感染が拡大する（図 13.7）．

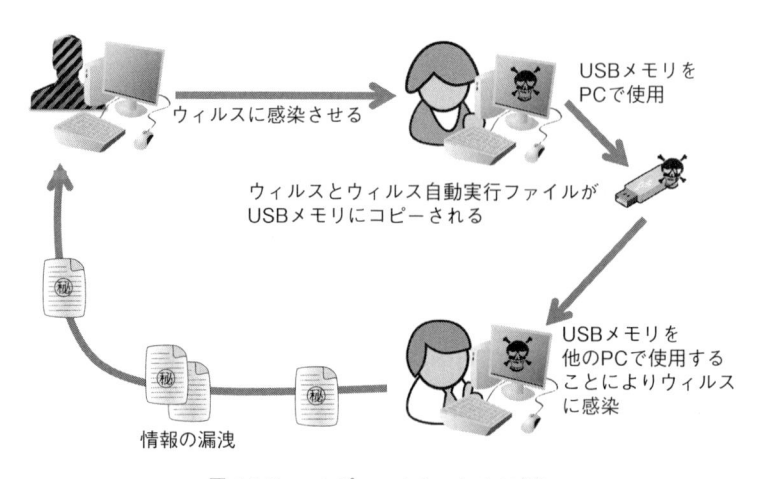

図 13.7 コンピュータウィルスの感染

13.3.3 ワーム

ワームは独立したプログラムとして単体で活動可能な不正プログラムで，自己の複製を作って他のコンピュータに感染を広げる増殖能力が高いものが多い．他のコンピュータへの感染の方法として最も一般的なものが，メールにファイルを添付して送る方法である．感染したコンピュータ内のメールアドレスを収集し，それらを宛先にして自分のコピーを添付して大量に配送する（図 13.8）．ほかには，同一ネットワーク上でセキュリティホールのあるコンピュータを探し出し，そこにコピーを送り込む仕組みのワームが知られている．オフィスなどにワームに感染したコンピュータが 1 台でもあると，ネットワーク内のコンピュータに対してセキュリティホールを悪用した攻撃などを行い，次々に感染が広がってしまうケースがある（図 13.9）．ボットと呼ばれるワームは，遠隔からの指令により動作する機能があり，スパムメールと呼ばれる不正メールの送信や DDoS 攻撃などに利用される．

13.3.4 トロイの木馬

トロイの木馬は単体で動作可能であるが，自己増殖は行わない．ゲームのソフトや動画編集ソフトなどといった，有益なソフトウェアやツールと偽ってユーザに実行させることで感染させることが一般的である．トロイの木馬に分類されるマルウェアの中には，感染するとコンピュータに保存されている個人情報を盗むスパイウェアとして機能するものや，悪意のある攻撃者がそのコンピュータを不正に制御することを可能にするバックドアとして機能するものがある．

13.3.5 バックドア

トロイの木馬の一種で，感染するとバックドア（裏口）といわれる機能を動作させ，アクセス権のない者でもそのコンピュータを制御することを可能にする．悪意のある攻撃者がこのバッ

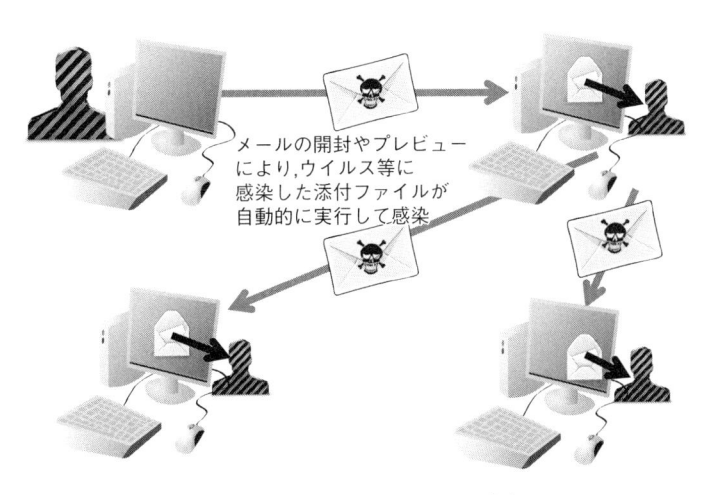

図 13.8 メール添付型ワームの感染

悪意のある利用者やサイトから，ネットワークを
介してコンピュータのセキュリティホールを突い
た侵入によるウィルス感染

ウィルスが仕掛けられたWebサイトの閲覧による感染

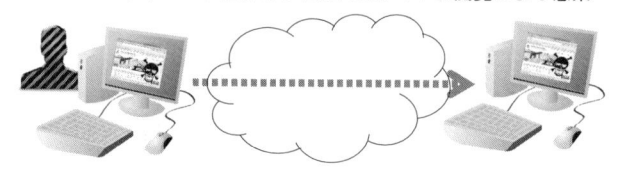

図 13.9　ネットワーク感染型ワーム

クドアを利用すると，コンピュータを意のままに操作することができ，コンピュータ上のデータの改ざんや機密情報の漏洩のみならず，他のコンピュータへの攻撃の足掛かりにされるなど，ありとあらゆる危険な状況を引き起こす可能性がある．

13.4　攻撃方法

　コンピュータシステムに対する脅威には，アクセス権のないユーザによるコンピュータシステムへの不正侵入，他のコンピュータへの攻撃の経路を複雑にすることで追跡を免れようとする踏み台攻撃，特定のサーバのサービス機能を妨害することを目的としたサービス不能攻撃，コンピュータのセキュリティホールを探し，発見したセキュリティホールを利用して侵入やウィルスの感染など行う攻撃など，様々なものがある．これらの攻撃のほとんどはコンピュータネットワークを介して遠隔から行われる．ここでは，これらの攻撃方法についてその手法の特徴を示し，どのような対策を施すべきか述べる．

13.4.1　不正侵入

　コンピュータに対してアクセス権のないユーザ，すなわち本来利用することができない者が，そのコンピュータを不正に操作することを不正侵入という．ネットワークに接続されているコンピュータにセキュリティホールがあると，遠隔からそのコンピュータのセキュリティホールを探し出し，発見したセキュリティホールを利用してそのコンピュータの制御権を不正に獲得することにより不正侵入されることがある．また，バックドアが設定されてしまうと，悪意のある攻撃者に対し容易に不正アクセスを許してしまう．ひとたび不正侵入に成功されてしまうと，ネットワークサービスのアカウントやパスワードなどのコンピュータ内の機密情報を盗み出されたり，他のコンピュータへの攻撃の足掛かりにされたり，ユーザが知らぬ間にそのコン

ピュータが攻撃に参加させられてしまうことさえもある．

13.4.2 踏み台攻撃

あるコンピュータに不正侵入し，そのコンピュータを制御して他のコンピュータに対する攻撃を行うことを踏み台攻撃という．悪意のある攻撃者は，攻撃を行う際にその身元が発覚しないよう，直接自分の操作するコンピュータから攻撃対象を攻撃するのではなく，踏み台攻撃を何段も重ねて攻撃経路を複雑にすることが多い（図 13.10）．また，近年では，ボットと呼ばれるワームの一種により，遠隔からの指令を受け他のコンピュータを攻撃する例が多く見られる．

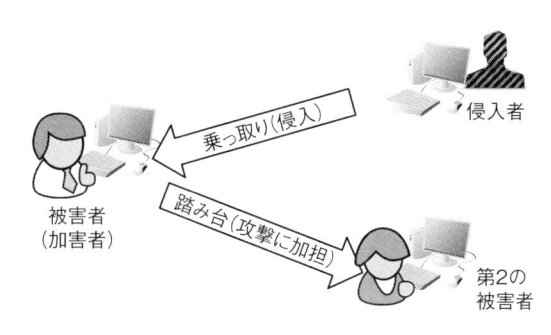

図 13.10　踏み台攻撃

13.4.3 DoS 攻撃

ある特定のサービスを提供するサーバに対し，そのサービスに対する要求を大量に送り付け，そのサーバの処理能力を超える負荷を強いたり，ネットワークの帯域を食い潰したりすることにより，サービスの提供を妨害する攻撃をサービス不能 (DoS) 攻撃という．このタイプの攻撃は，攻撃手法が比較的簡単に実現できるにもかかわらず，要求動作自体は一般に正規のサービス要求のものと区別ができないため防御が難しい．また，サービス要求パケットはその送信元を偽装することが可能であることが多く，どこから攻撃が行われているかを突き止めることが容易ではない．さらに，ボットに感染した多数のコンピュータを制御することなどにより，特定のサーバに多地点から一斉に攻撃を行う分散 DoS (DDoS) 攻撃は，1 つのコンピュータからの攻撃に関与する要求数が DoS 攻撃に比べて格段に少なくなるため，攻撃元コンピュータの特定が極めて難しい（図 13.11）．

13.4.4 セキュリティホール

コンピュータの OS やアプリケーションなどのソフトウェアにおいて，プログラムの不具合や設計上のミスが原因となって発生した欠陥をセキュリティホールという．代表的なセキュリティホールとして，バッファオーバフローと呼ばれる，OS やアプリケーションが利用してい

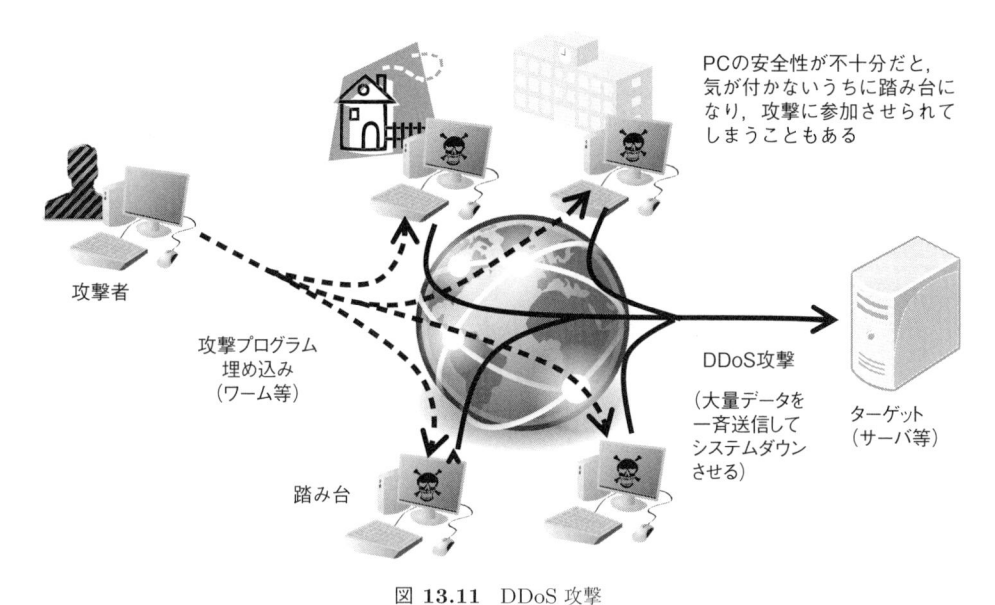

図 13.11　DDoS 攻撃

るメモリのバッファに入りきれない量のデータを入れることで予期しない動作を引き起こすものがある．また，SQL インジェクションと呼ばれる，Web アプリケーションに悪意のある入力データを与えてデータベースの問い合わせや操作を行う命令文を組み立て，データを改ざんしたり不正に情報取得したりする攻撃を許してしまうセキュリティホールも知られている．セキュリティホールがある状態でネットワークに接続されたコンピュータは，そのセキュリティホールを利用して不正侵入されたり，コンピュータウィルスやワームに感染されたりする可能性が高い．

13.4.5　フィッシング

金融機関などを装った偽の電子メールを発信して受信者を誘導し，実在する会社などを装った偽の Web サイトにアクセスさせ，暗証番号やクレジットカード番号などの個人情報をだまし取る手口をフィッシングと呼ぶ．近年，特に被害が急増する傾向にある．

13.4.6　対策

不正侵入や踏み台攻撃，コンピュータウィルスやワームへの感染などを防ぐには，まずはコンピュータのアカウントを設定し，限られた者のみ利用できる状態にした上で，パスワードを類推されにくい強固なものに設定しておくべきである．そして，コンピュータをセキュリティホールがない状態にしておくことも肝要である．そのためには，OS やアプリケーションのアップデートを行い，常に最新の状態にしておくことが必要である．さらに，不審なメールの添付ファイルは絶対に開かない，信用できない Web サイトは閲覧しない，メール添付ファイルや

ダウンロードしたファイルは開く前に必ずウィルス検査を行うなどにより，自らコンピュータウィルスなどに感染するリスクを極力下げることも重要である．また，コンピュータウィルスなどに感染してしまっても，できるだけその被害を低減するためには，ウィルス対策ソフトウェアにより定期的にコンピュータをチェックすることも必要である．ウィルスは亜種と呼ばれる変形種が次々と生まれているため，ウィルス定義ファイルも常に最新版になるよう更新を怠ってはならない．これらのユーザによる対策のほかに，不正なデータのやりとりを遮断するファイアウォールと呼ばれる装置などを使ったネットワークにおける安全対策も有効である．

また，サーバ側における対策としては，入力の全体の長さが制限を超えているときは受け付けないようにすること（バッファオーバフロー攻撃の対策），入力中の文字がデータベースへの問い合わせや操作において，特別な意味を持つ文字として解釈されないようにすること（SQLインジェクション攻撃の対策）などが一般的である．

13.5 ネットワークにおける安全対策

ネットワークにおける安全対策として，各組織のネットワークの入口に設置し，そこを通過するパケットを制御するファイアウォールによるものが代表的である．また，外部からのアクセスを制限する機能を持つネットワークアドレス変換装置(NAT)も安全対策として用いられることが多い．また，複数の拠点にまたがる組織がその拠点間をインターネットで結ぶ際に，外部からのアクセスができないようにする仮想プライベートネットワーク(Virtual Private Network, VPN)も企業等のネットワークを守る重要な役割を果たしている．

13.5.1 ファイアウォール

ファイアウォールは，火事の際に延焼を防ぐための「防火壁」を指す言葉であるが，ネットワークにおいては，外部ネットワークと内部ネットワークの境界に設置し，そこを通過するパケットの監視や制御を行う装置のことをいう．ファイアウォールは，あらかじめ定められたルールに従って，内部ネットワークから外部ネットワーク向きのパケット（アウトバウンドパケット）および外部ネットワークから内部ネットワーク向きのパケット（インバウンドパケット）についてその通過の可否を判断し，許可されたもののみ通過させる「パケットフィルタリング」を行う（図13.12）．パケットフィルタリングのためのルールは，送信先および送信元の装置を識別するIPアドレス，それぞれのアプリケーションを識別するポート番号，通過の可否などを指定することにより設定する．ファイアウォールでは，許可または拒否したパケットに関して，そのIPアドレス，ポート番号，許可／拒否の区別や処理した時刻などの値を収集し，ログとして保存する．

パケットフィルタリングのルールとしては，アウトバウンドパケットに対しては許可されているアプリケーションによるパケットのみ許可し，インバウンドパケットに対してはその応答パケットのみ許可する，というのが一般的である．ただし，WWWサーバやファイルサーバ

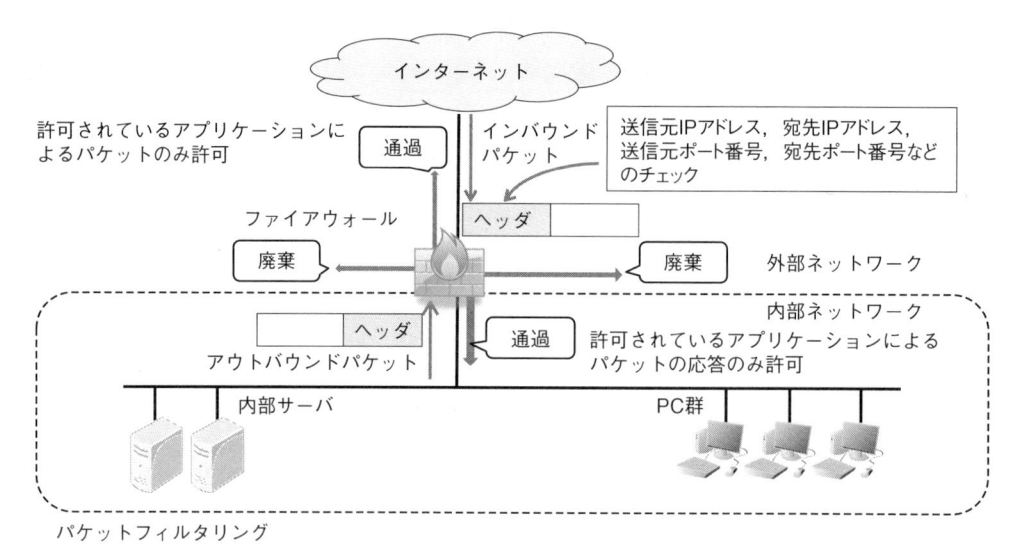

図 13.12　ファイアウォールによるパケットフィルタリング

など，外部に公開するサーバを設置する場合には，それらのサーバに対して外部からのアクセスを許可するために，インバウンドパケットを通過させるように設定する必要がある．ところが，サーバが外部からの攻撃によりその制御が奪われるようなことがあると，それを足掛かりに内部ネットワークが脅威にさらされてしまうことになる．そのため，2つのファイアウォールを用意し，その間に「DMZ (DeMilitarized Zone)」と呼ばれる特別なネットワークを設け，そこに各種サーバを設置するようにすることが望ましい（図 13.13）．その際，外側に設置するファイアウォールにおいては，DMZ と外部ネットワークとの間で，公開するサーバのアプリケーションに関するインバウンドパケットとその応答のアウトバウンドパケットのみ通過させるようにする．

　あらかじめ固定的に定められたフィルタリングルールに従って，常に同じ処理を行うものを静的フィルタリングと呼ぶ．これに対し，許可されたアプリケーションによるパケットを検知した際に，その応答パケットを許可するように一時的にフィルタリングルールを追加し，通信が終了したらそのルールを自動的に削除するようにしたものを動的フィルタリングと呼ぶ．また，やりとりされるパケットの内容を読み取り，通信プロトコルやシーケンス番号から次のパケットを予想し，適合するパケットのみ通過を許可するような機能を持ったものをステートフル・インスペクション方式のファイアウォールと呼ぶことがある．さらに，アプリケーションゲートウェイあるいはプロキシと呼ばれるアプリケーションの機能を仲介する装置により，特定のアプリケーションのデータを一旦終端し，許可された通信だけを通過可能にすることにより高度なアクセス制御を行うことが可能である．WAF (Web Application Firewall) は Web アプ

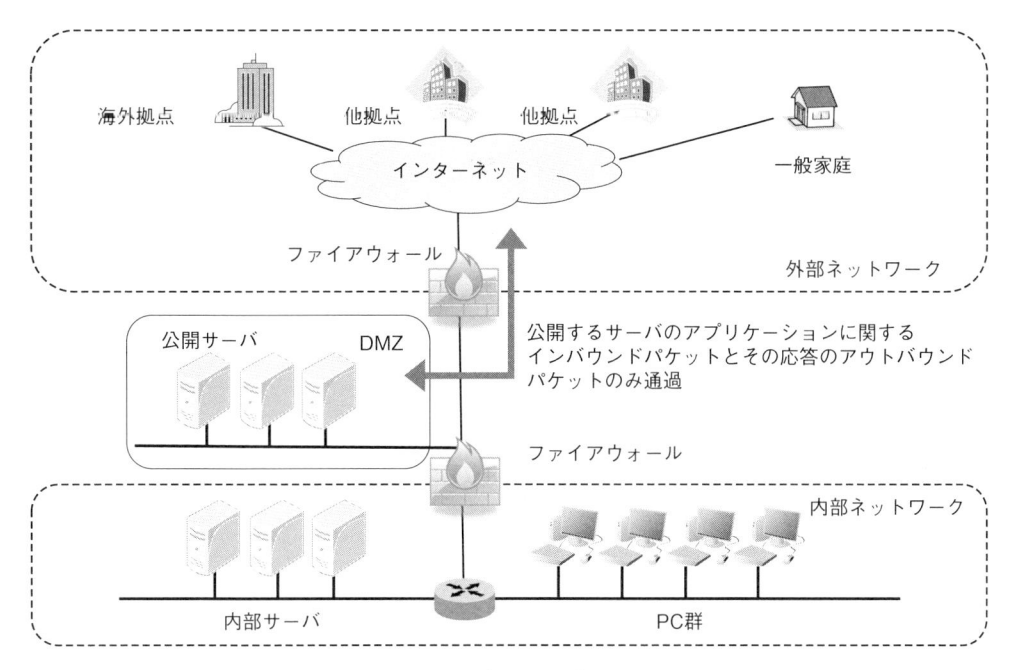

図 13.13　公開サーバと DMZ

リケーションのやりとりを管理することによって，外部からの不正侵入を防ぐファイアウォールである．

ステートフル・インスペクション方式のファイアウォールやアプリケーションゲートウェイは，より高度なアクセス制御が行える反面，単純なファイアウォールに比べて機能が複雑であるため，処理速度に限界がある．また，コストの問題や，対応したプロトコルやアプリケーション以外には適用できないといった制約もある．

ファイアウォールの実現の形態としては，企業や学校などの組織がネットワーク全体を防御するために導入する「ゲートウェイ型ファイアウォール」と，パーソナルコンピュータにソフトウェアとして簡易なファイアウォール機能を実現する「パーソナルファイアウォール」がある．ゲートウェイ型ファイアウォールは，ソフトウェアで実現されるものやネットワークアプライアンスと呼ばれるハードウェアと一体型のものがある．パーソナルファイアウォールは，ウィルス対策ソフトウェアと組み合わされて提供されているものも多く，インターネットに常時接続する個人ユーザにも効果的である．

ファイアウォールは，ネットワークやコンピュータを守る上で非常に効果的であるが，それだけで万全とはいえない．たとえば，サービス不能攻撃やウィルスの感染などは防げないものも多い．また，ネットワーク内部からの攻撃については対応できない．したがって，ファイアウォールを過信せずに，あらゆる可能なセキュリティ対策を行うことが肝要となる．また，ファイアウォール導入後の運用においても，設定不備がないことの確認や新たな脅威への対応など，

常に設定の見直しをすることや，アクセスログを定期的に収集し，意図した機能を果たしているかどうか確認したり，不正アクセスの兆候をつかんだりすることも大切である．

13.5.2　NATによる内部ネットワークの保護

第9章で述べたNAT（あるいはNAPT）において，グローバルIPアドレスとプライベートアドレスとを変換するための表（アドレス変換テーブル）には，内部の装置から外部への通信を開始するパケットが到着した際に，その内部の装置のプライベートIPアドレス（NAPTの場合にはIPアドレスとポート番号の組，以下同様）とそのとき使われていないアドレスプールの要素であるグローバルIPアドレスの1つが対応付けられ，登録される．登録された内容は，その通信が終了するとアドレス変換テーブルから削除される（図13.14）．その後，別の内部から外部に向けた通信が開始される際に，同じグローバルIPアドレスが対応付けられて登録される．このようにして，1つのグローバルIPアドレスが再利用されることにより，少ないグローバルIPアドレスで見かけ上たくさんのプライベートアドレスネットワーク内の装置が外部と通信可能になる．ここで特に，アドレス変換テーブルへの登録は内部から外部への通信が開始される際に初めて行われるため，外部からの通信の開始が原理的に行えない．また，外部からは内部の装置のプライベートIPアドレスは分からないので，プライベートアドレスネットワーク内部のネットワーク構成を隠ぺいする効果がある．このように，NATはIPアドレスの有効利用という本来の目的のほかに強力なアクセス制御機能があるため，多くの企業ネットワークでは，ファイアウォールとともに用いられている．また，家庭内のLANやSOHO (Small

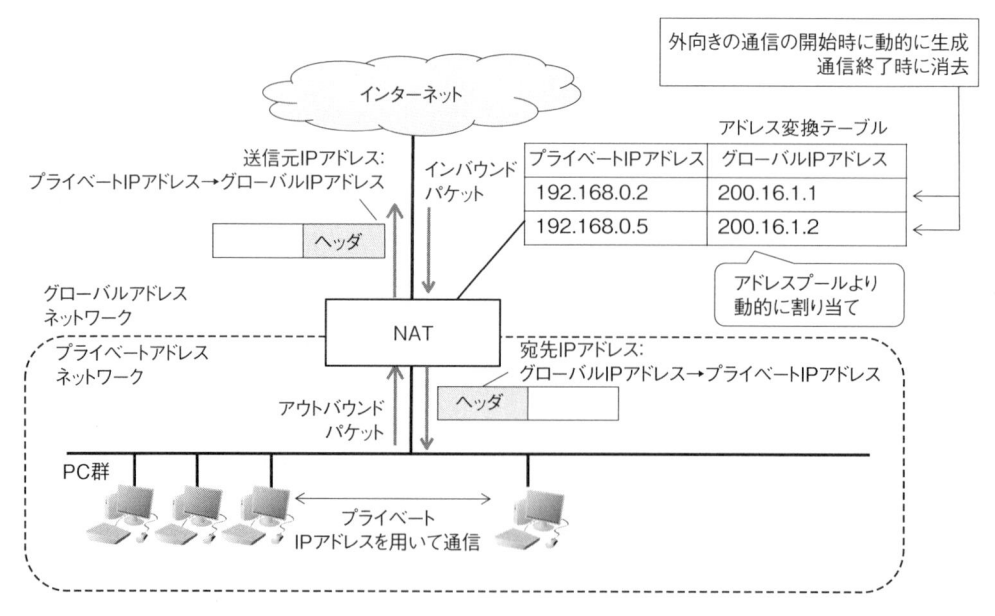

図 **13.14**　NATの動作

Office/Home Office) と呼ばれる小規模な企業のネットワークを，WAN を介してインターネットに接続するためのアクセスルータでは，ファイアウォールの機能とともに，NAT の機能をあわせて持っていることが多い．

13.5.3 プライベートネットワーク

企業など，複数の拠点にまたがる組織がその拠点間の LAN 同士を専用線で結び，組織内ネットワーク（イントラネット）を構築したものを「プライベートネットワーク」という．プライベートネットワークにおいては，拠点間の通信を物理的に他の通信から遮断することによって，外部からイントラネットへのアクセスができないようにしている．物理的に通信を遮断するため安全性は高いが，特に拠点の数が多い場合など，コストが高いという問題がある．これに対して，拠点間を公衆回線を介して結ぶことによりプライベートネットワークを構築する技術が，仮想プライベートネットワーク (Virtual Private Network, VPN) である．VPN では，複数の拠点間の接続に公衆回線を用いるため，専用線に比べてコストが低いという利点があるが，他のユーザと回線を共有するため，通信回線上のデータを他のユーザから保護する仕組みが必要になる．

IP-VPN は，通信事業者が ATM や MPLS などのラベルスイッチ技術を用いて公衆回線上に仮想的な専用線サービスを提供することによりプライベートネットワークの安全性を実現する．複数拠点間の経路制御機能を提供する仮想ルータの機能をあわせて提供するものもある．ユーザは通信事業者と契約しサービスに加入するが，プライベートネットワークの安全性に関して通常意識する必要はない．これに対して，インターネット VPN は，インターネットを利

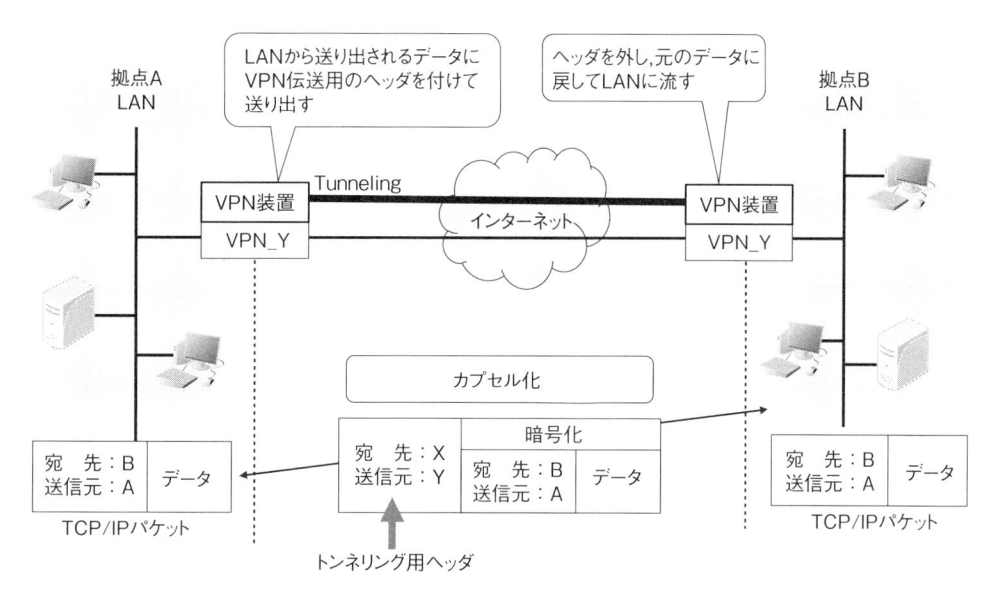

図 13.15 インターネット VPN

```
IPsecの構成
├─(1) 認証ヘッダ (Authentication Header, AH)
│    └─ IPパケットを認証するための仕様
├─(2) 暗号ペイロード (Encapsulating Security Payload, ESP)
│    ├─ IPパケットを暗号化，認証するための仕様
│    ├─▶ トンネルモード（VPN装置間）
│    │    └─ IPパケット全体を暗号化する
│    └─▶ トランスポートモード（端末間）
│         └─ IPパケットのデータ部分だけを暗号化する
└─(3) 鍵配送メカニズム (Internet Key Exchange, IKE)
     └─ 鍵の管理・交換に関する規定
```

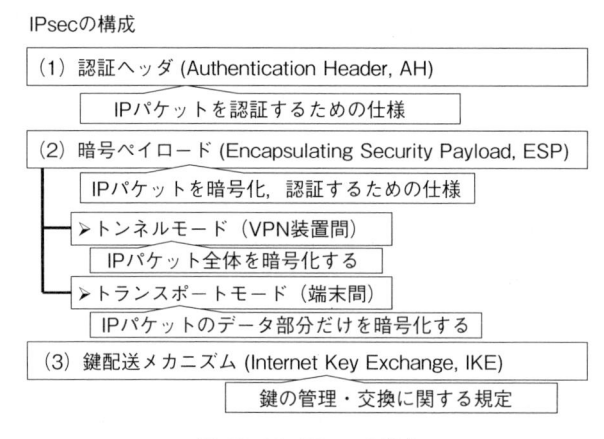

図 13.16　IPsec の構成

用して複数拠点の LAN を接続し，仮想的なプライベートネットワークを構築する技術である．IP-VPN よりもさらに低コストで構築が可能であるが，ユーザがインターネット上を通過するデータの安全性を確保するための機能を用意する必要がある．この場合，ユーザは各拠点に VPN 装置を用意し，インターネット上の通信は VPN 装置間でデータを暗号化し，他のユーザからのデータへのアクセスを制御するのが一般的である．このとき，VPN 装置間では暗号化したデータをカプセル化し，VPN 転送用のヘッダを付加してインターネット上を転送するトンネリング技術が用いられる（図 13.15）．

インターネット VPN の構築に用いられる代表的な技術として IPsec (Security Architecture for Internet Protocol) がある．IPsec は IETF (Internet Engineering Task Force) で規格化されている IP 層で暗号化通信を行うためのプロトコルで，IPv4 ではオプション機能であるが，IPv6 では標準機能となっている．IPsec は IP パケットを認証するための認証ヘッダ (Authentication Header, AH)，IP パケットを暗号化，認証するための仕様である暗号ペイロード (Encapsulating Security Payload, ESP)，および鍵の管理・交換に関する規程を定めたインターネット鍵交換プロトコル (Internet Key Exchange, IKE) からなる（図 13.16）．

IPsec を構成する ESP には 2 つの動作モードがある．1 つはヘッダを含めたパケット全体を暗号化し，新たな IP ヘッダを付加する「トンネルモード」で，インターネット VPN では主にこのモードが用いられる（図 13.17）．もう 1 つはデータ部のみを暗号化する「トランスポートモード」で，エンド・ツー・エンド端末間で IPsec を構築する際，データ部のみを保護すればよい場合に用いられる（図 13.18）．ただし，この場合はそれぞれの端末に IPsec プログラムを搭載しなければならない．

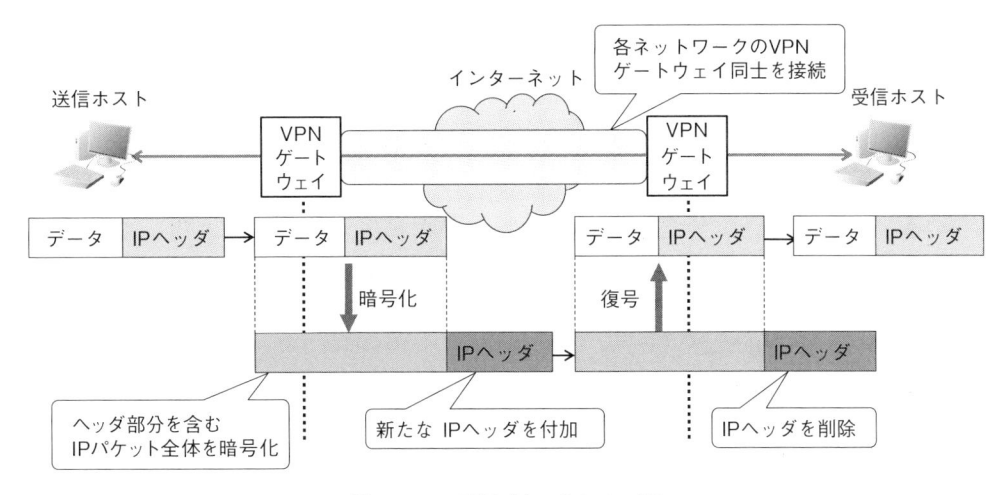

図 13.17　ESP（トンネルモード）

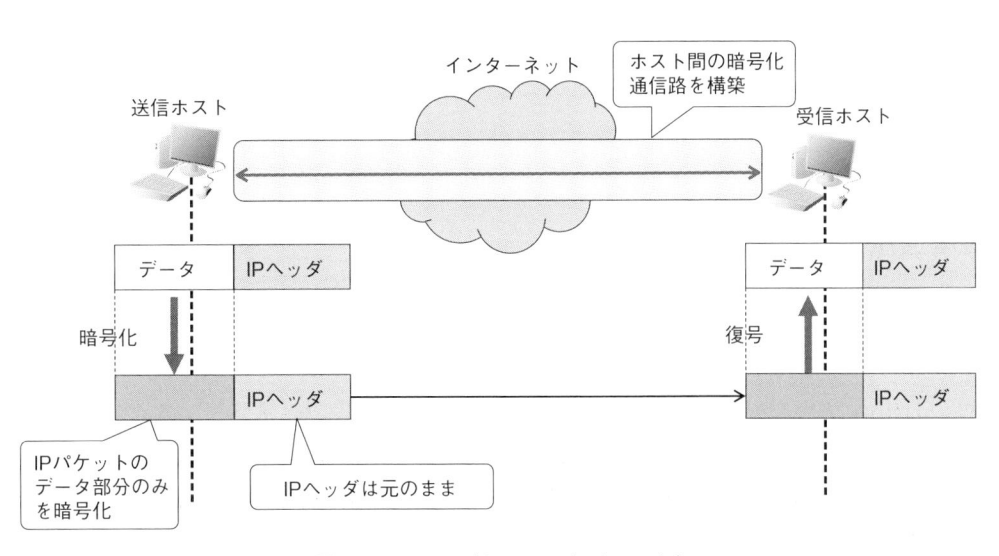

図 13.18　ESP（トランスポートモード）

演習問題

設問1 アルファベット 26 文字を用いたシーザー暗号について，以下に答えよ．ただし，A～Z を整数 0～25 で表すものとする．
(1) 暗号化および復号を，式を用いて表せ．
(2) 鍵の種類は何通りあるか．
(3) すべての鍵について当てはめてみて解読する方法では，平均何回目で解読が可能か．

設問2 30 台の PC がつながっているネットワークがある．共通鍵暗号を用いて任意の 2 台の PC が暗号通信をするためには，何種類の鍵が必要か．

設問3 共通鍵暗号と公開鍵暗号について，それぞれの特徴と，どのような場合に用いるかについて述べよ．

設問4 図 13.4 のハイブリッド暗号において，メッセージが秘匿されることを示せ．

設問5 悪意のあるソフトウェアであるマルウェアには，(狭義の) コンピュータウィルス，ワーム，トロイの木馬，スパイウェア，ボットなどがある．これらについて，それぞれどのような特徴があるか，対策としてどのようなものが有効かなどについて述べよ．

設問6 ファイアウォールの機能について説明せよ．

設問7 NAT におけるアドレス変換テーブルの動的な登録の仕組みを述べ，この仕組みにより外部からネットワーク内部の特定の装置へ通信が開始できないこと，および外部からネットワーク内部の IP アドレスの構成が隠ぺいされることを説明せよ．

参考文献

[1] 手塚悟 編著：情報セキュリティの基礎（未来へつなぐデジタルシリーズ 2 巻），共立出版 (2011)
[2] 白鳥則郎 監修：情報ネットワーク（未来へつなぐデジタルシリーズ 3 巻），共立出版 (2011)
[3] 情報処理推進機構 編著：IPA 情報セキュリティ読本，実教出版 (2009)
[4] RFC 3022: Traditional IP Network Address Translator (Traditional NAT) (2001)
[5] RFC 4301: Security Architecture for the Internet Protocol (2005)

索　引

記号・数字

100 Base-FX	108
100 Base-TX	108
100 ベース FX	108
100 ベース TX	108
10 ギガビットイーサネット	108
2 層クライアントサーバモデル	10
3 層クライアントサーバモデル	10

A

addressing	55
Address Resolution Protocol	48, 124
ADSL	78
ADSL モデム	79
Advanced Research Projects Agency	76
Advanced Research Projects Agency Network	37
AES	242
AH	258
Ajax	190
Amplitude Shift Keying	69
Apache	191
APNIC	120, 144
APOP	197
ARP	48, 124
ARPA	76
ARPANET	23, 37
ARPAnet	8
AS	136, 139
ASK	69
Asymmetric Digital Subscriber Line	78
AS 番号	136
ATM	16, 18
ATM 交換	75
Autonomous system	136

B

BGP	138
BGP スピーカ	138
Bluetooth	234
Border Gateway Protocol	138
BPR	21
BTMA	220
B フレーム	205

C

CA	246
CAD	20
CAM	20
carrier	68, 106
CATV	79
ccTLD	172
CD	16, 18
CDMA	216
CDN	210
circuit switching system	74
Content Delivery Network	210
CRL	246
CSMA	220
CSMA/CA	104, 230
CSMA/CD	101
CSS	188

D

Data Terminal Equipment	65
DATA コマンド	199
DCE	73
DCT 変換	204
DDoS	251
DES	241
destination unreachable	127
DHCP	129, 144
DHT	211
DH 鍵共有法	242
DiffServ	123
Digital Living Network Alliance	111
Digital Service Unit	73
Discrete Cosine Transformation	204
Distance Vector	135
DLNA	111

DMZ 254
DNS 170, 175
DNS RRL 180
DNSSEC 182
DNS キャッシュサーバ 176
DNS キャッシュポイゾニング 180
DNS クライアント 175
DNS コンテンツサーバ 177
DNS サーバ 175
DNS フルサービスリゾルバ 176
DNS プロトコル 50
DNS リフレクタ攻撃 180
DNS ルートサーバ 175
Domain Name 170
Domain Name System 170, 175
DoS 251
DSL Access Multiplexer 79
DSLAM 79
DSS 21
DSU 73
DTE 65, 73
Dynamic Host Configuration Protocol 129

E

E-BGP 138
ECHONET コンソーシアム 111
EGP 136, 138
EHLO コマンド 200
e-mail 24
Energy Conservation and Homecare
  NETwork 111
EOS 20
ERP 21
ESP 258
ETC 22
Ethernet 104
EUC 21
Exterior-BGP 138
Exterior Gateway Protocol 136, 138

F

FA 16, 20
FDM 72
FDMA 216
Fiber To The Home 65, 80
Frequency Shift Keying 69
Frequnecy Division Multiplexing 72
FSK 69
FTP 25

FTTH 65, 80

G

gTLD 172

H

HDLC 93
HDSL 79
HELO コマンド 198
High Bitrates DSL 79
HTML 185, 186
HTML5 .... 186, 190
HTTP 185, 190
Hyper Link 184
Hyper Text 184

I

IANA 120, 136, 144
I-BGP 139
ICANN 120, 170
ICMP 48, 119, 126
IEEE 802 LAN 参照モデル 102
IEEE 802.11 228
IEEE 802 LAN Reference Model 102
IEEE 802 委員会 102
IGP 136, 137
IGRP 135
IKE 258
IMAP 195
IMAP4 195
IMP 76
Interface Message Processor 76
Interior BGP 139
Interior Gateway Protocol 136, 137
Interior Gateway Routing Protocol .. 135
Internet Assigned Numbers Authority 120
Internet Control Message Protocol 48, 127
Internet Exchange 136
Internet Protocol 48
IP 119
IP phone 28
IPsec 258
IPTV 207
IPv4 .... 119, 145
IPv6 .... 119, 144, 145
IPv6 パケット 146
IP-VPN 257
IP アドレス 109, 118, 120
IP アドレス枯渇問題 144

IP カプセリング 114
IP 電話 27, 28
IP バージョン 4. 119
IP バージョン 6. 119
IP マルチキャスト 207
ITS 22, 236
ITU 23
IX. 136
I フレーム 205

NIR. 120
nslookup コマンド 178

O

OFDMA 217
OLAP 21
Open Shortest Path First .. 115, 135, 137
OSI 8
OSI 参照モデル 43, 112
OSPF 115, 135, 137

J

JavaScript 190
jitter 142
Joint Photographic Experts Group .. 204
JPEG 204
JPNIC. 120

P

P2P 210
PAN 214, 215
Phase Shift keying 69
ping. 127
PKI 244
PLC. 111
POP 195
POP3 195
POP before SMTP. 198
POP over SSL 197
POS. 16, 19
Power Line Communication 111
PPP. 93
PSK. 69
P フレーム. 205

L

L3 スイッチ. 109
LAN 17, 39, 73, 100
LAN 参照モデル 102, 112
LAN セグメント 112
Link State 135
Local Area Network. 73

M

MAC アドレス 109, 118
MAIL From コマンド 199
Main Distributing Frame 79
Maximum Segment Size 157
MDF. 79
medium-access-control protocol. 103
MIME. 195
MIS. 20
modem 73
Modified EUI-64 Format. 145
Moving Picture Experts Group 204
MPEG 204
MRP 21
MSS. 21, 157
MUA. 195
multiplexing. 71

Q

QoS 118, 142
Quality of Service. 142
QUIT コマンド 200

R

RARP. 48, 131
RASIS. 12
RCPT To コマンド 199
Real Time Streaming Protocol 206
Reverse Address Resolution Protocol. . 48
RIP 115, 135, 137
RIR 120, 144
Route Information Protocol. 137
Routing Information Protocol .. 115, 135
RPC 10
RSA 暗号 242
RTSP 205

N

NAPT. 143, 144
NAT 122, 143, 253
Network Address Port Translation ... 144
Network Address Translation 143
NIC. 170

S

SDSL 79
Session Initiation Protocol 208
SGML 186
Shielded Twisted Pair 63
Single Line DSL 79
SIP 208
SIS 21
Skype 207
S/MIME 198
Smoothed Round Trip Time 160
SMTP 194
SMTP AUTH 198
SMTP over SSL 198
SNS 26
SOHO 17, 256
SQL インジェクション 253
SSL 192
SSL/TLS 192
STARTTLS 197, 198
store and forward switching system ... 75
STP 63

T

TCP 49, 144, 147, 150, 154
TCP/IP 参照モデル 47, 112
TCP/IP プロトコル・スイート 118
TCP のコネクションの確立 157
TCP のコネクションの切断 158
TDM 72
TDMA 216
telnet 24
TELNET プロトコル 50
The Internet Corporation for Assigned Names and Numbers 120
Thick ケーブル 64
Thin ケーブル 64
Time Division Multiplexing 72
Time Exceed 127
Time to Live 123
TLD 171
Top Level Domain 171
traceroute 127
tracert 129
Transmission Control Protocol .. 49, 150
Triple DES 242
TSS 7, 36
TTL 123

U

UDP 49, 144, 147, 150, 153
Universal Plug and Play 111
Unshielded Twisted Pair 63
UPnP 111
URL 185
USB 17
USB ケーブル 17
User Datagram Protocol 49, 150
UTP 63
UWB 236

V

VDSL 79
Very High bitrate DSL 79
VICS 22
VLAN 110
VoD 205
VoIP 28, 203, 207
VPN 111, 253, 257
VR 16, 20
VSAT 215, 231

W

WAF 254
WAN 39, 73
Web 24
Web サーバ 185
Web ブラウザ 185
Web ページ 24
Well-Known ポート番号 151
Wide Area Network 73
WiMAX 226
WLAN 101
World Wide Web 184
WWW 24, 184

X

XML 186

Z

ZigBee 236

あ行

アクセスログ 256
宛先到達不可 127
アドホックネットワーク 238
アドレス解決プロトコル 48

アドレス付け 55
アドレス変換テーブル 256
アドレスリゾルーションプロトコル 48
アナログ信号 67
アプリケーション層 46, 50
誤り回復制御プロトコル 91
誤り制御 59
アロハ方式 218
暗号アルゴリズム 241
暗号化 241
暗号技術 241
暗号文 241
暗号ペイロード 258
安全性 13
イーサネット 100, 104
意思決定支援システム 21
位相偏移変調 69
一方向性関数 243
一括応答プロトコル 91
一括再送 91
インターネット VPN 257
インターネット鍵交換プロトコル 258
インターネット層 48
インターネット電話 27, 203
インターネットプロトコル 119
インターネットラジオ 29, 207
インターネットワーキング技術 112
インタフェース ID 145
インタフェースデータ単位 56
イントラネット 257
ウィルス検査 253
ウィルス定義ファイル 253
ウィンドウサイズ 155, 164
ウィンドウ方式 57
腕木通信 4
エコー応答 127
エコー要求 127
遠隔手続き呼び出し 10
エンドユーザコンピューティング 21
往復遅延時間 160
オープンネットワークアーキテクチャ 42
オフライン 18
オンライン 18
オンライン発注システム 20
オンラインリアルタイム情報処理システム 16, 18

か行

カーナビゲーションシステム 22
改ざん防止 244
開始タグ 187

回線交換方式 74
鍵 241
確認応答 158
確認応答番号 155
カスタマーレビュー 31
仮想現実 20
稼働率 13
可用性 13
簡易メール転送プロトコル 50
漢字のコード 67
完全性 13, 244
記憶系サービス 28
ギガビットイーサネット 108
機密性 244
逆アドレス解決プロトコル 49
逆アドレスリゾルーションプロトコル 49
キャッシュ 177
キャッシング 177
共通鍵暗号 242
距離ベクトル型ルーティングアルゴリズム 135
空間分割回線交換 74
空間分割多重化 72
国別コードトップレベルドメイン 172
クライアント 9
クライアントサーバモデル 9
クラシックイーサネット 101, 104
グループウェア 21
クレジット方式 58
クローズドネットワークアーキテクチャ .. 42
経営支援システム 21
経営情報システム 16, 20
経路制御アルゴリズム 132
経路制御表 118, 132
経路選択 118, 131
経路の集約 133
経路ベクトルアルゴリズム 139
ゲートウェイ 115
ゲートウェイ型ファイアウォール 255
決済システム 31
権威 DNS サーバ 177
現金自動預入払出装置 18
現金自動支払出装置 18
検索エンジン 25
検索系サービス 25
現代暗号 241
広域ネットワーク 39
公開鍵暗号 242
公開鍵基盤 244
高度道路交通システム 22
国際電気通信連合 23
国内インターネットレジストリ 120

個人認証................. 246
コネクション型プロトコル......... 54
コネクション指向............. 152
コネクション指向型............ 152
コネクションレス型............ 152
コネクションレス型通信.......... 102
コネクションレス型プロトコル...... 54
コネクションレスサービスを提供..... 152
コネクションレス指向........... 152
個別（ユニキャスト）アドレス...... 105
コミュニケーション............. 1
コンピュータウィルス........... 248

さ行

サーバ.................... 9
サービス................. 52
サービス種別.............. 123
サービスデータ単位............ 55
サービス不能攻撃............ 250
サービスプリミティブ.......... 52
再送信................. 158
再送タイムアウト時間.......... 160
再送用のタイマ............ 159
最大セグメントサイズ.......... 157
最短経路ルーティング.......... 134
最長一致................ 132
削除................... 84
サブネット................ 73
サブネットマスク............ 121
サンプリング.............. 70
シーケンス番号............. 155
ジェネリックトップレベルドメイン... 172
時間超過................ 127
次世代送電網.............. 23
実効帯域幅............... 165
ジッタ................ 142
自動料金収受システム.......... 22
時分割回線交換............. 74
時分割多重化.............. 71
シャッタ通信............... 5
ジャミング信号............ 107
周波数分割型全二重方式......... 79
周波数分割多重化............ 72
周波数偏移変調............. 69
終了タグ................ 187
主配線分配装置............. 79
純アロハ方式............. 218
巡回冗長検査.............. 88
順序制御................ 58
順序の狂い................ 84
証明書................ 246

証明書失効リスト........... 246
常用冗長法................ 13
自律システム.............. 136
自律システム間経路制御........ 136
自律システム内経路制御........ 136
自律システム内経路制御プロトコル... 137
真正性................ 244
振幅位相変調.............. 70
振幅偏移変調.............. 69
信頼性............... 12, 142
垂直冗長検査.............. 88
スイッチ................ 101
スイッチ型イーサネット...... 101, 104
スイッチングハブ........... 109
水平冗長検査.............. 88
スター型.............. 39, 100
スター型LAN............. 101
スタティック（静的）ルーティング... 114
ステートフル・インスペクション... 254
ストリーミングデータ.......... 203
スパイウェア............. 248
スパムフィルタ............ 196
スパムメール........... 196, 249
スマートグリッド............ 23
スマートグリッドシステム........ 23
スロースタート............ 166
スロースタート閾値.......... 167
スロットアロハ方式.......... 219
生存時間............... 123
静的なWebページ........... 190
静的ルーティング........... 133
セキュリティホール.......... 249
セグメント.............. 155
セッション鍵............. 243
セッション層............... 45
選択的再送................ 91
全二重............... 65, 66
戦略的情報システム........... 21
挿入................... 84
ソーシャル・ネットワーキング・サービス 26

た行

第3.5世代.............. 226
第3.9世代.............. 226
第3世代............... 226
第4世代............... 226
帯域幅................ 142
待機冗長法............... 13
ダイクストラのアルゴリズム...... 134
代行受信................ 78
対称鍵暗号.............. 242

ダイナミック 134
ダイナミック（動的）ルーティング 114
タイムシェアリングシステム 36
タグ 187
多次元分析ツール 21
多重化 71
断片化 123, 146
単方向 65, 66
地域インターネットレジストリ 120
チェックサム 124
遅延 142
遅延確認応答 159
遅延帯域積 165
知覚符号化 204
逐次確認プロトコル 90
蓄積交換方式 75
重複 84
重複確認応答 159
直交振幅変調 70
ツイストケーブル 63
ツリー型 39
訂正符号 85
データグラム 119
データリンク 82
データリンク層 45
適応型アルゴリズム 134
デジタルオーディオ 203
デジタルサービス装置 73
デジタル信号 67
デジタル変調 69
デジュリ 42
鉄道予約システム 18
デバイス検出・制御インタフェース 111
手旗信号 3
デファクト 42
デフォルトルート 132
デュアルシステム 13
デュプレックスシステム 13
テレコミュート 17
テレタイプライタ 6
電子商取引サービス 30
電子署名 242
電子的コミュニケーション 5
電子メール 24, 192
転送制御プロトコル 49
電力線通信 111
動画共有サイト 27
動画共有サイト・動画コミュニティ 27
動画コミュニティ 27
同軸ケーブル 64
動的な Web ページ 190

動的ルーティング 134
同報通信 78
トーチ伝送 2
特殊な IP アドレス 122
トップレベルドメイン 171
ドメイン名 170, 193
トラックバック 27
トラフィックアウェアルーティング 141
トラフィッククラス 146
トラフィックシェイピング 142
トラフィックの分割 109
トラフィック抑制 141
トランスポート層 45, 49, 150
トランスポートモード 258
トロイの木馬 248
トンネルモード 258

な行

なりすまし防止 244
認証 241
認証局 246
認証ヘッダ 258
ネームサーバ 175
ネットワークアドレス変換装置 253
ネットワーク層 45, 117
ネットワーク部 120
のろし 2

は行

パーソナルファイアウォール 255
バーチャル LAN 110
バーチャルプライベートネットワーク ... 111
バイオメトリック認証 246
バイト数方式 94
バイト詰め 95
バイナリ指数バックオフアルゴリズム ... 107
ハイパーテキスト 184, 186
ハイパーテキスト転送プロトコル 51
ハイパーリンク 184
ハイブリッド暗号 243
波形符号化 204
パケット 75
パケット交換 75
パケット交換網 75
パケットフィルタリング 253
バス型 39, 100
バス型 LAN 100
旗振り通信 5
バックドア 248
ハッシュ関数 243

バッチジョブ	7
バッファオーバフロー	251
ハブ	101
ハミング距離	86
パリティビット	86
搬送波	68, 106
半二重	65, 66
販売時点管理	19
光ファイバケーブル	64
ビジネスプロセスリエンジニアリング	21
ひずみ	84
非対称鍵暗号	242
非対称デジタル加入者線伝送	78
ビット詰め	95
非適応型アルゴリズム	133
否認防止	244
標本化	70
平文	241
ファーストイーサネット	107
ファイアウォール	253
ファイル転送	24, 25
ファイル転送プロトコル	50
ファクトリオートメーション	20
フィードバック誤り制御	85
フィッシング	252
フォワード誤り制御	85
付加サービス	78
復号	241
輻輳	140
輻輳ウィンドウ	166
輻輳回避	141, 168
輻輳制御	61, 118, 139, 140, 155, 163
輻輳崩壊	140, 141
符号化	70
符号化レート	86
不正侵入	250
物理層	44
踏み台攻撃	250
プライベートアドレス	122
フラグ	155
フラグメント化	146, 155
ブリッジ	112
フレーム化	94
フレームリレー	75
プレゼンテーション層	46
プレフィックス	120
フロー	151
フロー制御	57, 83, 140, 161
ブロードキャストアドレス	122
ブロードキャストアドレス（全ノード）	105
ブロードバンド伝送方式	68
フローラベル	146
プロキシ	192
ブログ	26
プロトコル	52
プロトコルデータ単位	56
分散 DoS 攻撃	251
分散処理システム	9
分散ハッシュ表	211
閉域サービス	78
平衡形ケーブル	63
米国国防総省の高等研究計画局	76
ベイジアンフィルタ	197
ベースバンド方式	68
ベストエフォート	119
ベストエフォート（最善努力）転送方式	48
変換処理	78
変復調装置	73
ホイートストン自動操作機械	6
ボイス・オーバー IP	203
ポート番号	151
保守性	13
ホスト ID	120
ホスト対ネットワーク層	48
ホスト部	120
ボット	249
ポッドキャスティング	29
ホップリミット	146

ま行

マルウェア	247
マルチキャストアドレス	122
マルチキャストアドレス（グループ）	105
マルチプロトコルルータ	114
無線 LAN	101, 214, 215, 228
無線タグ	236
無線伝送	65
メッシュ型	39
メッセージ交換	75
メッセージダイジェスト	243
メディアアクセス制御 (MAC) 副層	103
メディアアクセス制御プロトコル	100, 103, 104
目視的コミュニケーション	2
モデム	73

や行

宿主	247
ユーザデータグラムプロトコル	49
優先制御	60

ら行

- ランレングス符号化................. 204
- リアルタイムプログラム............... 11
- 離散無記憶型...................... 84
- 離散余弦変換..................... 204
- リゾルバ......................... 175
- リダイレクト..................... 128
- リーキー・バケツ方式............... 142
- リピータ......................... 112
- リポジトリ....................... 246
- リモート接続...................... 24
- 流入制御......................... 141
- 量子化........................... 70
- 量子化雑音....................... 204
- リング型..................... 39, 100
- リング型 LAN..................... 100
- リンク状態型ルーティングアルゴリズム . 135
- 累積確認応答..................... 159
- ルータ........................... 114
- ルーティング..................... 132
- ルーティングアルゴリズム...... 132, 134
- ルーティングテーブル.......... 115, 118
- ルーティングプロトコル........... 135
- ループバックアドレス.............. 122
- レイヤ 2 スイッチ.................. 109
- レコメンダシステム................ 31
- レジストラ....................... 170
- レジストリ....................... 170
- ローカルエリアネットワーク.... 17, 39, 73
- ローカルパート................... 193
- 論理リンク制御 (LLC) 副層.......... 103

わ行

- ワーム........................... 248
- ワイドエリアネットワーク........... 73
- ワイヤレス LAN................... 101
- ワイヤレスネットワーク............. 8

著者紹介

水野忠則（みずの ただのり）　（執筆担当章 はじめに，第 1, 5 章）

略　歴：1969 年 3 月　名古屋工業大学経営工学科卒業
　　　　1969 年 4 月　三菱電機株式会社入社
　　　　1987 年 2 月　九州大学（工学博士）
　　　　1993 年 4 月　静岡大学 教授
　　　　2011 年 4 月　愛知工業大学 教授，静岡大学 名誉教授
　　　　2016 年 4 月–現在　愛知工業大学 客員教授，静岡大学 名誉教授
受賞歴：2009 年 9 月　情報処理学会功績賞ほか
主　著：「マイコンローカルネットワーク」産報出版 (1982)
　　　　「コンピュータネットワーク（第 5 版）」日経 BP (2013)
　　　　「コンピュータ概論」共立出版 (2013)
学会等：情報処理学会員，電子情報通信学会員，IEEE 会員，ACM 会員，Informatics Society 会員

奥田隆史（おくだ たかし）　（執筆担当章 第 2 章）

略　歴：1987 年 3 月　豊橋技術科学大学大学院 修士課程情報工学専攻修了
　　　　1988 年 4 月　セイノー情報サービス（株）入社
　　　　1988 年 4 月　豊橋技術科学大学情報工学系 教務職員，助手
　　　　1992 年 9 月　博士（工学）（豊橋技術科学大学）
　　　　1993 年 4 月　朝日大学経営学部 講師，助教授
　　　　1998 年 4 月　愛知県立大学情報科学部 助教授，准教授
　　　　2008 年 4 月　同 教授
　　　　1994 年 12 月〜1995 年 8 月　Weber State University（米国ユタ州）にて客員助教授，2002 年 7 月〜2003 年 1 月　Duke 大学（米国ノースカロライナ州）にて客員研究員
主　著：「コンピュータネットワーク概論（第 2 版）」ピアソン・エデュケーション (2007)
　　　　「新インターユニバーシティ：情報ネットワーク」オーム社 (2011)
学会等：情報処理学会員，電子情報通信学会員，IEEE 会員，オペレーションズ・リサーチ学会員，教育工学学会員，経営情報学会員

中村嘉隆（なかむら よしたか）　（執筆担当章 第 3 章）

略　歴：2007 年 3 月　大阪大学大学院情報科学研究科 博士後期課程修了 博士（情報科学）
　　　　2007 年 4 月　奈良先端科学技術大学院大学情報科学研究科 助教
　　　　2010 年 4 月　大阪大学大学院情報科学研究科 特任助教
　　　　2011 年 4 月　公立はこだて未来大学システム情報科学部 助教
　　　　2016 年 4 月–現在　公立はこだて未来大学システム情報科学部 准教授
学会等：情報処理学会員，電子情報通信学会員，IEEE 会員，Informatics Society 会員

井手口哲夫（いでぐち てつお）　　（執筆担当章 第 4, 6 章）

略　歴：1972 年 3 月 電気通信大学通信工学科卒業
　　　　1972 年 4 月 三菱電機株式会社入社
　　　　1993 年 3 月 東北大学 博士（工学）
　　　　1998 年 4 月～2015 年 6 月 愛知県立大学 教授
主　著：「コンピュータネットワーク概論（第 2 版）」ピアソン・エデュケーション (2007)
　　　　「コンピュータネットワークの運用と管理」ピアソン・エデュケーション (2002)
学会等：電子情報通信学会員, 情報処理学会員, IEEE 会員

田　学軍（でん がくぐん）　　（執筆担当章 第 4, 6 章）

略　歴：1998 年 3 月 名古屋工業大学大学院 博士後期課程修了 工学博士
　　　　1998 年 4 月 愛知県立大学情報科学部 助手
　　　　2008 年 4 月–現在　愛知県立大学情報科学部 准教授
学会等：情報処理学会員, 電子情報通信学会員, IEEE 会員

清原良三（きよはら りょうぞう）　　（執筆担当章 第 7, 11 章）

略　歴：1985 年 3 月 大阪大学大学院工学研究科 前期課程修了
　　　　1985 年 4 月 三菱電機株式会社入社
　　　　2008 年 9 月 大阪大学大学院 博士（情報科学）
　　　　2012 年 4 月 神奈川工科大学 教授
学会等：情報処理学会員, 電子情報通信学会員, IEEE 会員, ACM 会員, Informatics Society 会員

石原　進（いしはら すすむ）　　（執筆担当章 第 7, 8 章）

略　歴：1999 年 3 月 名古屋大学大学院工学研究科 博士後期課程修了 博士（工学）
　　　　1999 年 4 月 静岡大学情報学部 助手
　　　　2001 年 10 月 静岡大学工学部 助教授
　　　　2018 年 4 月–現在 静岡大学学術院工学領域 教授
受賞歴：2011 年 3 月 情報処理学会 学会活動貢献賞ほか
主　著：「コンピュータネットワークの運用と管理」ピアソン・エデュケーション (2007)
　　　　「シミュレーション」共立出版 (2013)
学会等：情報処理学会員, 電子情報通信学会員, IEEE 会員, ACM 会員

久保田真一郎（くぼた しんいちろう）　　（執筆担当章 第 9, 10 章）

略　歴：2002 年 4 月 鹿児島大学 職員
　　　　2006 年 3 月 熊本大学 博士（理学）
　　　　2007 年 10 月 熊本大学 助教
　　　　2013 年 7 月～2017 年 2 月 宮崎大学 准教授
　　　　2017 年 3 月–現在 熊本大学 准教授
学会等：情報処理学会員, IEEE 会員, ACM 会員

勅使河原可海（てしがわら よしみ）　　（執筆担当章 第 12 章）

略　歴：1970 年 9 月 東京工業大学大学院 博士課程修了 工学博士
　　　　1970 年 7 月 日本電気株式会社入社
　　　　1995 年 5 月 創価大学 教授
　　　　2013 年 4 月〜現在 東京電機大学 研究員，創価大学 名誉教授
受賞歴：2012 年 6 月 情報処理学会功績賞ほか
主　著：「コンピュータネットワーク」朝倉書店 (1983)
　　　　「次世代 LAN とネットワーキング」共立出版 (1995)
　　　　「コンピュータネットワーク概論（第 2 版）」ピアソン・エデュケーション (2007)
学会等：情報処理学会，オペレーションズ・リサーチ学会，各フェロー，電子情報通信学会，日本セキュリティマネジメント学会，IEEE，ACM，各会員

岡崎直宣（おかざき なおのぶ）　　（執筆担当章 第 13 章）

略　歴：1991 年 3 月 東北大学大学院工学研究科 博士後期課程了
　　　　1991 年 4 月 三菱電機株式会社入社
　　　　1992 年 3 月 東北大学 博士（工学）
　　　　2002 年 1 月 宮崎大学工学部 助教授
　　　　2009 年 4 月 同 准教授
　　　　2011 年 12 月 同 教授
　　　　2012 年 4 月–現在 宮崎大学工学教育研究部 教授
主　著：「コンピュータネットワークの運用と管理」ピアソン・エデュケーション (2007)
　　　　「コンピュータ概論」共立出版 (2013)
学会等：情報処理学会員，電子情報通信学会員，電気学会員，IEEE 会員

未来へつなぐ デジタルシリーズ 27
コンピュータネットワーク概論
Introduction to Computer Networks

2014 年 9 月 15 日 初 版 1 刷発行
2020 年 2 月 25 日 初 版 5 刷発行

検印廃止
NDC 547.48
ISBN 978–4–320–12347–2

監修者 水野忠則
著 者 水野忠則　奥田隆史
　　　 中村嘉隆　井手口哲夫
　　　 田　学軍　清原良三
　　　 石原　進　久保田真一郎
　　　 勅使河原可海　岡崎直宣

ⓒ 2014

発行者 南條光章

発行所 共立出版株式会社
郵便番号 112-0006
東京都文京区小日向 4-6-19
電話 03-3947-2511（代表）
振替口座 00110-2-57035
URL www.kyoritsu-pub.co.jp

印 刷 藤原印刷
製 本 ブロケード

一般社団法人
自然科学書協会
会員

Printed in Japan

JCOPY ＜出版者著作権管理機構委託出版物＞
本書の無断複製は著作権法上での例外を除き禁じられています。複製される場合は、そのつど事前に、出版者著作権管理機構（ＴＥＬ：03-5244-5088，ＦＡＸ：03-5244-5089，e-mail：info@jcopy.or.jp）の許諾を得てください。

編集委員：白鳥則郎（編集委員長）・水野忠則・高橋　修・岡田謙一

未来へつなぐデジタルシリーズ

DIGITAL SERIES
インターネットビジネス概論
1 第2版
全40巻 刊行予定！

21世紀のデジタル社会をより良く生きるための"知恵と知識とテーマ"を結集し，今後ますますデジタル化していく社会を支える人材育成に向けた「新・教科書シリーズ」。

❶ **インターネットビジネス概論 第2版**
片岡信弘・工藤　司他著‥‥‥‥208頁・本体2700円

❷ **情報セキュリティの基礎**
佐々木良一監修／手塚　悟編著　244頁・本体2800円

❸ **情報ネットワーク**
白鳥則郎監修／宇田隆哉他著‥‥208頁・本体2600円

❹ **品質・信頼性技術**
松本平八・松本雅俊他著‥‥‥‥216頁・本体2800円

❺ **オートマトン・言語理論入門**
大川　知・広瀬貞樹他著‥‥‥‥176頁・本体2400円

❻ **プロジェクトマネジメント**
江崎和博・髙根宏士他著‥‥‥‥256頁・本体2800円

❼ **半導体LSI技術**
牧野博之・益子洋治他著‥‥‥‥302頁・本体2800円

❽ **ソフトコンピューティングの基礎と応用**
馬場則夫・田中雅博他著‥‥‥‥192頁・本体2600円

❾ **デジタル技術とマイクロプロセッサ**
小島正典・深瀬政秋他著‥‥‥‥230頁・本体2800円

❿ **アルゴリズムとデータ構造**
西尾章治郎監修／原　隆浩他著　160頁・本体2400円

⓫ **データマイニングと集合知** 基礎からWeb, ソーシャルメディアまで
石川　博・新美礼彦他著‥‥‥‥254頁・本体2800円

⓬ **メディアとICTの知的財産権 第2版**
菅野政孝・大谷卓史他著‥‥‥‥276頁・本体2900円

⓭ **ソフトウェア工学の基礎**
神長裕明・郷　健太郎他著‥‥‥202頁・本体2600円

⓮ **グラフ理論の基礎と応用**
舩曳信生・渡邉敏正他著‥‥‥‥168頁・本体2400円

⓯ **Java言語によるオブジェクト指向プログラミング**
吉田幸二・増田英孝他著‥‥‥‥232頁・本体2800円

⓰ **ネットワークソフトウェア**
角田良明編著／水野　修他著‥‥192頁・本体2600円

⓱ **コンピュータ概論**
白鳥則郎監修／山崎克之他著‥‥276頁・本体2400円

⓲ **シミュレーション**
白鳥則郎監修／佐藤文明他著‥‥260頁・本体2800円

⓳ **Webシステムの開発技術と活用方法**
速水治夫編著／服部　哲他著‥‥238頁・本体2800円

⓴ **組込みシステム**
水野忠則監修／中條直也他著‥‥252頁・本体2800円

㉑ **情報システムの開発法：基礎と実践**
村田嘉利編著／大場みち子他著‥200頁・本体2800円

㉒ **ソフトウェアシステム工学入門**
五月女健治・工藤　司他著‥‥‥180頁・本体2600円

㉓ **アイデア発想法と協同作業支援**
宗森　純・由井薗隆也他著‥‥‥216頁・本体2800円

㉔ **コンパイラ**
佐渡一広・寺島美昭他著‥‥‥‥174頁・本体2600円

㉕ **オペレーティングシステム**
菱田隆彰・寺西裕一他著‥‥‥‥208頁・本体2600円

㉖ **データベース ビッグデータ時代の基礎**
白鳥則郎監修／三石　大他編著‥280頁・本体2800円

㉗ **コンピュータネットワーク概論**
水野忠則監修／奥田隆史他著‥‥288頁・本体2800円

㉘ **画像処理**
白鳥則郎監修／大町真一郎他著‥224頁・本体2800円

㉙ **待ち行列理論の基礎と応用**
川島幸之助監修／塩田茂雄他著‥272頁・本体3000円

㉚ **C言語**
白鳥則郎監修／今野将編集幹事・著　192頁・本体2600円

㉛ **分散システム 第2版**
水野忠則監修／石田賢治他著‥‥272頁・本体2900円

㉜ **Web制作の技術** 企画から実装，運営まで
松本早野香編著／服部　哲他著‥208頁・本体2600円

㉝ **モバイルネットワーク**
水野忠則・内藤克浩監修‥‥‥‥276頁・本体3000円

㉞ **データベース応用** データモデリングから実装まで
片岡信弘・宇田川佳久他著‥‥‥284頁・本体3200円

㉟ **アドバンストリテラシー** ドキュメント作成の考え方から実践まで
奥田隆史・山崎敦子他著‥‥‥‥248頁・本体2600円

㊱ **ネットワークセキュリティ**
高橋　修監修／関　良明他著‥‥272頁・本体2800円

㊲ **コンピュータビジョン** 広がる要素技術と応用
米谷　竜・斎藤英雄編著‥‥‥‥264頁・本体2800円

㊳ **情報マネジメント**
神沼靖子・大場みち子他著‥‥‥232頁・本体2800円

【各巻】B5判・並製本・税別本体価格　　**共立出版**　　（価格は変更される場合がございます）